LEITFADEN DER KOSMETIK

FÜR DIE ÄRZTLICHE PRAXIS

von

PROF. DR. A. BUSCHKE
Dirig. Arzt der I. Dermat. Abt. des Rudolf Virchow-Krankenhauses, Berlin

DR. ALFRED JOSEPH
Facharzt für Hautkrankheiten, Berlin

und

DR. WERNER BIRKENFELD
Oberarzt der II. Chirurg. Abt. (Prof. Dr. E. Gohrbandt) des Krankenhauses am Urban, Berlin

MIT EINEM GELEITWORT VON
PROFESSOR DR. E. GOHRBANDT

Mit 64 Abbildungen

WALTER DE GRUYTER & CO.

vormals G. J. Göschen'sche Verlagshandlung — J. Guttentag, Verlagsbuchhandlung — Georg Reimer — Karl J. Trübner — Veit & Comp.

BERLIN 1932 LEIPZIG

Archiv-Nr. 51 12 32

Druck von Walter de Gruyter & Co., Berlin W 10

Inhaltsverzeichnis.

II. Chirurgische Kosmetik.

Einleitung.

Die ärztliche Kosmetik, ursprünglich nur ein kleines Zweigfach der Dermatotherapie, hat sich im Laufe der letzten Jahrzehnte zu einem wichtigen Grenzgebiet der Dermatologie und Chirurgie entwickelt. Dieser Aufschwung entspricht zwar teilweise einer Konzession an den Zeitgeist — der gesteigerte Ansprüche an Körperkultur stellt —, aber in weit größerem Umfange sozialen Erfordernissen. Die Überfüllung des Arbeitsmarktes bei gesunkener Konjunktur bringt es mit sich, daß schon geringfügige Körperfehler die damit Behafteten im Daseinskampf beeinträchtigen können, insbesondere aber vorzeitige äußere Alterserscheinungen. Das ist natürlich in besonderem Maße der Fall bei den Angehörigen bestimmter Berufe (Schauspieler, Sänger, Vorführdamen usw.); auch die Heiratsaussichten bei jungen Mädchen werden durch Körperfehler naturgemäß stark vermindert. Darüber hinaus unterliegt es keinem Zweifel, daß alle gröberen Normabweichungen der Körperoberfläche und -Form eine seelische Belastung zur Folge haben, die sich in Minderwertigkeitsgefühlen äußert.

Parallel mit der zunehmenden Bedeutung des kosmetischen Arbeitsgebietes hat sich ein Ausbau der Methodik vollzogen, der sich sowohl auf die dermatologischen Verfahren, als auch besonders auf die operative Behebung von Entstellungen erstreckt. Zu den von jeher der Chirurgie geläufigen Eingriffen, welche die Wiederherstellung von Mißbildungen sowie der durch exogene Einwirkungen (Infektionen, Verletzungen, Verbrennungen u. a.) entstandenen Körperschäden bezwecken, sind eine Reihe von Operationen getreten, die lediglich ästhetischen Zwecken dienen. Diese kosmetische Chirurgie hat sich in den letzten Jahren, trotz vieler Anfeindungen, auch von ärztlicher Seite her, in allen Bevölkerungsschichten Achtung und Beliebtheit verschafft, wie auch die Inanspruchnahme der Beratungsstellen für Entstellungskranke beweist. Die temperamentvolle Vorkämpferin der kosmetischen Chirurgie, Mme. Noel, weist darauf hin, daß diese für die besitzenden Kreise einen Luxus, für die arbeitende Klasse aber eine Notwendigkeit bedeutet. Ihr Ziel soll darin bestehen, den arbeitenden Menschen, die infolge von Körperfehlern oder vorzeitiger Alterserscheinungen auf der sozialen Stufenleiter abzugleiten drohen, die Möglichkeit zu verlängern, ihren Unterhalt zu verdienen. In Deutschland hat sich besonders Martin Gumpert um die Entstellungsfürsorge verdient gemacht und in Berlin die erste einschlägige Beratungsstelle ins Leben gerufen.

Der Ausbau der Operationsverfahren läßt es berechtigt erscheinen, der operativen Entstellungsbekämpfung eine Rolle einzuräumen, wie sie — ebenfalls im Rahmen der Chirurgie — etwa die Orthopädie einnimmt. Auf der anderen Seite hat die Vervollkommnung der dermatologischen Kosmetik allmählich dazu geführt, daß eine Ablösung dieses Faches von der Laienkosmetik notwendig und angebracht erscheint. Gegenüber der letzteren, die auf dem Wege über Schönheitsinstitute und marktschreierische Industriereklame in weite Kreise der Bevölkerung eingedrungen ist, und vielfach keinen Anspruch auf wissenschaftliche Grundlagen erheben kann, dürfte eine Überwachung von ärztlicher Seite geboten sein.

Fern von ausbeuterischen Bestrebungen, soll es Aufgabe der medizinischen Kosmetik sein, den breiten Schichten die Möglichkeit zur Verbesserung körperlicher Unvollkommenheiten zu geben. In dankenswerter Weise werden schon jetzt minderbemittelte Personen in die Lage versetzt, sich ohne größeren Kostenaufwand einer »ästhetischen« Operation zu unterziehen. Die weitere Entwicklung muß dahin abzielen, zu erreichen, daß die Träger der Sozialversicherung und der öffentlichen Fürsorge in besonders gearteten Fällen — nach sachverständiger Prüfung — grundsätzlich die Kosten für die Ausführung kosmetischer Eingriffe übernehmen. Die Beratungsstelle für Entstellungskranke des Groß-Berliner Ärztebundes, an der Ärzte der in Betracht kommenden Fachdisziplinen ehrenamtlich tätig sind, stellt bzw. unterstützt derartige Anträge, die allerdings bis jetzt nur vereinzelt bewilligt werden.

Der vorliegende Leitfaden soll eine kurze, aber umfassende Darstellung der dermatologischen und chirurgischen Kosmetik geben und dazu beitragen, daß die Kenntnis dieses Arbeitsgebietes zum Allgemeingut der praktizierenden Ärzteschaft wird.

I. Dermatologische Kosmetik.

Von Prof. Dr. A. Buschke und Dr. A. Joseph-Berlin.

Geschichtlicher Überblick.

Eng verbunden mit der Kulturgeschichte aller Völker, reicht die Kenntnis und Anwendung kosmetischer Künste bis ins graue Altertum zurück. Wenn bei den primitiven Völkern ein deutlicher Zusammenhang »kosmetischer« Prozeduren mit religiösen und ritualen Vorstellungsinhalten erkennbar ist (Bemalungen, Tatauierungen, Schmucknarben usw.), so finden wir bei den alten Kulturvölkern schon vor vielen Jahrtausenden Verschönerungsmethoden, die wir als durchaus zweckmäßig anerkennen müssen. Dahin gehört zunächst die Anwendung regelmäßiger Waschungen und Bäder, die schon von den Priesterärzten der Juden, Perser und Chaldäer vorgeschrieben waren und als Flußbäder in dem göttlich verehrten Nil, dem geheiligten Ganges, Jugend und Schönheit verleihen sollten. Die Assyrer, Babylonier und Ägypter [1]) kannten bereits Haut- und Haarfärbemittel, schwärzten Augenlider und Wimpern mit Schwefelantimon, benutzten Duftstoffe, Salben und Schminken, die sogar den Toten mit ins Grab gegeben wurden. Von den Ägyptern hatten die Juden diese Toilettenkünste übernommen, wofür eine Reihe von Belegen in der Bibel vorhanden ist. Neben der Anwendung von Ölen und aromatischen Stoffen, die zunächst zu Kultzwecken, später zum häuslichen Gebrauch dienten, ist die Rede von Augenschminke, Haarfärbemitteln (Henna) u. a. m. Erwähnt sei, daß die auch zu den kosmetischen Hilfsmitteln gehörige Massage bereits bei den alten Chinesen in ein gut durchdachtes System gebracht worden war.

Bei den Völkern des klassischen Altertums finden wir zahlreiche Hinweise auf kosmetische Mittel und Vorschriften. In Griechenland stand, wie aus Stellen in der Odyssee hervorgeht, die Kosmetik in hohem Ansehen; abgesehen von dem vorbildlichen Stand der Badeeinrichtungen verwandte man Puder, Haarfärbemittel, parfümierte Salben und Depilatorien. Auch der Altvater der wissenschaftlichen Medizin, Hippokrates, widmet diesem Gebiet seine Aufmerksamkeit; das gesamte kosmetische Wissen jener Zeit ist in dem berühmten Arzneilehrbuch von Dioskurides aus Anazarba (1. Jahrh. n. Chr.) enthalten.

Das Verdienst, die Kosmetik zu einem Sonderfach der Heilkunde ausgestaltet zu haben, gebührt einigen spätgriechischen Ärzten aus der römischen Kaiserzeit, insbesondere Crito, deren Wissen uns durch Galen übermittelt worden ist. Es war die Zeit des allgemeinen Sittenverfalls in Rom, auf deren Boden Verschönerungskünste aller Art zu üppiger Blüte gelangten. Einen Eindruck davon gewinnt man aus Stellen der Dichtungen von Catull, Ovid, Martial, Petronius, Lucian.

Die byzantinische Medizin beschränkte sich im wesentlichen auf die von Galen überlieferten Kenntnisse. Größeren Einfluß auf die Entwicklung der Kosmetik haben die Araber geübt, die als wissenschaftlichen Fortschritt den Standpunkt vertraten, daß der gesundheitliche Zustand des Gesamtorganismus maßgebend ist für das Aussehen [2]).

---

[1]) So enthält der Papyrus Ebers Rezepte, um graues Haar zu entfernen und die Haare zu konservieren, zur Änderung der Hautfarbe, zur Beseitigung von Runzeln usw., teilweise allerdings recht mystischen Inhalts.

[2]) Die Herstellung ätherischer Öle, wie Terpentinöl und Rosenöl, durch

Die Dichtungen des 12. und 13. Jahrhunderts enthalten wieder zahlreiche Toilettevorschriften. Wir finden weiterhin vortreffliche wissenschaftliche Beobachtungen bei den bedeutendsten Chirurgen des Mittelalters: Henry de Mondeville und dessen Schüler Guy de Chauliac (Anfang bzw. Mitte des 14. Jahrhunderts).

Daß in der Renaissance auch die kleinen Toilettekünste wieder aufblühten, versteht sich von selbst. Die Alchimisten des 16. Jahrhunderts betrieben als recht einträgliches Gewerbe die Anfertigung von allerhand Mixturen zum Färben der Haare, besonders in Italien als »arte biondeggiante«. Im Zeitalter Ludwig XV. und Ludwigs XVI. waren kosmetische Mittel an allen Höfen und auch im wohlhabenden Bürgertum stark verbreitet. Von den ersten Jahrzehnten des 17. Jahrhunderts an spielte in Frankreich das (auch schon den Römerinnen und Arabern bekannte) Schönheitspflästerchen — mouche — in mannigfacher Form eine große Rolle. Das folgende Jahrhundert bezeichnet Paschkis als goldene Zeit für alle Toilettekünste; die damalige Schminkepidemie, die nach Deutschland übergriff und sich auch auf die Männer erstreckte, behauptete sich bis zum Ende des 18. Jahrhunderts und führte z. B. in England zu gesetzlichen Gegenmaßnahmen. Die französische Revolution machte dann diesen Auswüchsen ein Ende. Statt dessen lernte man wieder, den Zusammenhang zwischen Hygiene und Kosmetik zu erkennen. Es begann die Wiedereinführung von Waschungen und Bädern, die mit den Römern in Vergessenheit geraten waren. Auch die öffentlichen Bäder waren erst z. Zt. der Kreuzzüge wieder aufgekommen und noch um 1700 aus religiösen Gründen verpönt, auch wegen der damaligen Verbreitung der Lepra und Syphilis gemieden. Erst seit der 2. Hälfte des 18. Jahrhunderts gibt es wieder Badewannen in den Haushaltungen [1]), und noch heutzutage läßt sich nicht behaupten, daß das Badewesen die wünschenswerte Höhe erreicht hat.

Dagegen hat die wissenschaftliche Kosmetik in anderer Hinsicht erhebliche Fortschritte gemacht. Das Geltungsbedürfnis des einzelnen, der Wunsch, »jung und schön« zu bleiben, hat es mit sich gebracht, daß die Anwendung kleiner Toilettekünste sich mehr und mehr ausgedehnt hat und nach dem Weltkriege in dem Maße Allgemeingut der Frauenwelt geworden ist, daß ihre Ausübung in der Öffentlichkeit kaum mehr Anstoß erregt. Im Zusammenhang mit diesen Zeitströmungen steht die Änderung der weiblichen Haartracht (Bubikopf), deren internationale Verbreitung nicht zuletzt praktischen Erfordernissen zu verdanken ist.

Allgemeines.

Unberührt von dem Modegeschmack, der das körperliche Schönheitsideal zeitweiligen Variationen unterwirft, gilt von jeher bei den weißen Rassen eine schöne Haut als Voraussetzung des ästhetischen Wohlgefallens. Sie erscheint den großen Künstlern und Philosophen gewissermaßen als höchster künstlerischer Ausdruck und Abglanz des Innenlebens, wie es Hegel treffend schildert: »Der Gipfel des Kolorits ist das Inkarnat, der Farbenton der menschlichen Fleischfarbe, welche alle andern Farben wunderbar in sich vereinigt, ohne daß sich die eine oder andere selbständig heraushebt. ... Durch das durchsichtige Gelb der Haut scheint das Rot der Arterien, das Blau der Venen und zu dem

Pflanzendestillation hatten die Araber vorzüglich ausgebildet, auf sie ist auch (wie der Name besagt) die Alkoholgewinnung zurückzuführen. Mohamed schrieb vor, daß die Gläubigen sich jeden Freitag parfümierten.

[1]) Heinrich Laube schließt einen Aufsatz im »Jungen Europa«, Bd. I, 1836, mit dem lapidaren Satz: »Teutschland geh' in's Bad!«

Hell und Dunkel und den sonstigen mannigfachen Scheinen und Reflexen kommen noch graue, bräunliche, selbst grünliche Töne hinzu, die uns beim ersten Anblick höchst unnatürlich dünken und doch ihre Richtigkeit und wahrhaften Effekt haben können.« Hingewiesen sei auf die entsprechenden Darlegungen bei F. Th. Vischer und C. G. Carus.

Von dieser ästhetischen Betrachtungsweise abgesehen gilt aber allgemein — und mit Recht — eine »normale« Haut als Spiegelbild eines gesunden Körpers. Es ist bekannt, daß Glanz, Glätte, Durchblutung, Durchfeuchtung und Durchfettung der Haut — deren optischer Eindruck im Gesicht als Teint bezeichnet wird — in erheblicher Weise von konstitutionellen Faktoren abhängig sind, ebenso die Ausbildung des subkutanen Fettpolsters und die Beschaffenheit der verhornten Anhangsgebilde. Die Komplexion bzw. der Pigmentgehalt (Haar-, Haut- und Augenfarbe) gilt neben der Art des Körperbaues als wichtiges Typenmerkmal. Auch die Vitalität der Haut und ihre funktionellen Eigenschaften sind durch die individuelle Körperanlage bestimmt, in erster Linie durch den Zustand des endokrin-vegetativen Apparates. Die Erfahrung hat gelehrt, daß es bei Störungen dieses Systems zu mannigfachen Veränderungen der Körperoberfläche kommt. So findet man bei Unterfunktion der Schilddrüse (Myxoedem), daß die Haut fahlgelbes, wachsähnliches, trockenes, unelastisches Aussehen zeigt; das Unterhautgewebe ist verdickt und sulzig infiltriert. Dazu kommen trophische Störungen der Haare und Nägel, Talg- und Schweißbildung sind eingestellt. Bei übermäßiger Tätigkeit der Schilddrüse (Basedowsche Krankheit) ist die Haut dünn, glatt und auffallend gut durchblutet, samtartig weich (ähnlich der Negerhaut), mit Neigung zum Schwitzen; dabei beobachtet man häufig Pigmentanomalien (Pigmentationen, Vitiligo). Das Kopfhaar ist dünn, brüchig, fettlos, ergraut vorzeitig und fällt leicht aus; die Nägel weisen Rillenbildung auf.

Bei Morbus Addisoni tritt uns die als Bronzekrankheit bekannte diffuse Pigmentstörung entgegen. Erkrankungen der Nebennierenrinde gehen einher mit vorzeitigem Welken und Altern der Haut sowie mit der Erscheinung des suprarenalen Virilismus. Mangelhafte Keimdrüsentätigkeit bewirkt, daß die Haut zartes, blasses Aussehen annimmt; die Hände sind feucht, kalt und cyanotisch. Menstruationsanomalien und Schwangerschaft können vielfältige Hautanomalien im Gefolge haben; neben den hier nicht zu besprechenden Dermatosen findet man Pigmentierungen (Leberflecken, Chloasmen) sowie Behaarungsanomalien (Canities praematura, lokale Hypertrichose). Derartige Störungen sind auch im Klimakterium nicht selten, dabei besteht ein Reizzustand des Vasomotorenapparates mit Neigung zu Kongestionen, der das Auftreten der Rosacea begünstigt. Hypertrichose sehen wir weiterhin auftreten bei Überfunktion des Hypophysenvorderlappens, ebenso Pigmentierungen und Vitiligo, während bei Atrophie der Hypophyse Trockenheit und Sprödigkeit der Haut mit Pigmentanomalien vorhanden ist.

Auch anderweitige Störungen im Körperinnern machen sich am Hautorgan bemerkbar, sei es in Form eigentlicher Erkrankungen oder nur kosmetisch bedeutsamer Veränderungen. Solche können z. B. auf dem Boden von Stoffwechselstörungen auftreten. Wenn wir von der Unterernährung absehen, die natürlich auch Hauterscheinungen nach sich ziehen kann (Nageldystrophien, Haarausfall), so kann z. B. Fehlernährung in Form übermäßiger Kochsalzzufuhr Neigung zu Haarausfall und vermehrter Absonderung der Talgdrüsen bewirken. Letztere wird nach alter Volksmeinung auch durch reichliche Fettkost begünstigt; scharf gewürzte Speisen können Hautausschläge auslösen, Genußmittel, wie Alkohol und Kaffee, bewirken Blutüberfüllung des Gesichts. Farbstoffhaltige Nahrungsstoffe (Tomaten, Karotten, Kürbis, Apfelsinen) können temporäre Verfärbung der Haut bedingen (Aurantiasis cutis Baelz 1896), wobei wohl eine individuelle Disposition erforderlich ist [1]). Lanz sah nach einigen Monaten vegetarischer Ernährung Querfurchen an allen Fingernägeln auftreten.

Die Möglichkeit der psychogenen Entstehung von Hautstörungen ist durch die bekannten Beobachtungen über die vegetativen Hautreaktionen (Erröten, Erblassen, Schweißausbruch, Gänsehaut) sichergestellt, ebenso durch hypnotische Versuche und durch die Stigmatisationsfälle. An Nervenschädigungen können sich außer entzündlichen trophische Veränderungen anschließen (Verdickungen, Glanzhaut, Hypertrichosis, Nageldystrophien). Auch bei Blutkrankheiten und Infektionskrankheiten kann die Haut und deren Anhangsgebilde in Mitleidenschaft gezogen werden.

Diese Beispiele mögen genügen, um erkennen zu lassen, daß auf kosmetischem Gebiet der Zusammenhang zwischen Hautorgan und Gesamtorganismus keinesfalls außer acht gelassen werden darf. Weitere Hinweise in dieser Richtung sollen bei den betreffenden Hautleiden gegeben werden. Die angeführten Feststellungen dienen zunächst als Grundlage allgemeiner Richtlinien für die Hautpflege.

In erster Linie sind Schädigungen durch unzweckmäßige Ernährung und Lebensweise zu vermeiden, insbesondere ist zu achten auf etwa bestehende Stuhlverstopfung, die durch die neuzeitliche schlackenarme Ernährung begünstigt wird. Ausreichender Schlaf ist ein wesentliches

[1]) Der dabei in Betracht kommende Farbstoff, ein Carotin (Yamada), wird durch Darmwand und Epidermis, in zweiter Linie durch die Hautdrüsen und Nieren ausgeschieden und ist histologisch in der Oberhaut nachweisbar.

Erfordernis der Hautkosmetik. Auch der Kleidung, besonders der Unterwäsche, ist Beachtung zu schenken. Unvollständige Hemdbekleidung bringt es mit sich, daß Schweiß und Bakterien unmittelbar in die Kleider gelangen und zu Hautreizungen Anlaß geben können. Dabei ist zu berücksichtigen, daß die Haut, gerade bei der Stadtbevölkerung, einer Reihe schädlicher Einflüsse ausgesetzt ist, von denen wir Staub, Ruß, Abgase und bakterielle Verunreinigungen der Atmosphäre anführen wollen. Innersekretorische Normabweichungen, besonders seitens der Schilddrüse und Keimdrüsen, bedürfen genauer Untersuchung (Grundumsatzbestimmung) und Behandlung.

Von großem Nutzen ist zweckmäßige körperliche Betätigung, so in Form von Gymnastik und Sportübungen, welche die körperliche Vitalität steigern und damit auch vorzeitigen Alterserscheinungen entgegenwirken. Unter den verschiedenen Schulen ist wohl dem Mensendieck-System der Vorzug zu geben. Die Übungen dienen der Förderung harmonischer Haltung und Bewegungen (Lockerung der Gelenke, Schulung der Muskulatur) und bewirken im Verein mit Licht- und Luftreizen eine günstige Beeinflussung der Haut (Anregung des Tonus und der Drüsentätigkeit sowie der Capillarreaktionen). Weniger angreifend sind Luftbäder, in einfacher Weise so durchführbar, daß man — möglichst in der warmen Jahreszeit beginnend — bei geöffnetem Fenster morgens und abends 5—15 Minuten lang leichte körperliche Übungen vornehmen läßt (in den kälteren Monaten entsprechend verkürzt). Von kräftigen Personen wird der Sport in seinen mannigfachen Zweigen (Schwimmen, Rudern, Tennis usw.) vorgezogen.

Hilfsmittel der Kosmetik.

Bäder.

Als wichtigster Bestandteil der Hauthygiene[1]) ist zunächst die Anwendung des Wassers in Form von Waschungen und Bädern zu besprechen. Wenn sich auch über die Häufigkeit des Badens keine Regeln aufstellen lassen, so ist doch bei gesunder Haut tägliches Baden als durchaus zweckmäßige Maßnahme zu betrachten. Das Wasser wirkt dabei als Träger verschiedener Dichte, Konsistenz und Temperatur sowie durch die in ihm gelösten Stoffe als Vermittler chemischer Reize. Auf die Körperoberfläche wirkt es in der Weise ein, daß auf die Haut ausgeschiedene Substanzen, vornehmlich Salze, gewisse Fettsäuren und Eiweißkörper gelöst werden, andererseits ein Teil der Gewebe zur Quellung kommt. Deren Grad ist allerdings abhängig von der Dauer

[1]) Auf die Mund- und Zahnpflege sowie auf die sog. »intime Toilette« der Frau glauben wie hier nicht eingehen zu müssen.

und Temperatur des Bades. Kalte Bäder, besonders in Verbindung mit Schwimmen, bedingen Zusammenziehung der Hautgefäße mit nachfolgender reaktiver Erweiterung und sind für blasse, blutarme Personen zu empfehlen. Heiße Bäder bewirken stärkere Quellung und Anregung der Gefäßmuskeln der Haut und geben dieser ein glattes, jugendliches Aussehen. Harte Wässer — Brunnen und Hochquellenwasser — mit Gehalt an Kalk und Magnesiumsalzen machen die feinere Haut der Hände und des Gesichts spröde; es empfiehlt sich daher, wenn Fluß- oder Regenwasser nicht zur Verfügung steht, längeres Kochen bzw. Zusatz von Soda, Pottasche oder Natrium bicarb. (1 Teelöffel auf eine Waschschüssel), um die Kalkverbindungen unschädlich zu machen. Anderweitige Zusätze, wie Sauerstoff und Kohlensäure, bewirken eine Blutüberfüllung der Capillaren, auch die aromatischen Bäder (Zusatz von Fichtennadel- und Kiefernadel-Extrakten) üben durch die in ihnen enthaltenen fein verteilten ätherischen Öle hautanregende sowie parfümierende Wirkung aus. Adstringierende Stoffe, z. B. Tannin, Gerberlohe, werden für kosmetische Bäder weniger angewandt als erweichende Zusätze, so Stärkekleister, Mandelweizen, Gersten- oder Haferkleie, auch in Beuteln mit Zusatz parfümierter Seife erhältlich.

Die tonisierende Wirkung der Bäder läßt sich durch mechanische Reize erhöhen, so durch Duschen oder Frottieren, wobei man Frottiertücher, Bürsten oder Schwämme (neben Naturschwämmen sind die Luffaschwämme, neuerdings die auskochbaren Viscoseschwämme zu empfehlen) anwenden kann. Eine Abhärtung der Haut kann man durch Wechselbäder herbeiführen, die eine Art Gymnastik der Gefäßwände bewirken.

Von heißen Teilbädern sind Fußbäder seit altersher zur Ableitung von Kongestionszuständen beliebt. Hier sind auch die lokalen Dampfbäder anzuführen, die besonders für das Gesicht bevorzugt werden. Man erreicht dadurch Erweiterung der Hautgefäße und der Drüsenmündungen sowie vermehrte Absonderung. Am einfachsten geht man in der Weise vor, daß man das Gesicht über eine mit kochendem Wasser gefüllte Schüssel halten läßt, wobei Kopf und Schüssel durch ein Tuch verhüllt sind. Von den zahlreichen Apparaten, bei denen die in einem Gefäß erzeugten Wasserdämpfe mittels eines Schlauches und daran angebrachten trichterförmigen Ansatzstückes auf das Gesicht oder Teile desselben geleitet werden, ist der Dermothermostat nach Saalfeld als zweckmäßig zu bezeichnen. Neuerdings kommen geeignete elektrisch beheizte Apparate (Vaporator) in den Handel, bei denen die Bedampfung mit Blaulichtbestrahlung kombiniert wird.

Intensivere Wirkungen haben die Dampfkasten- und Lichtbäder;

die türkischen und russischen Bäder dienen in erster Linie zur Behebung einer vasomotorischen Hautschwäche. Die entfettende Wirkung, die den Schwitzbädern zugeschrieben wird, beruht im wesentlichen auf dem Wasserverlust, der sich alsbald wieder ausgleicht. Bei systematischem Gebrauch wird allerdings wohl auch der Tonus der vegetativen Zentren, welche ja die Stoffwechselvorgänge beherrschen, beeinflußt werden. Daher dürften Fälle von Mastfettsucht bis zu einem gewissen Grade auf diese Behandlungsart ansprechen, eher als endokrin bedingte Formen, deren Behandlung der inneren Medizin vorbehalten bleiben sollte.

Auch die Paraffinbäder bzw. -packungen sind in gleicher Weise wirksam als intensiv wärmestauende und schweißtreibende Mittel, ohne daß von einer Fetteinschmelzung (sog. Schlankheitsbäder) die Rede sein kann. Als milderes Verfahren — gegenüber den herzangreifenden Schwitzbädern — sind noch die Schaumbäder zu erwähnen.

Die zur gründlichen Reinigung der Haut erforderlichen

Seifen

stellen Natrium- bzw. Kaliumsalze bestimmter höherer Fettsäuren dar (harte bzw. weiche Seifen)[1]). Sie bewirken Erweichung, Quellung und Abstoßung der Oberhautzellen, dazu kommt die mechanische Abschwemmung von Krankheitskeimen beim Waschprozeß. Das bei der Umsetzung der Seife mit Wasser in Lösung bleibende basisch-fettsaure Alkali verbindet sich mit den sauren Bestandteilen der Hautsekrete zu neuem fettsaurem Alkali, während die unlöslichen Salzverbindungen zusammen mit dem Schaum die abgelösten Verunreinigungen umhüllen, sodaß sie durch das nachfolgende Abspülen beseitigt werden.

Die verstärkte Abschälung der Hornschicht ist bei empfindlicher Haut unerwünscht, auch kann es, besonders im Gesicht, infolge der Alkaliwirkung zu entzündlichen Reizungen kommen. Gute Seife soll kein freies Alkali enthalten; von solchen neutralen Seifen seien angeführt: die Marseiller Ölseife, Heine's Kinderseife, Lanolinseife (mit dem Pfeilring), die Lilienmilchseife von Lohse, die Kalodermaseife und die Nivea-Kinderseife, ferner die Fissanseife. Zusatz von Fett im Überschuß (überfettete Seifen nach Unna) erfüllt den gewünschten Zweck nur unvollkommen, da keine Abstumpfung des Alkali und auch keine Einfettung der Haut nach dem Waschen herbeizuführen ist. Beimengung von Glyzerin hat eine gewisse reizmildernde Wirkung, besonders bei den heutzutage vielfach angewandten flüssigen Seifen.

In Fällen, wo selbst die besten Seifen Reizungen der Gesichtshaut, oft mit starkem Juckgefühl, bei geringfügigem objektiven Befund —

[1]) Als Erfinder der Seife gelten die Phönizier, deren Kolonie Marseille schon im 9. Jahrhundert ein berühmtes Zentrum der Seifenindustrie war (F. Winter).

rauhe Haut, Xerosis [1]) — hervorrufen, genügt meist vorübergehendes Aussetzen der Waschungen und Säuberung mittels Öl (Oliven- oder Süßmandelöl), das auf Verbandwatte gebracht wird, auch mit wenig Wasser verriebene Mandelkleie (Mandelmilch). Gut vertragen werden die von Glaze empfohlenen Mayonnaisenwaschungen. Man bringt aus einer Spritzflasche reichlich Olivenöl in die Hohlhand, fügt von einem mit Öl überschichteten Gelbei etwas Eigelb hinzu und verreibt beides mit wenig Wasser auf der zu reinigenden Hautstelle. Nachwaschen mit etwas Wasser und milder Seife oder Einfetten mit Rp. Bism. subnitr. Zinc. oxyd. aa 3,0 Ungt. len. ad 30,0. Nach einiger Zeit geht man zu Waschungen mit abgekochtem Wasser über, dem anfangs Glyzerin (1—2 Eßlöffel auf eine kleine Waschschüssel) oder Borax (etwa 5%) zugesetzt wird. Einfacher anzuwenden ist die Milkudermwaschung nach Bruck. — Bei Männern ist vielfach Anwendung von Rasierseife schädlich und diese durch Rasiergallerte (aus Glyzerin, Traganth und Wasser) oder eine der käuflichen Rasiercremes zu ersetzen.

Zu erwähnen sind noch die medikamentösen Seifen, die mit den mannigfachsten Zusätzen (Schwefel, Salizyl, Teer, Ichthyol, Thigenol, Resorcin, Perubalsam, Natriumsuperoxyd usw.) hergestellt werden und gelegentlich brauchbar sind. Mechanisch wirkende Beimengungen, so in Form der Bimssteinseife und der Schleichschen Marmorseife, haben polierende Wirkung bei stark verhornter und narbiger Haut.

Fette

dienen — außer zur Reinigung — als Schutzmittel für die Haut gegen Witterungseinflüsse, als Ersatz für die durch das Waschen entfernten Hautfette mit ihrem schützenden »Säuremantel«, ferner zum Schlüpfrigmachen und Verhindern der Reibung an sich berührenden Hautstellen, zum Verhüten der Auflockerung der Epidermis durch den Schweiß und schließlich als Überzug, um pulverförmige Substanzen (Puder, Schminken) besser haften zu machen. Einreibungen mit Fett nach warmen Bädern, wie im Altertum üblich, sind als zweckmäßig zu betrachten.

Im chemischen Sinne versteht man unter Fetten die neutralen Glyzerinester der höheren Fettsäuren (Ölsäure, Palmitin- und Stearinsäure). Die natürlichen — pflanzlichen und tierischen — Fette stellen Gemische verschiedener Fettstoffe dar, deren Konsistenz von dem Gehalt an Olein bzw. Stearin abhängig ist. In der Kosmetik sind gebräuchlich Schweineschmalz (Adeps suill., Axungia porci), zur Haltbarmachung mit Zusatz von Benzoe als Axungia benzoata, ferner

[1]) Dieser liegt eine als Asteatosis bezeichnete mangelhafte Tätigkeit der Talgdrüsen zugrunde.

Rinds- und Hammeltalg (Sebum bovinum bzw. ovile), der nicht ranzig werdende Walrat (Cetaceum). Lanolin, das aus dem Wollfett von Schafen gewonnen wird, entspricht einem Gemisch von Glyzerin- und Fettsäureäthern; es hat den Vorzug, nicht ranzig zu werden und viel Wasser aufnehmen zu können.

Von pflanzlichen Fetten werden verwandt: Süßmandelöl (Ol. amygd. dulc.) und besonders Olivenöl, ferner Ricinusöl (besonders zu Haarpomaden), seltener das billige Rüböl (Ol. rapae), Sesam- und Haselnußöl; als ätherische Öle werden Rosenöl, Bergamotteöl, Lavendelöl, Veilchenöl usw. zur Parfümierung herangezogen. Von starren Fetten sind anzuführen das Kokos- und Palmöl, Kakaobutter und Wachs (Cera alba), als mineralische das Paraffin und Vaseline, beide bei der Petroleumdestillation gewonnen. Eine sehr beliebte Salbenmischung ist der Coldcream (Ungt. leniens, Crème céleste), der in ähnlicher Zusammensetzung bereits den Römern bekannt war, z. B. Cerae alb., Cetac. aa. 8.0, Ol. amygd. dulc. 50.0, Vasel. alb. Aqu. rosar. aa. 20, Bor. Ven. 1, 0, Ol. rosar. gtt. 2. Durch Zusatz von Glyzerin kann die Haltbarkeit noch erhöht werden.

Nach den experimentellen Untersuchungen von G. Unna und W. Fey werden reine Fette (Vaseline) nicht von der Epidermis aufgenommen. Gesättigte Wasserölemulsionen vom Typus des Coldcream werden in mäßiger Menge resorbiert. Ungesättigte Wasserölemulsionen vom Typus des Eucerin-Unna (Niveacreme) werden von der Oberhaut begierig aufgenommen und dringen beim Massieren fast bis zur Cutisgrenze. Als weitere wasseraufnehmende Salben sind Eumattan und als neuere Präparate »Epidor« und »Penetran« nach Truttwin, die Japanwachs enthalten, ferner Laneps zu erwähnen. Daß die von der kosmetischen Industrie unter hochtönenden Namen auf den Markt geworfenen Tages- und Nachtcremes größtenteils überflüssige und teuerbezahlte Erzeugnisse darstellen, braucht hier nicht hervorgehoben zu werden. Bemerkt sei aber noch, daß die dauernde und ausschließliche Anwendung von Cremes zur Hautreinigung Schädigungen herbeiführen kann. Diese sind teils bedingt durch die chemischen Bestandteile (rohes Paraffin, Borsäure, Kokosfett, letzteres öfter in »Skinfood« enthalten), teils durch ihre physikalischen Eigenschaften (Porenverstopfung); dadurch kommt es zur Störung der normalen Funktion der Talgdrüsen (Dermatitis nach Aussetzen der Cremebehandlung).

An die Fette schließt sich das Glyzerin an, das als Nebenprodukt bei der Herstellung von Seifen und Stearinkerzen gewonnen wird. Die farb- und geruchlose, sirupartige Flüssigkeit besitzt starke hygroskopische Eigenschaft (nimmt bis 50% Wasser aus der Luft auf). Glyzerin ist daher nicht unverdünnt anwendbar, da es sonst die Haut spröde und rissig macht, auch kommt Idiosynkrasie vor. Man verordnet es als Salbe, z. B. Glycerin. Vitell. ovor. aa. 25,0 oder Glycerin. Eucerin. Aqu. rosar. aa. bei rauher Haut, aufgesprungenen Lippen usw. oder in Form von Gelees als Schutz- und Deckmittel für Hände und Gesicht: Gelat. 2,0, Alkohol. 10,0 Glycerin. 60,0, Aqu. dest. ad 100,0.

Eine fast ebenso wichtige Rolle wie die Fette spielt in der Kosmetik der Alkohol, besonders als Träger ätherischer Öle. Konzentrierter Alkohol ist als stark hygroskopisch und fettlösend zu vermeiden, in Verdünnung (so als Franzbranntwein, Eau de Cologne) fördert er den Tonus der Haut und gibt dieser ein frisches und glänzendes Aussehen. In Verbindung mit Säuren dient der Alkohol zur Herstellung der adstringierenden Toilettenessige, z. B. Ac. acet. concentr. 30,0 Aq. Colon. ad 200,0 oder Ol. citr. 50,0 Spir. vin. 200,0.

Die verschiedenen Schönheitswässer (Laits) stellen Emulsionen von Ölen, Harzen oder Balsamen in Wasser-Alkohol-Gemischen dar. Beliebt sind namentlich Kampfer, Myrrhe, Benzoe, Perubalsam; diesen kommt zwar eine anregende und tonisierende Wirkung zu, gleichzeitig wird aber durch Verstopfung der Drüsenmündungen die Neigung zu Mitessern und Eiterpickeln begünstigt. Als Beispiele dienen: Tct. alc. Benzoes 10,0 Glycerin. 10,0 Aq. rosar. ad 100,0 S. Äußerlich (Lait virginal) oder Tannin. 3,0 Spir. vin. 100, 0 Aq. Colon. 50,0 Aq. dest. ad 300,0 S. Äußerlich (Runzelwasser).

Rein kosmetische Bedeutung kommt den **Pudern** und besonders den **Schminken** zu. Sie dienen entweder als schützende oder als aufsaugende Mittel, hauptsächlich aber als Deck- und Färbestoffe und bilden heutzutage einen wesentlichen Bestandteil der weiblichen Hautpflege. Von den vegetabilischen Pudern wirken Stärkemehle kühlend, reiz- und reibungsmildernd, so Reismehl (Amyl. oryzae), Weizenstärke (Amyl. tritici), Kartoffelmehl (Amyl. Solan.) und Leguminosemehle, die sich durch starke Haftfähigkeit auszeichnen. Als Nachteil ist die Aufquellung unter dem Einfluß von Feuchtigkeit (Verklumpung) und ihre Zersetzlichkeit infolge Kleisterbildung zu betrachten. Dies gilt erst recht von den Wurzelpulvern, die vielfach als parfümierende Zusätze verwandt werden, besonders Veilchenwurzelpulver, z. B.: Amyl. oryz. 100,0 Pulv. Irid. Flor. 30,0 Ol. geran. gtt. 5 S. Reispuder. Als Gleitpuder bewährt sich der von Unna empfohlene Bärlappsamen (Sem. Lycopod.) mit natürlichem hohen Fettgehalt. Man kann auch Puder in Pastenform verordnen, z. B.: Farin. trit. Pulv. Melilot. aa. 25,0 Pulv. violar. 75,0 Aq. rosar. q. s. f. pasta oder Farin. Amygd. amar. 300,0 Amyl. oryz. 100,0 Zinc. oxyd. Lanolin. aa. 10,0. M. D. S. Hautpaste.

Die mineralischen Puder werden wegen ihres geringeren Haftvermögens häufig in Verbindung mit pflanzlichen angewandt. Feste Puder (Compact) werden vielfach unter Zuhilfenahme von Gips hergestellt.

Beispiele:

Amyl. pulv.		100,0
Lapid. bapt.		
Talc. Ven.		
Alum. plumos.	aa.	50,0
Ol. rosar. gtt.		10,
Ol. nerol. gtt.		5
S. Pulv. cosmet. alb.		

Amyl. pistac.		
Talc. Ven.	aa.	100,0
Ess. rosar.		0,05
Ess. lavand.		0,02
S. Pistanzienpuder		

Bol. rubr.		5,0
Zinc. oxyd.		5,0
Magn. carb.		
Bol. alb.	aa.	7,5
Amyl. oryz.		25,0
S. hautfarbener Puder.		

Dieser von Unna angegebene Puder ist bereits zu den Schminken zu rechnen, deren Grundlage meist der Talk — Talcum Venetum, Magnesiumsilikat — bildet [1]). Dieses Pulver hat den Vorzug, sich nicht zusammenzuballen und weder von den Hautsekreten noch von der Luftfeuchtigkeit angegriffen zu werden. Die weiße Farbe macht Zusatz von Farbstoffen notwendig; zur Rotfärbung dienen Carmin, Saflor und Carthamin, neuerdings auch Eosin, selten Zinnober. Braune bzw. gelbe Tönung erzielt man durch Zusatz von Ocker, Umbrabraun, gebrannter Siena oder armenischem Bolus; zur Blaufärbung wird der wasserlösliche Indigo oder Berliner Blau zugefügt. Die Handelsbezeichnungen sind weiß (blanche), rosa (rose), gelblich (rachel), fleischfarben (chair). Zur Parfümierung werden natürliche oder synthetische Duftstoffe zugesetzt. Der Effekt der Schminkenbedeckung wechselt mit der Beleuchtung (Tages- bzw. künstliches Licht der verschiedenen Lichtquellen), ferner ist zu berücksichtigen, ob der Puder auf der Straße oder im Zimmer angewandt werden soll, auf größere Distanz berechnet ist usw., auch ist dem Zustand der Haut — trocken oder fett — Rechnung zu tragen. Einige Beispiele mögen folgen:

Zinc. oxyd.	100,0
Talc. Ven.	75,0
Magn. carb.	5,0
Extr. millefl.	1,0
S. Pulv. cosm. alb.	

Pulv. cosm. alb.	80,0
Carmin. sol.	0,5
S. Rosapuder	

[1]) Als minderwertige Grundstoffe werden verarbeitet: Calcium carbonicum, Kieselgur, Ton, Porzellanerde (Kaolin), Schlemmkreide und Bolus alba.

Pulv. cosm. alb. 80,0
Carmin. sol. 0,05
Goldocker 1,0
S. Pulv. cosm. flav. (Puder Rachel).

Pulv. cosm. flav. 150,0
Umbradunkel 20—40,0
Goldocker 15,0—20,0
S. Braunpuder (um Sonnenbrand vorzutäuschen).

Die flüssigen Gesichtsfärbemittel, die dem gleichen Zweck wie der letztere Puder dienen, stellen parfümierte bräunliche Anilinfarbstofflösungen dar. Dagegen versteht man unter flüssigen Schminken Suspensionen mineralischer Puder in parfümierten Wässern, z. B.:

Bism. subnitr. 50,0
Aq. rosar. 150,0
S. flüssige, weiße Schminke.

oder Zinc. oxyd. 50,0
Talc. Ven. 10,0
Aq. Colon.
Aq. rosar. aa. 75,0

oder

Kal. oxal. 0,5
Carmin opt. 0,5
Aq. dest. 250,0
Alkohol. 15,0
Am. p. liqu. 0,25
S. flüssiges Rot.

oder Calc. praec.
Zinc. oxyd. aa. 15,0
Carmin. 0,2
Ol. Bergamott. gtt. 2

Zu Fettschminken wird als Grundlage Talg oder Walrat oder Wachs, ferner Olivenöl, angewandt, z. B. Pulv. cosm. alb. (s. rubr., s. flav.) Sperm. cetac. aa. oder: Carthamin. 1,0 Talc. Ven. 9,0 Sperm. cet. aa. 10,0 Ol. amygd. dulc. 20, 0.

Als Schwarzschminke wird Lampenruß oder Beinschwarz in Salbenform benutzt (Augenbrauenstifte). Lippenstifte besserer Qualität sind mit Carmin (Farbstoff der Cochenille-Läuse) gefärbt.

Im allgemeinen muß zugegeben werden, daß die kosmetische Industrie gerade in der Herstellung von Pudern und Schminken leistungsfähiger ist als die Apothekenbetriebe. Allerdings steht die Preisgestaltung oft in krassem Mißverhältnis zum eigentlichen Wert der betreffenden Substanzen. Die Verarbeitung giftiger Stoffe, wie Bleiweiß und Quecksilber, wird durch gesetzliche Bestimmungen unterbunden. Auch die Möglichkeit der Übertragung von Tetanusbazillen durch Bolus wird heutzutage durch Sterilisieren ausgeschlossen. Aber selbst die unschädlichen Puder können, zumal bei fortwährender Anwendung, den Teint beeinträchtigen, indem die Haut zu sehr ausgetrocknet wird und die Mündungen der Talg- und Schweißdrüsen verstopft werden; ferner ist zu bedenken, daß Puder und Puderquasten einen günstigen Nährboden für Bakterien darstellen. Schließlich kann es auch zu

Blepharitis kommen, indem feinste Partikelchen von Puder oder Färbestiften die Cilien umgeben und mit Staub vermengt die Drüsenausgänge verlegen. Endlich ist zu erwähnen, daß das in Lippenstiften manchmal enthaltene Eosin zu Entzündung der Mundschleimhaut führen kann, was auf Idiosynkrasie oder sensibilisierende Wirkung des Farbstoffes zu beziehen ist.

Bei der Technik des Schminkens sind gewisse Regeln nützlich, wenn auch die persönliche Erfahrung maßgebend bleibt. Für Tageslichtwirkung ist trockene Schminke zu bevorzugen. Das Gesicht wird vorher mit einer Creme (Lanolin, Goldcream) in dünner Schicht eingefettet, darauf weißer Puder aufgetragen, wobei Ohr und Augenlider nicht zu vergessen sind, schließlich ein mehr oder minder gesättigtes Rot auf die Wangen (Nähe von Mund und Nase) gelegt und von dort im Bogen gleichmäßig nach den Ohren zu verstrichen. Bei künstlicher, besonders bei heller Beleuchtung, bringt man rote (am besten flüssige) Fettschminke auf die eingefettete Haut und verreibt die Farbe mit dem Finger, wobei der Überschuß mit einem feinen Tuch entfernt wird. Das Rot ist auf die Stellen aufzutragen, die weniger hervortreten sollen, z. B. bei vorstehenden Backenknochen auf diese, in sichelförmigem Bogen, der sich über dem Auge verbreiternd, zur Schläfe verläuft. Breite Gesichter brauchen Rouge in der Mitte der Wange, schmale, blasse Gesichter in gleichmäßiger zarter Verteilung; rosig gefärbt wird ferner der Mittelpunkt des Kinns und der Ohrläppchen. Die Lippen werden zuerst in den Konturen mit flüssigem Rot nachgezogen, dann mit dem Lippenstift gefärbt. Die Augen sollen nie unterstrichen werden, dagegen kann man das Oberlid schminken, indem man mit Creme etwas braun oder am Abend Blau darauf verreibt. Wimpern werden mit Hife eines Bürstchens schwarz gefärbt, dann mit einem dünnen Kämmchen bearbeitet. Die Augenbrauen werden erst in die Höhe gebürstet dann (wenn sie zu licht sind, mit einem in Mastix getauchten Bürstchen) nach der Seite zu gestrichen. Im übrigen gibt es zahlreiche Variationen der Schminktechnik, die ja mit dem Alter, dem Stand, der Gesamterscheinung und der Gelegenheit im Einklang stehen soll. — Das Entfernen der Schminke erfolgte durch Abreiben mit Fett (am besten Goldcream, allenfalls Vaseline oder Glyzerin) und Nachwaschen mit Wasser und Seife.

Von den mechanischen Hilfsmitteln der Kosmetik ist die

Massage

in ihrer Bewertung umstritten. Energische und tiefer gehende Massage des Gesichts — zur Behebung von Runzeln und Falten — wird heutzutage vielfach abgelehnt, da sie die mimische Muskulatur kräftigt, durch deren Zug die schlaffe Haut noch mehr überdehnt wird. Im übrigen kann die noch so kunstvoll ausgeführte Gesichtsmassage keine Dauererfolge erzielen, vielmehr soll sich die kosmetische Massage (wie schon Zabludowski betont hat) besonders in Verbindung mit Gymnastik, auf den ganzen Körper erstrecken und möglichst schon in jugendlichem Alter begonnen werden. Selbstverständlich ist peinliche Sauberkeit des Masseurs und Vermeidung hautreizender Stoffe.

Für die Durchblutung des Haarbodens ist die Anregung der dünnen Muskulatur der Kopfhaut durch Hautverschiebungen nützlich. Kirchberg empfiehlt dazu parallele Knetungen der Kopfhaut, Verschiebungen derselben in der Quer- und Längsrichtung, ferner Friktionen (wobei die Haare nicht gezerrt werden dürfen) und schließlich leichte Klopfungen, lediglich mit den Fingerspitzen.

Die Gesichtsmassage, die täglich etwa 10 Minuten am sitzenden Patienten ausgeführt werden soll, beginnt (Masseur hinter dem Patienten stehend) mit Ausstreichen der Stirn: langsame energische Streichungen von der Mitte nach der Schläfengegend. Dann folgen Hautverschiebungen in der Quer- und Längsrichtung und kreisförmige Friktionen der Stirn, wobei die Daumen auf den Schläfen ruhen. Dann folgt eine große Schleifenstreichung — die während der Dauer der Massage mehrmals wiederholt wird — über das ganze Gesicht, entsprechend dem Verlauf der großen Gefäße. Der Ausstreichung der Stirn folgt eine kreisförmige Streichung der Schläfengegend mit dem 2. bis 5. Finger. An den Schläfenkreis schließt sich ein mehrfacher großer Schleifenkreis an, der die ganze Wangenpartie bis zum Nasenrand und unteren Augenrand umfaßt, dann folgen wieder schleifenförmige Streichungen der beiderseitigen Kinnpartie, und schließlich streichen beide Hände vom Kinnrand median am Hals entlang abwärts bis zur Schlüsselbeingegend. Die Massage der Augengegend besteht in Zweifingerknetungen der

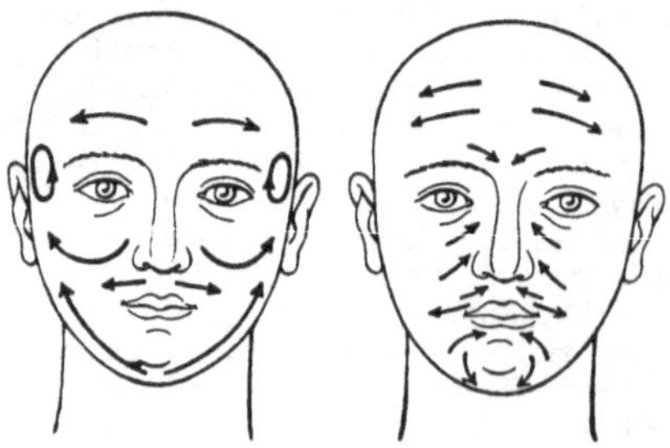

Abb. 1. Schema der Gesichtsmassage (nach Paschkis).

Augenbrauengegend und Austreichung der Lidergegend. Die Wangengegend bearbeitet man zunächst mit Vibrationen, abwechselnd mit Fingerspitze und Faust. Dann tritt der Masseur neben den Patienten, knetet die Wangen durch, evtl. auch die Ohren. Schräg vor dem Patienten stehend, führt man noch Knetungen und Friktionen der Nase aus, ferner Ausstreichungen der Nasenlippenfalte sowie der Gegend ober- und unterhalb des Mundes. Unterstützt wird die Massagewirkung durch mehrmaliges tägliches Backenaufblasen und Spielenlassen der mimischen Muskulatur.

Wir haben es für angebracht gehalten, diese Anweisung, die sich an die Vorschriften Kirchbergs u. a. hält, zu bringen, müssen aber von einer grundsätzlichen Empfehlung der Gesichtsmassage absehen. Auch Gumpert bemerkt, daß für das Gesicht Klopfmassage die einzige zulässige Anwendungsform darstellt, die auch instrumentell (mit dem sog. Patter, einem elastischen, an einem federnden Stiel befestigten Instrument) ausgeführt werden kann. Im übrigen ist instrumentell ausgeführte Massage mittels elektrisch betriebener Apparate (»Vibrator« usw.) nicht zu empfehlen. Dagegen ist Saugbehandlung mittels des von Zabludowski abgegebenen Apparates, bei dem eine metallene oder gläserne Saugglocke auf die Haut aufgesetzt und durch eine kleine Luftpumpe eine Saugwirkung erzielt wird, zur Hyperämisierung der Haut zweckmäßig.

Auch die Massage der weiblichen Brust soll nur unter größter Vorsicht und in seltenen Fällen vorgenommen werden und hat meist keinen nennenswerten Nutzen. Im übrigen ist aber Ganz- oder Teilmassage ein wertvolles Hilfsmittel zur Beseitigung von Stauungszuständen, sowie zur Anregung des Stoffwechsels und verstärkter sekretorischer Tätigkeit der Hautzellen. Nach den histologischen Untersuchungen Memmesheimers kommt es danach zu einer Gefäßerweiterung in der Cutis und zur Flüssigkeitsvermehrung in Ober- und Unterhaut. Die Intercellularräume der Epidermis werden stärker gefüllt, die Bindegewebsbündel in der Cutis dicker und damit straffer und elastischer. Eine weitere Polsterung der Haut erfolgt durch das Auftreten zahlreicher Zellen in der Cutis und das Hineinwandern von Zellen in die Epidermis.

Strahlenbehandlung.

Die Strahlentherapie nimmt im Rahmen der dermatologischen Kosmetik eine wichtige Stellung ein. Die Wirkung des Lichtes, insbesondere des Sonnenlichtes, äußert sich in Beeinflussung des Gesamtorganismus (Erhöhung des Ca-Blutspiegels, Herabsetzung des Blutdruckes, Senkung des Blutzuckerspiegels usw.) und am Hautorgan selbst hauptsächlich in Hyperämisierung, Anregung der Pigmentbildung und Permeabilitätsänderung der bestrahlten Epidermiszellen, dazu kommt eine gewisse Jekorisierung des Hautfettes. Zu kosmetischen Zwecken macht man von der Reiz- und Schälwirkung der ultravioletten Strahlen [1]) Gebrauch.

Dazu bedient man sich am häufigsten der unter dem Namen »Künstliche Höhensonne« ungeheuer populär gewordenen Quecksilberquarzdampflampe (solche werden neuerdings von mehreren Firmen in guter Ausführung herausgebracht). Bei der Dosierung [2]) ist die individuell verschiedene Reaktionsweise der Haut zu berücksichtigen; man beginnt mit einer Bestrahlungsdauer von 1—3 Minuten in 1 m Abstand und steigt dann bei den folgenden Sitzungen jedesmal um 1—2 Minuten, auch kann der Abstand bis auf 1/2 m verringert werden.

[1]) Diese haben bekanntlich noch bestimmte biologische Eigenschaften (Einfluß auf den Fettansatz und auf das Blutbild, bactericide und antirachitische Wirkungen).

[2]) Die objektive Bestimmung der Erythemdosis mittels besonderer Meßapparate (Erythem-Dosimeter nach Keller) ist für die Praxis entbehrlich; neuerdings wird von der I. G.-Farbenindustrie ein »Ultraviolett-Dosimeter« in den Handel gebracht, das auf kolorimetrischem Wege eine Messung der wirksamen U. V.-Dosis beliebiger Lichtquellen gestattet. Noch einfacher gestaltet sich die Bestimmung mit dem von Busse angegebenen billigen »Ultraviolett-Schnellmesser«; hierbei wird ein auswechselbares Stück Celloidinpapier in einem Rahmen der Strahlenwirkung solange (10—40 Sek.) ausgesetzt, bis die Farbe mit der Umgebung des Fensterausschnittes übereinstimmt.

Die umgebende Haut kann durch Ausblenden, Bedecken mit einem Tuch oder durch eine Lichtschutzsalbe vor der Strahlenwirkung verschont werden, während man die Augen durch eine Brille aus dunklem Glas schützt. Statt dessen kann man auch eingefettete Wattebäusche auf die Augen legen, um bei Gesichtsbestrahlungen die unschöne Randbildung zu vermeiden. — Schädigungen durch Bestrahlung sind bei kritikloser Anwendung der Quarzlampe, wie sie durch die Laienpropaganda begünstigt wird, nicht so selten (Dermatitis, Conjunctivitis) [1]).

Als Vorläufer der gebräuchlichen Quarzlampe ist die wassergekühlte Kromayer-Lampe zu erwähnen, bei der man durch Kompression des Gewebes (Anämisierung) eine Wirkung auf die tieferen Hautschichten erzielen kann, wie bei der Finsenlampe. Durch Vorsetzen von Blauscheiben wird der Überschuß an Ultraviolettstrahlen, der nur für Oberflächenwirkung erwünscht ist, abgeschwächt.

Hinzuweisen ist noch auf die Wolfram-Bogenlampe und die vor kurzem in den Handel gekommene Vitaluxlampe, deren Strahlen ein sonnenähnliches Spektrum aufweisen [2]). Die Verwendung der Wärmestrahlen bietet aber für die Lichttherapie keine besonderen Vorzüge; zur Erzielung einer »höhensonnenartigen« Wirkung ist bei der Vitaluxlampe eine sehr lange Bestrahlungsdauer mit entsprechend hohem Stromverbrauch erforderlich. Diese Lampe kommt also nur für Hyperämiebehandlung in Betracht, ebenso die Solluxlampe, welche ultrarote Strahlen liefert.

Röntgenbehandlung.

Die Röntgenstrahlen haben in der Kosmetik ein weit kleineres Indikationsgebiet als in der eigentlichen Dermatotherapie. Auf die physikalischen Grundlagen und die Fragen der Apparatur soll hier nicht eingegangen werden. Bei konstanter Stromstärke und bestimmtem Härtegrad (Strahlenqualität) der Röhre hängt die Wirkung ab von der Strahlenmenge und dem Abstand des Focus von dem betreffenden Hautfeld. Erstere ist regulierbar durch Vorsetzen von Filtern und Variation der Bestrahlungsdauer. Die Bestimmung der Erythem-

[1]) Häufige kurzdauernde Bestrahlungen des Gesichtes und Rumpfes (»Höhensonnenduschen« nach Thedering) werden vielfach angewandt, sei es zur Besserung der Gesichtsfarbe (Bräunung), sei es zur Hebung des Allgemeinzustandes und zur Leistungssteigerung, namentlich in den Wintermonaten. Eine Allgemeinschädigung durch Überdosierung des »Calcinosefaktors« ist nach den experimentellen Untersuchungen (an Ratten) von Holtz und v. Brand nicht zu befürchten.

[2]) Die neu konstruierte Solarca-Lampe (Wellisch, Ztschr. f. physik. Ther. 1932, H. 1) soll der Quarzlampe überlegen sein. Die Lichtquelle besteht in einer Glühbirne aus ultraviolett-durchlässigem Glas (wie die Vitalux-Lampe), die mit Edelgas gefüllt ist und Wolframzylinder sowie einen großen, frei beweglichen Quecksilbertropfen enthält.

dosis oder Haut-Einheitsdosis (HED.) erfolgt in der Praxis in einfacher Weise mittels der Sabouraud-Noiré-Tabletten, die bei Einwirkung von Röntgenstrahlen ihre Farbe verändern, bis sie der Vergleichstablette entspricht. Die Fehlerquelle erreicht allerdings bis 20%; zur genauen Messung dienen besondere Apparate, z. B. das Intensimeter nach Fürstenau. Im allgemeinen soll man, wenn irgend möglich, unter der Erythemdosis bleiben.

In manchen Fällen, so zur Epilation, ist diese aber erforderlich. Bei Härtung der Strahlen durch Vorschalten von Filtern ergibt sich aber ein Auseinanderrücken von therapeutischer und Erythemdosis; als zweckmäßig erweist sich starke Filterung (4 mm Al.) bei einer Strahlenhärte von 1,5 HWS (Halbwertschicht nach Christen in cm) und Verteilung auf einen großen Zeitraum.

Selbst bei einwandfreier Bestimmung der Strahlendosis kann es infolge individueller und regionärer Verschiedenheiten der Hautempfindlichkeit zu schädlichen Folgeerscheinungen kommen. Während die unmittelbar auftretenden (Röntgenkater, Stomatitis infolge Lähmung der Speicheldrüsen bei Bestrahlung der Bartgegend) vorübergehender Natur sind, haben die Röntgenspätschädigungen meist unangenehme Entstellungen im Gefolge. Sehen wir ab von den Röntgenulcerationen, die langwierige Behandlung erfordern und in maligne Entartung übergehen können, so finden wir Hyper- und Depigmentierungen, Atrophie der Haut mit Verödung der Haarpapillen und der drüsigen Organe sowie Teleangiektasien. Bei der Behandlung derartiger Veränderungen (s. d.) muß man äußerst vorsichtig sein, um nicht eine neuerliche Schädigung hervorzurufen.

Für bestimmte kosmetische Indikationen bilden seit kurzer Zeit die von Bucky entdeckten und in die Therapie eingeführten Grenzstrahlen eine wertvolle Bereicherung. Die extrem weichen Bucky-Strahlen, deren Wellenlänge zwischen der der gewöhnlichen Röntgen- und der Ultraviolettstrahlen liegt, haben die Eigenschaft, vorzugsweise in den obersten Hautschichten (etwa 3 mm Dicke) absorbiert zu werden, so daß also die Cutis geschont wird. Stärkere Nebenwirkungen scheinen nicht vorzukommen, immerhin sind bei Überdosierung Pigmentierungen und Teleangiektasien beobachtet. In kosmetischer Hinsicht macht man besonders von der pigment-mobilisierenden und endothelschädigenden Wirkung (Gefäßnaevi) der Grenzstrahlen Gebrauch, wobei die Beeinflussung der Haut teils unmittelbar, teils auf dem Wege über das endokrin-vegetative System vor sich geht (starke Allgemeinreaktionen).

Radium.

Die Radiumbehandlung ist schon aus äußeren Gründen meist klinischen Instituten vorbehalten. Zur Anwendung gelangen Radiumsalze (-sulfat bzw. -bromid), die in Kapseln von Platten- oder Röhrchenform auf der Haut fixiert werden, wobei immer nur ein kleines Feld bestrahlt wird. Für manche Zwecke ist die *Radiumwischmethode* vorteilhaft, die darin besteht, daß man den Radiumträger über die zu behandelnde Hautfläche wie beim Bügeln hinüberzieht, je nach der Elementstärke ½ bis 1 Stunde lang. Für größere Flächen bedient man sich auch der Verwendung in Form von Radiumfirnis, der auf Leinwandflecke aufgestrichen ist; ein solcher von etwa 100 qcm Fläche enthält nur 1 mg radioaktiver Substanz, so daß oft tagelange Einwirkung erforderlich ist.

Neben dieser Kontaktbehandlung kann man auch die *Fernbestrahlung* — Abstand von wenigstens 1 cm — anwenden, wenn es auf gleichmäßigere Wirkung ankommt. Bei der *Spickmethode* werden mit Radiumpulver gefüllte Platinhohlnadeln, deren Wandung als Filter dient, in das zu behandelnde Gewebe eingeführt, z. B. bei knotenförmigen Keloiden.

Von den drei Strahlenarten — α, β, γ-Strahlen — dienen nur die β-Strahlen dermatologischen Zwecken. Die Reaktion äußert sich in blaßroter Verfärbung der Haut, die allmählich in entzündliche Rötung übergehen kann. Der kosmetische Erfolg wird nicht so selten durch Auftreten von Gefäßerweiterungen zunichte gemacht, auch kann Atrophie und Pigmentierung an den bestrahlten Stellen eintreten. Man soll sich daher erst bei Versagen anderweitiger Methoden zur Radiumbehandlung entschließen.

Gleichartige Wirkung kommt dem *Mesothorium* zu, das auch in ähnlicher Weise angewandt wird. Da hierbei noch zahlreiche weiche Strahlen vorhanden sind, tritt die entzündliche Reaktion stärker hervor. Die Anwendungsdauer schwankt, wie auch beim Radium, zwischen 20 Minuten und 1—2 Stunden, je nach der Menge der radioaktiven Substanz und der Lage des Falles.

Als Ersatzpräparat, das für die Praxis mehr in Betracht kommt, ist das Thorium X-Degea (Doramad) anzuführen, das fast ausschließlich α-Strahlen aussendet und in Form von Salbe oder gelöst in Propylalkohol gleichmäßige Bestrahlungen gestattet. Man wählt gewöhnlich eine Konzentration von 1000 e. st. E. in 1 g bzw. 1 ccm und kann bei späterer Behandlung auf 2—3000 E. steigern. Die zu behandelnde Stelle wird nach Bestreichen mit der Salbe (messerrückendick) mit Guttaperchapapier bedeckt, darüber fixierender Verband durch 24 bis

48 Stunden. Der Doramad-Alkohol wird aufgepinselt, die Stelle darauf mit Mastisol bestrichen und beides nach entsprechender Zeit entfernt. Da die Aktivität der Substanz rasch nachläßt (Halbwertzeit $3^1/_2$ Tage), ist das Präparat von Fall zu Fall frisch zu bestellen (Auer-Gesellschaft).

Kältebehandlung.

Die Kälte, die seit langer Zeit in Form des Äthersprays in der Praxis angewandt wurde, ist nach Einführung der Kohlensäureschnee-Behandlung durch Pusay (1905) ein nützliches dermatologisches Hilfsmittel geworden, das aber in neuerer Zeit durch die Elektrokaustik allmählich verdrängt wird. Die etwa gleichzeitig versuchte Verwendung flüssiger Luft ist als gefährlich wieder aufgegeben worden, wird aber hie und da noch geübt. Man gewinnt den Kohlensäureschnee, indem man die Kohlensäure, die mit einer Temperatur von —80° nach Öffnen des Hahnes unter heftigem Zischen aus der hängenden Bombe entweicht, in einem Metallzylinder oder Lederbeutel sich niederschlagen läßt. Der bröckelige Schnee wird entweder in kleinen Stücken mit einem Spatel auf die zu behandelnde Hautstelle aufgedrückt oder besser in Formen aus Hartgummi, Metall oder Glas (Spritzen-Zylinder) gepreßt. Von manchen Klinikern (Gireaudeau, Thibaut) wird empfohlen, den Schnee mit etwas Äther oder Chloraethyl bzw. Aceton zu einer Paste zu verrühren und diese zur Behandlung zu verwenden. Im übrigen bevorzugt die französische Schule die Applikation mittels des »Cryokauters«: Ansatzstücke verschiedener Form und Größe — der zu behandelnden Stelle entsprechend — werden an einen hohlen Handgriff angeschraubt, der direkt von der Bombe aus mit Schnee gefüllt wird. In diesen gießt man einige Tropfen Aceton, verschließt ihn und bringt durch Schleuderbewegungen das breiige Gerinnsel in das Ansatzstück.

Je nach der Stärke des Druckes und der Dauer der Einwirkung kann man, wie mit dem Glüheisen, alle Grade der Reaktion von der flüchtigen Rötung bis zur völligen Gewebszerstörung erzielen. Bei kosmetischen Affektionen soll man die Dauer von 30 Sek. im allgemeinen nicht überschreiten, um keine Narbenbildung zu bekommen, und lieber mehrere Sitzungen vornehmen. Die Wirkung hängt naturgemäß von der Beschaffenheit des Gewebes ab; auch ist die individuelle Empfindlichkeit zu berücksichtigen, die bei Frauen, namentlich Blondinen, größer ist als bei Männern.

Die Schmerzhaftigkeit ist nicht erheblich, beim Auftauen macht sich ein brennendes oder stechendes Gefühl bemerkbar; unangenehm ist die reaktive Schwellung der Haut. Die behandelte Stelle ist mit Borsalbe zu bedecken. Bei Blasenbildung in der Umgebung sind Umschläge mit Borwasser oder essigsaurer Tonerde, Verbände mit Kühlsalbe oder Zinkpaste zweckmäßig. Die

Hitzebehandlung

in Form des Paquelins oder des Galvanokauters ist in der Kosmetik ziemlich verlassen worden. Am meisten kommt noch der Mikrobrenner nach Unna und die galvanokaustische Schlinge zur Anwendung. Bei dem ersteren überträgt der zum Glühen gebrachte Platinkonus die Hitze auf einen angelöteten Metallzylinder, von dem sie durch eine Platin-Iridiumnadel auf die Haut geleitet wird. Die von Wirz angegebene galvanokaustische Nadel (Siemens & Halske) überträgt in ähnlicher Weise die Wärme einer glühenden Platinspirale. Die jedesmalige Einwirkung darf nur ganz kurzdauernd sein, da sonst infolge der Hitzeschädigung des umgebenden Gewebes, die zu dessen Abstoßung führt, unangenehme Narben entstehen. Infiltrationsanästhesie ist nicht immer erforderlich; cave Benzin, Äther, Chloraethyl (Explosionsgefahr).

Elektrophysikalische Verfahren.

Hier ist zunächst die *Elektrolyse* anzuführen. Der dabei verwandte galvanische Strom wird entweder von einer Batterie geliefert (die mit Galvanometer und Rheostat augerüstet ist) oder von einem der Anschlußapparate, wie sie von der medizinischen Technik in guter Ausführung hergestellt werden (Pantostat, Multostat usw.). Man bedient sich eines Nadelhalters, der mit Unterbrecher versehen ist, während der Patient die positive, mit warmem Salzwasser befeuchtete große Elektrode in die Hand nimmt. Die Stromstärke schwankt je nach der Ausdehnung der zu entfernenden Gewebsveränderung (Haare, Warzen usw.) zwischen 1 und 3 MA, die Einwirkungsdauer beträgt zwischen 15 und 60 Sekunden, wobei die erfolgte Koagulation sich durch Bildung weißlicher Schaumbläschen (Wasserstoff) an der Nadel sowie durch weißliche Verfärbung des Gewebes bemerkbar macht. Die nicht sehr erhebliche Schmerzhaftigkeit läßt sich durch Umspritzung mit Novocainlösung bzw. durch Cocain-Iontophorese aufheben.

Diese *Ionisation* bezweckt, auf elektrischem Wege medikamentöse Flüssigkeiten in die Haut einzubringen. Dazu dient als aktive Elektrode eine Metallplatte, die mit der wirksamen Flüssigkeit bestrichen, oder mit einer darin getränkten Kompresse umwickelt ist und durch Pflaster auf der betreffenden Hautstelle fixiert wird. Bei einer Elektrode von etwa 100 qcm Fläche kann man eine Stromstärke von 12—15 MA anwenden, allerdings nur bei intakter Haut. Zur Anästhesie genügt ein Strom von 2—3 MA und Einwirkung von 1—2 Minuten Dauer. Bei sehr langer Behandlungsdauer (zahlreiche Sitzungen von etwa halbstündiger Dauer) gelingt es, Erweichung von Narbengewebe herbeizuführen. Als Träger der zur Ionisation dienenden Lösung hat Gireaudeau neuerdings eine als »Diadermin« bezeichnete isolierende Paste herstellen lassen.

Bei der *Galvanisierung* wird eine der Form der zu behandelnden Körperstelle, z. B. Nase, entsprechende Elektrode aufgelegt, die mit Salzwasser befeuchtet ist. Die Stromstärke beträgt 3—5 MA, man läßt 5 Minuten einwirken, dann wird der Strom gewendet und abermals 5 Minuten lang angewandt; wöchentlich 2 Sitzungen.

Die Anwendung des *faradischen Stroms* zur Hyperämisierung der Haut ist von ärztlicher Seite ziemlich verlassen worden. Auch die Methode der rhythmischen Faradisation auf dem Bergonié-Stuhl, die durch Anregung des Stoffwechsels eine Entfettung herbeiführen sollte, hat sich als wenig vorteilhaft erwiesen; die Wirkung entspricht lediglich einer Leistungssteigerung der Muskulatur durch passive Gymnastik. Die allgemeine Faradisation ist meist durch den Gebrauch der elektrischen Vierzellen- oder Vollbäder ersetzt worden, wobei die Hautreizung eine reflektorische Beeinflussung des Nervensystems und der Zirkulationsvorgänge bedingt.

Eine ungleich wichtigere Rolle kommt der *Diathermie*, namentlich aber der Hochfrequenzkoagulation zu. Nur streifen möchten wir die *Arsonvalisation*, bei der die Reizwirkung des Hochfrequenzstroms bei Glimmlichtentladung mittels evakuierter Glaselektroden therapeutisch nutzbar gemacht wird. Das Verfahren, das sich in der Laienkosmetik wegen der Anwendbarkeit wohlfeiler kleiner Anschlußapparate (Radiolux usw.) großer Beliebtheit erfreut, wird zur Behandlung umschriebener Hautaffektionen (Akne, Nasenröte, Alopecia areata) empfohlen. Die elektrische Durchwärmung mittels Hochfrequenzstrom führt zu einer aktiven Hyperämie, die durch Hyperlymphie und Anregung der Drüsentätigkeit von Nutzen sein kann, z. B. bei seniler Atrophie der Haut. Da die gewöhnlichen Metallelektroden dazu schlecht geeignet sind, wird das Verfahren ärztlicherseits wenig angewandt[1]) und ist daher leider zu einem Ausbeutungsobjekt der Schönheitsinstitute geworden, die besondere Gesichtsmasken für jeden Fall anfertigen lassen (s. Altersveränderungen).

Das Prinzip der *Hochfrequenz-Chirurgie* besteht darin, durch Verwendung einer sehr kleinen aktiven Elektrode bei verhältnismäßig großer Stromstärke den Stromfluß in dem darunterliegenden Gewebe

[1]) Es ist möglich, daß die noch in den Anfängen stehende Ultrakurzwellen-Therapie darin einen Fortschritt bedeutet.

derart zu verdichten, daß die Temperatur bis zur Eiweißgerinnung ansteigt. Dabei ist die Stromdichte durch das Verhältnis der Stromstärke zum Querschnitt der Operationselektrode gegeben; die große inaktive Elektrode hat nur den Zweck, den Stromkreis zu schließen.

Bei der *Hochfrequenzkoagulation* [1]) erzielt man eine tiefgehende Gewebsvernichtung durch Verkochung mittels kleinflächiger Elektroden. Diese werden in den verschiedensten Formen hergestellt; es sei aber bemerkt, daß man für viele kosmetische Eingriffe mit der einfachen Nadel auskommt, wie sie bei der ersten Anwendung des Verfahrens durch de Forest bevorzugt wurde.

Diese nadelförmigen Elektroden können gerade oder winklig abgebogen sein, manchmal auch geknöpft. In zweiter Linie benutzt man kugel- oder halbkugelförmige Elektroden, so für größere Tumoren oder zur flächenhaften Verschorfung; weniger gebräuchlich sind scheibenförmige Elektroden, deren Durchmesser von 1—3 mm bis zu 1 cm beträgt.

a b

Abb. 2. Diathermieschlingen. a) ohne b) mit Blutstillknopf. (1 : 3.)

Die *Hochfrequenzkaustik* bedient sich der Schmelzwirkung des Diathermiestromes zur Ausführung von Gewebsschnitten und zum Abtragen pathologischer Gebilde unter Verwendung von schneiden- oder schlingenförmigen Elektroden. Erstere werden in Messer- oder Lanzettform hergestellt; letztere, die als anse diathermique ursprünglich von Bordier zu laryngologischen Eingriffen benutzt wurden, hat Wucherpfennig in verbesserter Ausführung in die dermatologische Praxis eingeführt. Die nach seinen Vorschriften hergestellten Schlingen haben verschiedene Größe und Stärke und sind mit einem »Blutstillknopf« versehen; der Blutaustritt während der Koagulation läßt sich durch Aufdrücken eines ringförmigen Kompressoriums unterdrücken. Schlingenartige Instrumente sind besonders geeignet, um aus dem Gewebe Hohlzylinder oder muldenförmige Gebilde auszuschneiden (»hobeln«) sowie zum Abtragen von Tumoren.

Die angegebenen Elektroden werden in verschiedener Zusammen-

[1]) Die Bezeichnung Kaltkaustik ist als unsinnig zu vermeiden.

stellung als Bestecke in den Handel gebracht. Die Handgriffe enthalten einen Knopfunterbrecher und bestehen meist aus Hartgummi (selten Glas); die neuerdings aus Bakelit angefertigten haben den Vorzug, durch Auskochen sterilisiert werden zu können. Im übrigen ist gerade

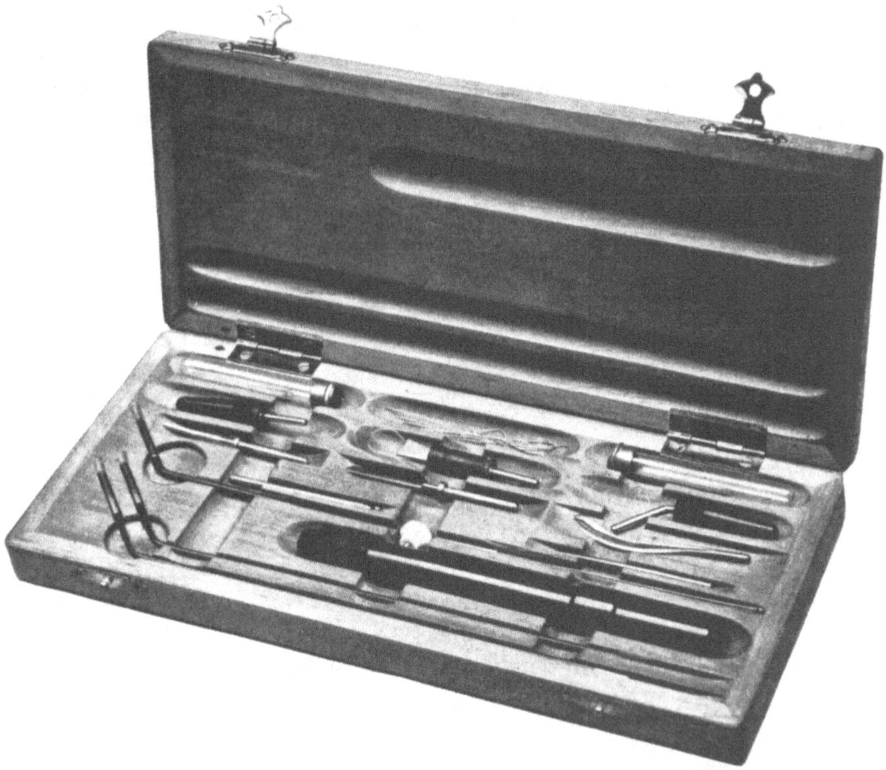

Abb. 3. Dermatologisches Universaldiathermiebesteck nach Langer (2/5).

bei der Elektrokaustik keine strenge Asepsis erforderlich, da das Gewebe durch die Verkochung selbst sterilisiert wird. Als inaktive (neutrale) Elektrode dient eine größere Bleiplatte, die gut anliegen muß (sonst Verbrennungsgefahr an den Randstellen!). Bei kleineren Eingriffen kommt man stets mit einer Handelektrode (Metallzylinder) aus.

Grundsätzlich ist bei der Elektrokaustik Lokalanästhesie vorzunehmen, außer bei der Epilation und bei kleinen Bildungen (Warzen, kleine Naevi), zu deren Zerstörung eine dünne nadelförmige Elektrode ausreicht. Die Stromstärke soll gewöhnlich 1 Amp. nicht übersteigen; es empfiehlt sich, zunächst an einem Stückchen Fleisch eine grobe

Orientierung über die Ausdehnung der Koagulationswirkung zu gewinnen.

Man schließt den Strom erst, wenn die Operationselektrode in die zu zerstörende Bildung eingeführt ist oder diese berührt, und läßt ihn solange einwirken, bis das Gewebe als Folge der Gerinnung weißliche Verfärbung annimmt. Besonders zu beachten ist, daß bei längerer Behandlung ein unerwünschtes Übergreifen auf die normale Umgebung eintritt, da der Strom in dem bereits koagulierten Gewebe sehr großen Widerstand findet und dieses daher umfließt. Beim elektrischen Schneiden ist Voraussetzung, daß der verwendete Strom frei von faradischen Impulsen ist; auch ist zu bedenken, daß die Sicherheit der Schnittführung nicht so groß ist wie beim »kalten« Messer; mit der Schlinge läßt sich das Gewebe gewöhnlich »wie Butter« schneiden.

Nähert man die aktive Elektrode einer im Stromkreis liegenden Körperstelle, so springen Funken über, die eine Schrumpfung und trockene Verkohlung (Mumifikation) des Gewebes zur Folge haben. Diese Wirkung, von Clark als *Desikkation* bezeichnet, läßt sich verstärken durch Einschaltung einer Tesla- oder Oudinspule, welche den niedergespannten starken Hochfrequenzstrom in hochgespannten schwachen Strom verwandelt. Man kann dann einpolig arbeiten. Da hierbei nur eine oberflächliche Zerstörung des Gewebes vor sich geht, sind gute Vorbedingungen für glatte Narbenbildung gegeben.

Als Vorteile der Hochfrequenzchirurgie sind zu nennen: Schnelligkeit der Ausführung, Unmöglichkeit einer Infektion bei der Operation, Fehlen des Nachschmerzes, unblutiges Arbeiten (»Versiegeln« der Capillaren und kleinsten Gefäße durch die Koagulation).

Die bei der Elektrokaustik entstehende Wunde besteht in einer koagulierten Masse, bei der Desikkation in einem trockenen Schorf. Zur Nachbehandlung genügt aseptischer Verband oder indifferenter Salbenverband (Borsalbe). Die Heilung beansprucht je nach der Ausdehnung des zerstörten Gewebsabschnittes (Schädigung der Randzone!) Tage bis Wochen.

»Fadenstrahlspritze« (filiforme Dusche).

Das Prinzip der Fadenstrahlspritze besteht darin, durch Projektion eines Wasserstrahls von $1/2$ bis $1\,1/4$ mm Durchmesser, der unter einem Druck von 5 bis 12 Atm. auf die Hautoberfläche gelenkt wird, die mechanische Abstoßung erkrankter Gewebspartien herbeizuführen. Die erste Anwendung erfolgte durch Veyrières-La Bourboule, die Vervollkommung des Verfahrens, das in Pariser Kliniken durch Brocq und Hudelo erprobt wurde, ist das Verdienst des Ehepaares Noel.

Die von der Firma Testu-Paris hergestellte Apparatur besteht aus einem sehr starkwandigen Metallzylinder von 20 l Rauminhalt, der durch eine Öffnung mit Wasser von der gewünschten Temperatur gefüllt wird. Diese steht in Verbindung mit einem Behälter, der mit Preßluft, Kohlensäure, Stickstoff oder Sauerstoff gefüllt ist; bei uns bedient man sich meist einer leihweise erhältlichen Kohlensäurebombe; dabei ist dann zu berücksichtigen, daß die Temperatur nach wenigen Sekunden um 10° sinkt, so daß man also entsprechend heißeres Wasser verwenden muß. Der Druck im Zylinder und der für die Dusche gewünschte Druck werden durch Manometer angezeigt; auch ist ein Sicherheitsventil angebracht. Nach Drehen eines Griffes, der sich im unteren Teil des Zylinders befindet, tritt das Wasser durch ein kleines Kupfermundstück in scharfem Strahl aus, dessen Kaliber durch ein Einsatzstück bestimmt wird ($^1/_2$, 1, 1 $1^1/_4$ mm). Außer dieser Apparatur, die komplett 70 kg wiegt, gibt es tragbare Apparate im Gewicht von 17 kg.

Die Apparatur läßt sich am besten in einem gekachelten Raum aufstellen; behelfsmäßig kann man den Patienten in einer Badewanne sitzen lassen oder in einem Zinkgefäß, das eine Ecke des Sprechzimmers einnimmt; das Verspritzen von Wasser im Raum läßt sich durch Gummivorhänge vermeiden. Bei Behandlung des Gesichtes braucht der Patient sich nicht auszukleiden, wenn man ihm eine gut abschließende Schutzbekleidung anlegt (Badekappe, Gummipelerine).

Von den wirksamen Faktoren, deren zweckmäßige Abstufung die Erfahrung lehrt, ist am wichtigsten der Druck; dieser schwankt zwischen 5 und 10 Atm., selten darüber. Nach anfangs geringer Intensität kann man rasch so weit steigern, daß die erkrankten Gewebspartien rücksichtslos entfernt werden. Dabei wird der Wasserstrahl in einem Abstand von 5—20 cm gewöhnlich senkrecht auf die zu behandelnde Stelle gerichtet.

Die Wärme schwankt zwischen 35 und 50°. Die Dauer der Sitzungen richtet sich nach den individuellen Verhältnissen (Nervosität, Ermüdbarkeit) und wechselt zwischen 2 und 10 Minuten. Die Zeit der Einwirkung auf jeden Punkt soll nur einige Sekunden betragen, dann kurze Pause.

Die Fadenstrahlspritze läßt sich mit einer »intelligenten Kürette« (Noel) vergleichen, da sie in elektiver Weise schlechtes Gewebe zerstört und dessen Erneuerung fördert. Dabei kommt es stets zu einer umschriebenen, rasch zu stillenden Blutung, die keinen Verband erfordert. Die austretende seröse Flüssigkeit läßt man durch eine sterile Kompresse aufsaugen. Am nächsten Tage zeigt sich eine dünne Krustenbildung, die man morgens und abends mit Äther oder Kampherspiritus entfernt und dann mit Talcum überpudert. Salben und Wasser sind zu vermeiden. Etwa am 6. Tage fällt die Kruste ab, und es zeigen sich rote Streifen, die allmählich abblassen, um dann ganz zu verschwinden. Das Fehlen der Narbenbildung ist ein besonderer Vorzug der fadenförmigen Dusche.

Deren Anwendungsbereich beschränkt sich nicht auf kosmetische Affektionen, sondern umfaßt eine Reihe von Hautleiden (Neurodermitis, Lichen ruber, chronische Ekzeme, Lupus vulgaris usw.). Von ersteren kommt die Akne und die Seborrhoe in Betracht, ferner die Rosacea und Kongestionszustände des Gesichts, schließlich Keloide und kleine Naevi. Die Anschaffungskosten der Apparatur und die Notwendigkeit besonderer Vorrichtungen im Behandlungsraum sind aber nicht geeignet, dem Verfahren weitere Verbreitung zu verschaffen.

Rotationsinstrumente.

Die Behandlung mittels Rotationsinstrumenten ist namentlich von Kromayer ausgebaut worden. Es handelt sich dabei zunächst um die Anwendung von Zylindermessern, deren schneidende Weite zwischen 0,8 und 1,3 bzw. 2 und 10 mm liegt und die an eine zahnärztliche Bohrmaschine (mit elektrischem oder Fußantrieb) angeschlossen werden. Diese stanzen bei Führung senkrecht zur Hautoberfläche ein drehrundes Säulchen oder eine runde Scheibe aus der Haut heraus, deren Dickendurchmesser, der Öffnung des Messers entsprechend, von 0,8 bis zu 10 mm und darüber beträgt. Die Bedingungen für primäre Heilung unter dem entstehenden Schorf sind wegen des geringen Substanzverlustes sehr günstig.

In der gleichen Weise werden Fräsen oder Schaben benutzt, die je nach der Richtung der schneidenden Zähne in Links- oder Rechtsrotation versetzt werden. Man kann damit vereistes Gewebe sehr exakt abschaben, aber auch bei weichem

Gewebe läßt sich dieses Raspelverfahren anwenden. Die Überhäutung der so behandelten Hautstellen erfolgt vom Rande der Schabwunde her innerhalb von etwa 10 Tagen unter dem Schorf, der sich nach Auflegen steriler Wattefasern bildet.

Skarifikation.

Bei der Skarifikation kommt es darauf an, eine bestimmte Hautstelle mit einem Netz feiner strichförmiger Einschnitte zu überziehen, die möglichst dicht stehen sollen. Während es üblich ist, diese Stichelungen kreuzweise (schachbrettähnlich) auszuführen, empfiehlt Mme. Noel die sternförmige Skarifikation, wobei man jeweils zu den sich kreuzenden Schnitten zwei weitere oder mehr hinzufügt. Als Instrument ist der Skarifikator nach Vidal am besten geeignet, mit einer Klinge von 20—35 mm Länge und 2—3 mm Breite, die in ein spitzes Dreieck ausläuft (man kann natürlich auch ein Impfmesser bzw. ein scharfes Skalpell verwenden). Die Haut wird mit 90%igem Alkohol gereinigt, dann mit der linken Hand gespannt, so daß sie völlig fixiert ist. Die rechte Hand hält das Instrument wie einen Federhalter, mit lockerem Handgelenk, wobei man den kleinen Finger aufstützt, und führt mit raschen Bewegungen eine Serie von Schnitten aus, so dicht wie bei einer schraffierten Zeichnung.

Es kommt nach der Stichelung zu einer flächenhaften Blutung, die sich durch Auflegen eines Watteschleiers leicht stillen läßt. Nach kurzer Zeit weicht man mit destilliertem Wasser ab, ohne zu trocknen, und gibt dem Patienten Anweisung, die seröse Absonderung mit sterilem Mull abzusaugen. Für die nächsten Tage verordnet man Waschungen mit Kampferspiritus (2 mal täglich) und Einpudern mit Talcum.

Schon nach 24 Stunden hat sich die Oberhaut wieder geschlossen. Die feinen Krustenauflagerungen fallen durchschnittlich am 4. Tage ab, unter starker Schuppung; bei tiefer Skarifikation, die für manche Zwecke erforderlich ist, dauert es 6—7 Tage. Es bleiben keinerlei Spuren zurück, auch das Hautkolorit wird nicht beeinflußt.

Paraffininjektionen

haben heutzutage nur noch Interesse in geschichtlicher Hinsicht und wegen der danach beobachteten eigenartigen Störungen. Die subcutane Einspritzung von Paraffin bzw. Vaseline wurde zuerst vor 30 Jahren von Corning in New York angewandt, später von Gersuny, Eckstein u. a. zur Erzielung vorteilhafter Gestaltsveränderungen (bei Narbeneinziehungen, Fettschwund, Mammadefekten usw.) herangezogen.

Die unerwünschten Folgeerscheinungen — wegen derer das Verfahren jetzt allgemein verworfen wird — äußern sich in Form verschieden großer, oft entzündlich geröteter und schmerzhafter, teils frei beweglicher, teils mit der bedeckenden Haut verwachsener Knoten; solche können gelegentlich zu hochgradigen Entstellungen führen, wie sie Jacobi 1913 wohl erstmalig beschrieben hat. Diese sog. Paraffinome bestehen aus entzündlichem Granulationsgewebe mit Riesenzellen, die eigentümliche Vacuolen aufweisen, während das Paraffin, wenigstens als solches, allmählich verschwindet. — Die Beseitigung ist nur auf operativem Wege möglich und bringt die Gefahr der Nekrosenbildung und starker Narbenentwicklung mit sich.

Klima- und Heilbäderbehandlung.

Die mannigfachen Einflüsse, welche die Klima- und Heilbäderbehandlung auf das Hautorgan ausübt, lassen sich — natürlich bei entsprechenden äußeren Voraussetzungen — bei einer Reihe kosmetischer Hautleiden nutzbar machen. Es handelt sich dabei nicht immer um unmittelbare Wirkung, sondern diese geht vielfach auf dem Wege über den Organismus (Beeinflussung des Stoffwechsels, des innersekretorischen Systems, der Blutbildung usw.) vor sich. Das Reizklima des Hochgebirges und der Meeresküste führt zu einer erwünschten Abhärtung der Haut durch Förderung der Reaktionsfähigkeit. Den wichtigsten Klimafaktor stellt die Sonnenstrahlung dar, wozu bei den Seebädern noch der anregende Einfluß des Salzgehaltes kommt (stärkere Durchblutung der Haut infolge des Reizes der eindringenden Salzpartikelchen).

Von den Mineralquellen ist die günstige Wirkung der jod- und arsenhaltigen Wässer seit langem bekannt, insbesondere dienen aber die Schwefelquellen sowohl in Form von Trinkkuren als auch von Bädern seit Alters her hauttherapeutischen Zwecken.

Psychotherapie.

Die psychische Behandlung nimmt in der dermatologischen Kosmetik — wie überhaupt in der Dermatologie — vielleicht zu Unrecht, bisher eine recht nebensächliche Stellung ein. Es unterliegt aber keinem Zweifel, daß gewisse kosmetisch bedeutsame Leiden auf seelische Ursachen zurückgeführt werden können und demnach auf psychotherapeutischem Wege zu beeinflussen sind. Dahin gehört zunächst das krankhafte Erröten, das mit einer Errötungsfurcht (Erythrophobie) gekoppelt ist. Auf Grund von Analysen solcher Personen hat Freud festgestellt, daß diese »an Schämen nachholten, was sie als Kind versäumten«; Stekel bezeichnet die Errötungsfurcht als »Krankheit des bösen Gewissens«.

Auch abnorme Schweißabsonderung kann auf psychischem Wege ausgelöst werden, meist an Händen und Beinen, mitunter in exzessiver Weise. Entsprechende Behandlung (Analyse, Suggestion) ist in solchen Fällen angebrachter als arzneiliche Mittel.

Wir müssen hier auch gewisser juckender Hautaffektionen gedenken, die ihre Träger nicht selten gesellschaftsunfähig machen und daher in das kosmetische Gebiet übergreifen. Es ist erwiesen, daß manche Fälle von »essentiellem« Pruritus auf seelischem Wege zustandegekommen sind, vereinzelt auch das Auftreten von Urticaria (Sack, Cole); auch bei der Pathogenese der Neurodermitis und des Lichen ruber spielen psychische und nervöse Einflüsse eine Rolle.

Als besonders merkwürdige Erscheinung ist hier anzuführen, daß Warzenheilungen auf suggestivem Wege möglich sind, wie Br. Bloch zu beweisen suchte. Auch die von Karrenberg mitgeteilte Beobachtung, daß Warzen nach täglichem Bestreichen mit der Zunge (in nüchternem Zustand) innerhalb weniger Wochen schwinden können, gehört dahin. Besonders auffallend ist, daß diese aus der Volksmedizin (»Besprechen«) hervorgegangenen Verfahren selbst bei Personen wirksam sein können, die einer solcher primitiven Suggestivwirkung unzugänglich erscheinen sollten, andererseits aber nur in einem Bruchteil der Fälle von Erfolg begleitet sind.

Schädigungen durch kosmetische Mittel.

Wir haben zwar bereits in den betreffenden Abschnitten auf die Nebenwirkungen und unerwünschten Folgeerscheinungen hingewiesen, die mit der Anwendung kosmetischer Mittel verbunden sein können, möchten aber noch eine kurze Zusammenstellung anfügen.

Von chemischen Stoffen sind zunächst die Ätzmittel anzuführen. Namentlich die Anwendung der rauchenden Salpetersäure ist in der Hand des weniger Geübten gefährlich (Nekrosen mit starker Narbenbildung). Ebenso kann intensive Einwirkung von Trichloressigsäure zu Verätzungen führen, seltener Sublimat und Chlorzink (in Form von Kollodium) und Salizyl- und Milchsäure. Auch nach Behandlung mit reinem Phenol sind vereinzelt Nekrosen beobachtet, auch kann danach gelegentlich stärkere Pigmentierung auftreten. Nicht zuletzt haftet diesen Mitteln die Gefahr der Keloidentwicklung an. Mit der Möglichkeit derartiger Schäden ist auch bei der Hitze- und Kälteapplikation zu rechnen, ebenso bei den elektrophysikalischen Verfahren.

Aus dem Gebiet der Hauthygiene, die meist mit der Laienkosmetik zusammenfällt, sind die nach Gebrauch von Zahn- und Mundwässern vorkommenden perioralen Ekzeme zu erwähnen; die auf der Grundlage einer Idiosynkrasie entstehende Reizwirkung ist durch ätherische Öle und Salol bedingt. Die Gefahr einer Giftwirkung von Kal. chloricum in Zahnpasten und Mundwässern ist bei der üblichen Anwendung ausgeschlossen. Bei Verwendung manganhaltiger Zahnpflegemittel ist Braunfärbung beobachtet worden. Die Benutzung von Lippenstiften und -schminken führt im allgemeinen nicht zu Schleimhautreizungen, nur bei Imprägnation mit Eosin (Audry und Valdigué u. a.)[1]).

Von Schädigungen durch Puder und Seifen war bereits die Rede. Häufige Einreibung von Fetten, insbesondere Vaseline, z. B. bei Massage, kann Hautreizungen hervorrufen. Konzentrierter Alkohol und reines Glyzerin sind nicht zuträglich. Borsäure kann bei disponierten Individuen auch in starker Verdünnung Hautreizung zur Folge haben. Die bei Hyperhidrosis verordnete Chromsäure kann bei Resorption Nierenschädigungen herbeiführen. Epilatorien können Hautentzündungen erzeugen, namentlich bei zu langdauernder Einwirkung. Chinin, das in Form von Haarwässern und Salben verordnet wird, kann Gewebsschädigungen nach sich ziehen, auch Chloralhydrat, ferner Resorcin, können in stärkerer Konzentration hautreizend wirken.

Die nach Haarfärbemitteln beobachteten Schädigungen bilden ein besonderes Kapitel. Das Paraphenylendiamin (Ursol) ist durch Bundesratsbeschluß 1906 in Deutschland dem freien Verkehr entzogen worden, ebenso in einigen anderen Ländern. Aber auch die entgifteten Derivate dieser Verbindung können Dermatitis zur Folge haben, ebenso die vielfach angewandte Pyrogallussäure, die bei Resorption sogar ernste Schädigungen des Gesamtorganismus nach sich zieht. Auch das im allgemeinen harmlose Henna wird durch Verfälschungen (Zusatz von Ursol und Kupfersulfat) schädlich (Abramowicz: Lidekzem, Iritis).

Von den anorganischen Färbemitteln sind bleihaltige verboten, aber auch solche mit Kobalt- und Silbergehalt sind nicht ganz unbedenklich. Auch nach Blondieren mit Wasserstoffsuperoxyd können Hautreizungen entstehen, schließlich sei noch an eine Beobachtung erinnert, in der es bei Blondfärbung zu explosionsartiger Verbrennung des Kopfhaares unter der elektrischen Trockenhaube gekommen war.

Die bei der Nagelpflege vorkommenden Schädigungen werden an anderer Stelle behandelt.

Die gesetzgeberischen Bestrebungen, durch Verbot schädlicher Beimengungen die Gefahren kosmetischer Mittel nach Möglichkeit auszuschalten, sind in Deutschland dadurch erschwert, daß die chemische Zusammensetzung auf den Packungen nicht angegeben zu werden pflegt. Bachem weist darauf hin, daß es infolgedessen oft geraume Zeit dauert, bis die Behörden auf das fragliche Präparat aufmerksam werden und dessen Analyse veranlassen.

---

[1]) Wir hatten Gelegenheit, einen Fall zu beobachten, in dem es bei einem jungen Mädchen nach Benutzung eines fremden — offenbar infizierten — Lippenstiftes zu einer syphilitischen Ansteckung (Primäreffekt an der Unterlippe) gekommen war.

Unter den betreffenden Bestimmungen ist zunächst das »Gesetz über die Verwendung gesundheitsschädigender Farben bei der Herstellung von Nahrungsmitteln, Genußmitteln und Gebrauchsgegenständen anzuführen, dessen § 3 folgendermaßen lautet: Zur Herstellung von kosmetischen Mitteln (Mitteln zur Reinigung, Pflege oder Färbung der Haut, des Haares oder der Mundhöhle), welche zum Verkauf bestimmt sind, dürfen die im § 1 bezeichneten Stoffe nicht verwendet werden.« (Es sind dies: Antimon, Arsen, Barium, Blei, Kadmium, Chrom, Kupfer, Quecksilber, Uran, Zink, Zinn, Gummigutti, Koralin, Pikrinsäure.) Diese Verordnung findet aber keine Anwendung auf schwefelsaures Barium, Schwefelkadmium, Chromoxyd, Zinnober, Zinkoxyd, Zinnoxyd, Schwefelzink sowie auf Kupfer, Zinn, Zink und deren Lösungen in Puderform. — Die Verordnung über den Verkehr mit Arzneimitteln vom 22. 10. 1901 bestimmt (§ 1, Abs. 2), daß »kosmetische Mittel nicht feilgehalten oder verkauft werden dürfen, wenn sie Stoffe enthalten, die in den Apotheken ohne Anweisung eines Arztes, Zahnarztes oder Tierarztes nicht abgegeben werden dürfen, außerdem auch dann, wenn sie Kreosot, Phenylsalizylat oder Resorzin enthalten«. Auch ist verboten (Gesetz über das Branntweinmonopol vom 8. 4. 1922, § 115), methylalkoholhaltige kosmetische Mittel in den Verkehr zu bringen. Das neue Lebensmittelgesetz vom 5. 7. 1927 enthält in § 2, Abs. 2, eine Aufstellung von Mitteln zur Reinigung, Pflege oder Färbung oder Verschönerung der Haut, des Haares, der Nägel oder der Mundhöhle. — Als Verpackung sind Bleituben nur dann zulässig, wenn sie mit Zinn pattiert oder einem haltbaren Innenüberzug versehen sind.

Kosmetische Hautleiden.

Wenn wir uns nunmehr der Darstellung der kosmetisch bedeutsamen Hautleiden zuwenden, so sind wir uns bewußt, daß diese Abgrenzung teilweise willkürlicher Art sein muß. Es ist offenbar, daß die meisten Hautkrankheiten, namentlich bei Lokalisation an unbedeckten Körperstellen, als entstellend empfunden werden, z. B. Schuppenflechte, Lupus. Wenn wir eine Begriffsbestimmung der kosmetischen Hautaffektionen (unabhängig von der herkömmlichen Anschauung) geben sollen, so handelt es sich dabei einerseits um — angeborene oder erworbene — Hautfehler, andererseits um Hautleiden, die als Zustandsformen (also ohne den Charakter der Progredienz, wie sie den eigentlichen Hautkrankheiten zukommt) imponieren, ferner dadurch gekennzeichnet, daß der damit verbundene Grad von Entstellung in einem Mißverhältnis zu der Bedeutung des Leidens für den Gesamtorganismus steht. Dabei glauben wir die Kenntnis der Anatomie und Physiologie der Haut, wie sie in den einschlägigen Lehrbüchern beschrieben ist, voraussetzen zu dürfen.

Von den

1. trophischen Veränderungen

der Hautoberfläche sind zunächst die **Störungen der Verhornung** zu betrachten. Die (Hyper-)*Keratosis* s. *Lichen pilaris* ist eine Affektion, die im frühen Kindesalter beginnt und ihren Höhepunkt nach der Geschlechtsreife erreicht, um im späteren Alter zu schwinden. Man findet dabei hauptsächlich an der Streckseite der Arme, aber auch an den Beinen, reibeisenähnliche Trockenheit der Haut mit zahlreichen derben Knötchen von rötlicher bis bräunlicher Färbung. Diese entsprechen den Mündungen der Follikel und enthalten ein zusammengerolltes atrophisches Lanugohaar. Das harmlose Leiden, welches als leichteste Form der Ichthyosis aufzufassen ist, bedarf nur bei Frauen einer Behandlung mit erweichenden und die Abstoßung der Oberhaut fördernden Mitteln. Außer Bädern und regelmäßigen Seifenwaschungen (evtl. Marmorseife) kann man Kaliseife (Sap. kalin.) unter Mullverband bis zu mehreren Stunden lang einwirken lassen. Daneben verordnet man Salben mit Zusatz von Acid. salic., Schwefel, Resorcin etc., z. B.: Sulf. praec. 2,0 Sap. kal. Vasel. flav. aa. 15,0 Pumic. pulv. 5,0 oder ß-Naphtol. 1,5—3,5 bzw. Ac. salic. 2,0 Eucerin. ad. 30,0. Zur mechanischen Besserung der manchmal hartnäckigen und zu Rückfällen neigenden Affektion dienen Abfeilungen und Bimssteinabreibungen, während sich Anwendung des Mikrobrenners oder der Diathermienadel zur Zerstörung der Follikel meist schon wegen der großen Zahl der Knötchen verbietet.

Im Gesicht kommt, hauptsächlich bei Männern, eine verwandte Erkrankung vor, besonders im unteren Stirnabschnitt und an den Wangen, wobei neben der Körnelung der Hautoberfläche diffuse Rötung vorhanden ist (Keratosis pilaris rubra atrophicans); es kommt zu Atrophie der Haut mit Untergang der Barthaare. Neben der eben angegebenen Behandlung ist Skarifikation zweckmäßig.

Die als *Schwiele* (Callositas) und *Hühnerauge* (Clavus) bekannten Veränderungen entstehen durch andauernde mechanische Schädigung (Druck). Erstere sind namentlich bei Handwerkern als Berufsstigmata stark verbreitet und zeigen entsprechende Verschiedenheiten der Lokalisation. Sie entwickeln sich als umschriebene Verdickungen der Hornschicht von weißlich-gelblicher bis schmutzig-bräunlicher Färbung und dienen gewissermaßen als Schutzvorrichtung, können aber beim Hinzutreten von Entzündungserscheinungen lebhafte Beschwerden verursachen. Die Heilung erfordert Vermeidung des ursächlichen Reizes und läßt sich beschleunigen durch erweichende Seifenbäder und Salizylsäure in Form von Salben und Pflastern. Für kleinere Schwielen an Händen empfiehlt Kren Anwendung von Kohlensäureschnee.

Das Hühnerauge entspricht einer Neubildung, die sich zusammensetzt aus verlängerten Coriumpapillen und hochgradig verdickter und verhornter Epidermis. Der kegelförmige Fortsatz des Leichdorns führt zu Entzündungen der Papillarschicht mit allmählicher Atrophie. Abgesehen von der kosmetischen Störung, ist die Schmerzhaftigkeit auf Druck und bei nasser Witterung lästig. Die Behandlung deckt sich mit der bei Schwielen. Ferner kann man Pinselungen mit Salizylkollodium bzw. -traumaticin (10%) versuchen. Ätzmittel sind nur unter ärztlicher Überwachung anzuwenden (z. B. 30%ige Kalilauge oder kombiniert: Ac. carb. Ac. salic. Ac. lact. aa. 1,0 Collod. ad 10,0. Auch Kohlensäureschnee ist zur Behandlung zweckmäßig, schließlich auch Elektrokoagulation, während Röntgen- und Radiumtherapie entbehrlich ist. Bei längerem Bestehen und zur sicheren Vermeidung von Rezidiven ist Exstirpation unter strenger Asepsis angezeigt.

Zu den dystrophischen Hautveränderungen sind noch die **Narben** zu rechnen.

Das fibröse Narbengewebe ist gekennzeichnet durch Mangel an elastischen Fasern, Muskelfasern, Haarbälgen und Hautdrüsen. In kosmetischer Hinsicht haben wir zu unterscheiden glatte, atrophische und hypertrophische Narben, auch die Färbung spielt eine Rolle. Als besonders häufige Form sind die Narben nach Pockenimpfung zu erwähnen, die sonderbarerweise selten als entstellend betrachtet werden. Zu ihrer Verhütung kann man bei Mädchen die intracutane Impftechnik heranziehen, auch ist Anlegen der Schnitte am Oberschenkel zweckmäßig.

Die Behandlung kosmetisch störender Narben — die sich ja durch Pudern und Schminken oft nicht verdecken lassen — erfolgt bei atrophischen Narben am besten durch wiederholte Skarifikationen, wodurch das Gewebe weicher wird und eine auffällige Regeneration erfährt. Gerade die unschönen vertieften (grübchenförmigen) Narben im Gesicht nach Blattern und Acne necroticans reagieren gut auf diese Behandlung, die man noch dadurch wirksamer machen kann, daß man jede Vertiefung mit einem kleinen Ring punktförmiger Elektrokoagulationen umgibt. Statt der ziemlich in Vergessenheit geratenen Sandabreibungen nach Ellinger kann man eine Behandlung mit Marmorstaub (Pulv. cutifricius) bzw. Marmorsandseife vornehmen lassen, die aber monatelang fortgesetzt werden muß. — Bei größeren, eingezogenen Narben, z. B. im Gesicht ist Unterpolsterung mit Fettgewebe erforderlich. Die Entnahme erfolgt am besten von der Außenseite des Oberschenkels (etwa 2 cm langer Schnitt) und muß sehr vorsichtig erfolgen (Fettgewebe nicht mit Instrumenten, sondern mit in warme Kochsalzlösung getränkten Gazebäuschchen anfassen). Die Narbe muß durch stumpfe Unterminierung abgelöst werden; für die Einheilung des Fettes ist strenge Asepsis erforderlich; die Nahtstelle soll womöglich nicht dicht über dem Transplantat liegen.

Bei den hypertrophischen Narben kann man zunächst versuchen, mit konservativen Methoden auszukommen. Dahin gehört die Anwendung des Thiosinamins in Form von Einspritzungen (Fibrolysin) und Pflastern, die aber ebenso wie die Applikation von Pepsin in Verbindung mit Bor- oder Salzsäure (Pepsin. 5,0 Ac. carbol. Ac. hydrochl. dil. aa. 0,5 Aq. dest. 5,0 Eucerin. ad 50,0), auch in Form von Guttaplast, meist nur vorübergehende Besserung bewirkt; nach kurzer Vorbehandlung mit Pepsin-Salzsäure-Umschlägen kann man die Pankreasdispert-Salbe anwenden lassen. Stoeltzner empfiehlt Einspritzungen gesättigter (etwa 50%) Lösung von Harnstoff in 1,5%iger Rhodankaliumlösung, in gleicher Weise wird Cholinchlorid (5%ig in physiologischer Kochsalzlösung) angewandt; Payr spritzt eine 1%ige Jod-Pepsin-Lösung (in frisch bereiteter Preglscher Lösung) nach örtlicher Betäubung in das Narbengewebe. Erfolgreich ist auch Behandlung mit Kohlensäureschnee und mit der Quarzlampe unter Kompression. Röntgen- und Radiumtherapie kommen, wenn überhaupt, erst in Betracht, wenn die Narben mehrere Monate alt sind und jede Entzündungsneigung verloren haben. Als weitere Mittel sind anzuführen die filiforme Dusche, Skarifikation, Elektrolyse und Elektrokoagulation. Am zuverlässigsten ist unbedingt Exzision des ganzen Narbenbezirkes, worauf erst die tieferen Gewebsschichten miteinander vereinigt und dann erst die Wundränder vernäht werden, wobei die Haut zwecks guter Verschieblichkeit vorher weit unterminiert werden muß; unter Umständen ist Transplantation erforderlich.

Zu erwähnen sind noch die *Striae*, die nicht nur im Zusammenhange mit der Schwangerschaft, sondern auch außerhalb derselben und bei Männern vorkommen, oft im Anschluß an Infektionskrankheiten (Typhus, Grippe). Eine sichere Behandlung läßt sich nicht angeben, auch vorbeugende Maßnahmen (Gymnastik und Massage während der Gravidität nach Sieber, Stützbinden) sind nur von zweifelhaftem Wert, ebenso Opotherapie.

2. Störungen seitens der Gefäße.

Von den Erythemen ist das krankhafte Erröten als »aktives Erythem« bereits besprochen worden. Größere praktische Bedeutung haben die Kongestionszustände im Gesicht, die infolge Lähmung des Vasokonstriktorenapparates eine anhaltende Rötung bedingen können. Man hat vor allem auf zugrunde liegende Ursachen zu fahnden, als da sind Anämie, Erkrankungen der Mund- und Rachenhöhle, der Nase und Nebenhöhlen, ferner Magen-Darmstörungen und endokrine Normabweichungen. Von äußeren Reizen sind Witterungseinflüsse (plötzlicher Temperaturwechsel) schädlich, auch ist die Einschränkung gefäßschädigender Genußmittel (Alkohol, Kaffee, Tabak) anzuraten. Zur Behandlung der passiven Hyperämie sind Ichthyol- (Eutirsol) bzw. Thigenolpasten (bis 5%ig) angebracht, ferner adstringierende Umschläge

(5%ige Alaunlösung); außerdem sind, besonders bei Nasenröte, ableitende Fußbäder und lokale Wechselbäder von Nutzen. Vorübergehende Besserung erzielt man durch Benzinumschläge nach Bruck, auch kann man einen Versuch mit Ephetonin- oder Adrenalinsalbe (Sol. Adrenalin. hydrochlor. 1 : 1000 1,0 Extr. Hamamel. 1,0 Ungt. len. ad 30,0) machen. Wirksamer ist die Anwendung von Skarifikationen oder der filiformen Dusche, auch kurzdauernde Kohlensäureschnee-Applikation ist nützlich.

Auf dem Boden der passiven Hyperämie kommt es in vielen Fällen zur Bildung oberflächlicher Gefäßerweiterungen, die als spinnwebenähnliche, zwirnsfadendünne Zeichnungen hervortreten. Lieblingssitz solcher Gefäßreiserchen, die natürlich auch an anderen Körperstellen (besonders Oberschenkel) auftreten können, ist das »Wangendreieck«, dessen Spitze auf der Nase liegt, während der obere Schenkel unterhalb der Augenhöhle, der untere parallel der Nasolabialfalte verläuft. Die zweckmäßigste Behandlung besteht im Punktieren der Gefäßchen mit der Diathermienadel, man kann natürlich auch den Galvanokauter anwenden.

Im Zusammenhang mit dem Gesichtserythem steht die **Rosacea** (Kupferfinne), die früher fälschlich der Acne zugerechnet worden ist. Zumindest leitet sich eine Form dieses Leidens von Gefäßstörungen her, die sich zunächst in Gestalt wiederholter Blutüberfüllungen des Gesichts (besonders nach den Mahlzeiten und bei Temperaturwechsel) bemerkbar machen, bis sich eine dauernde diffuse Rötung entwickelt hat. Dabei können Nase, Wangen, Schläfen, Stirn und Kinn befallen sein. Die zweite Form der Rosacea entwickelt sich auf der Grundlage einer seborrhoischen Hautveränderung. Dabei ist die Haut verdickt und verhärtet, mit Hypertrophie der oberflächlichen und tieferen Gefäße sowie der Talgdrüsen. Gelegentlich findet man auch Pustelbildung.

Beide Formen können sich vergesellschaften, so daß die Rosacea einerseits den Erythemen, andererseits der Seborrhoe anzureihen ist. Befallen ist hauptsächlich das weibliche Geschlecht; das Leiden entwickelt sich schleichend und erfährt während der Schwangerschaft, auch bei Dysmenorrhoe regelmäßige Verschlimmerung; der Höhepunkt wird in der Menopause erreicht, wobei wohl der reflektorische Reizzustand des Trigeminusgebietes eine Rolle spielt.

Bei Männern beobachtet man hin und wieder hochgradig hypertrophische Formen, besonders in Berufen, die dauernden starken Witterungsreizen unterworfen sind (Kutscher, Seeleute usw.) und des ferneren Alkoholmißbrauch treiben. An der Nase kommt es dann zur Ausbildung eines *Rhinophyma* (Pfundnase), entweder mit gleichmäßiger Vergrößerung der Nase oder mit großem lappigen, mehr oder weniger derben Tumoren, besonders im Bereich der Nasenflügel, an deren Oberfläche die stark erweiterten Mündungen der gewucherten Talgdrüsen und dunkelrote variköse Gefäßreiserchen hervortreten. Derartige Formen bedürfen natürlich chirurgischer Behandlung — Dekortikation —, bestehend in Entfernung der hypertrophischen Gewebsteile mittels Messer (starke Blutung, die sich durch mit Eisenchlorid getränkte Kompressen stillen läßt) oder Thermokauter; die Überhäutung des Wundbezirkes geht ziemlich rasch vor sich. Gute Ergebnisse erzielt man auch mittels Elektrokoagulation, besonders in Form der »schneidenden Diathermie« (Wucherpfennig).

Hinzuweisen ist noch auf die bei Rosacea nicht selten beobachteten Veränderungen an den Augen. Am häufigsten findet man Blepharitis, mit Vorhandensein locker haftender gelblicher Schüppchen, und Conjunctivitis, meist flächenhaft; weit seltener kommt es zum Auftreten einer Keratitis.

Die Behandlung erfordert zunächst Ausschaltung ursächlicher Schädlichkeiten. Insbesondere hat man auf Magendarmstörungen (Achylie bzw. Hypochlorhydrie) zu achten; so erzielte Stein in solchen Fällen durch Salzsäureverabreichung gute Erfolge. Für die pustulösen Eruptionen ist ein Zusammenhang mit chronischer Typhlitis wahrscheinlich; in dieser Hinsicht sind stark blähende und gärungserzeugende Speisen (Kohl, Kraut, Schwarzbrot, harter Käse) zu vermeiden. In entsprechenden Fällen ist Opotherapie (Ovarialpräparate, ev. in Verbindung mit blutdruckherabsetzenden Mitteln) anzuwenden.

Von lokalen Mitteln kommt Schälbehandlung in Betracht, z. B. mit 20%iger Resorcinpaste oder mittels der Lassar'schen Schälpaste (Naphthol. 5,0 Sulf. praecip. 25,0 Sap. virid. Vasel. flav. aa ad 50,0). Bei oberflächlichen, reizlosen Formen ist Quarzbelichtung nützlich, bei infiltrierenden Formen besser die Kromayer-Lampe unter Kompression. Auch Kohlensäureschnee, am besten in Breiform, bei ganz kurzdauernder Einwirkung, höchstens 1 mal wöchentlich, ist zweckmäßig. Die filiforme Dusche ist geeignet, Kongestionszustände zu bessern; ist bereits eine ausgesprochene Rosacea vorhanden, so kann man immer nur kleine Bezirke behandeln (Strahl von 1/2 mm, Druck 6—8 Atm.), wobei die Gefäße zum Platzen gebracht werden sollen. Außerdem sind Skarifikationen, u. U. wiederholt, angebracht, ferner Verödungen der Gefäße mittels des Unna'schen Mikrobrenners oder durch Elektrokoagulation. Röntgentherapie ist nur unter größter Vorsicht anzuwenden (0,3—0,4 der Erythemdosis unter 1/2 mm Alum.-Filter, alle 10 Tage 3—4 mal nach Schreus). Die Erfolge der Weichstrahlbehandlung sind unsicher (Allgemeinbestrahlungen, 3—6 Serien, 16 Felder mit 2 × 150 r, HWS. 0.02 mm).

Für die Augenrosacea empfiehlt Triebenstein an Stelle der gelben Salbe Zinkichthyolsalbe, von der täglich oder jeden 2. Tag ein wenig in den Bindehautsack eingestrichen und sofort wieder durch Massage entfernt werden soll (Ichthyol. 0,1 Zinc. oxyd. 2,5 Vasel. alb. ad 10,0).

Ein in kosmetischer und sozialer Hinsicht bedeutungsvolles Leiden stellen die

Varizen

dar. Bei deren Zustandekommen spielt zunächst eine anlagemäßig bedingte Schwäche des Bindegewebes — die auch Neigung zu Hernien und Plattfußbildung in sich schließt (Nobl und Remenovsky) — eine Rolle. Die Anschauung Klapp's, der für die Ausbildung des varikösen Zustandes die aufrechte Haltung des Menschen in den Vordergrund rückt (Schwere der Blutsäule, mechanische Zirkulationshemmungen) dürfte dadurch in ihrer Gültigkeit abgeschwächt werden, daß Angehörige sitzender Berufsklassen am meisten dem Krampfaderleiden unterworfen sind (Diaz). Auch die parallel mit den erhöhten Druckverhältnissen eintretende Insuffizienz der Klappen (Nobl, Bazin) muß eher zu den begünstigenden Momenten als zu den primär-ursächlichen gerechnet werden.

Neuerdings wird den Drüsen mit innerer Sekretion bei der Entwicklung der Varizen eine besondere ätiologische Bedeutung zugeschrieben, indem sich eine gewisse Abhängigkeit der den Tonus der venösen Gefäße bestimmenden sympathischen Nervenfasern von Unregelmäßigkeiten im Ablauf der endokrinen Phasen erheben läßt (Delater). So bestehen bei der Frau deutliche Beziehungen zwischen dem Auftreten der Krampfadern und den Etappen der Ovarialtätigkeit (Beginn der Venektasien in der Pubertät, Varizenbildung in der Schwangerschaft, im Anschluß an Totalexstirpation und nach Adnexentzündungen). Auch ein Zusammenhang mit der Schilddrüse ist erkennbar, indem gerade bei hypothyreotischen Formen gehäufte Krampfaderbildung auftritt (Wiesel).

Neben der mehr oder weniger starken Verunstaltung der Unterschenkel kann die durch die Krampfadern bedingte Ernährungsstörung zum Auftreten von Ekzemen und Geschwüren führen: variköser Symptomenkomplex; auch werden die Patienten häufig durch Juckreiz im Gebiet der varikösen Bezirke belästigt.

Die **Behandlung** kann im Anfangsstadium versuchen, mit konservativen Maßnahmen auszukommen. Dazu gehören feste Wickelungen von der Ferse bis zur Mitte der Oberschenkel mittels elastischer Binden (Trikotschlauch-, Rosidalbinde usw.), Anlegen komprimierender Heftpflasterverbände, Tragen elastischer Strümpfe. Physikalische Behandlung (Bäder, Heißluft, ist von geringem Nutzen. Baur empfiehlt Beinübungen, bestehend in Heben und Senken der Beine, Rotations- und Radfahrbewegungen, die in Rückenlage etwa 10—15 Minuten lang abends vorgenommen werden sollen. Vignal verbindet Gymnastik mit Galvanisation (3 mal wöchentlich vom positiven Pol aus) und Faradisation (täglich 10—20 Minuten) zur Besserung der Zirkulationsverhältnisse. Von innerlichen Mitteln wird neben Thyreoidin (Gaugier, F. Fraenkel, Wiesel) das Präparat Proveinase-Midy empfohlen, ferner Calcium chlorat. intravenös (Bumm jr.).

Unter den operativen Eingriffen steht an der Spitze noch immer das Verfahren nach Trendelenburg: Unterbindung und Resektion der V. saphena (Vorbedingung für den Erfolg ist positiver Ausfall des sog. Trendelenburgschen Phänomens, d. h. nach vertikaler Erhebung des Beines und Herausstreichen des Blutes darf sich die Vene nicht wieder füllen, wenn der Patient aufsteht und das Bein hängenläßt).

Um dieses Verfahren gruppieren sich eine Reihe von Modifikationen, die teils technische Verbesserungen bringen, teils dem Einzelfalle mehr Rechnung tragen. Die Madelungsche Methode der Totalexstirpation hat entstellende Narben zur Folge und ist auch nicht frei von Rezidivgefahr. Klapp hat an der Bierschen Klinik ein schonenderes Verfahren erprobt, bestehend in multiplen subkutanen Diszisionen der am stehenden Kranken mit Jodtinktur und Stärkelösung nachgezogenen Varizen. In Narkose oder Lumbalanästhesie wird die V. saphena von einem Querschnitt aus samt allen Nebenästen doppelt unterbunden und durchschnitten. Man sticht unter der varikösen Vene mit einem sehr starken Tenotom (Saphenotom) ein, führt das Instrument unter der Vene durch und kerbt das Fettgewebe samt Vene unter Zurückziehen bis dicht unter der Haut ein, dreht das Instrument dann um, bis es flach — Klinge parallel zur Hautoberfläche — steht und schneidet alle nach der Tiefe ziehenden Venae communicantes durch. — Die Nachbehandlung erfordert etwa 2 Wochen Bettruhe.

Bei dem Vorgehen nach Babcock-Kocher, wie es die Kieler Klinik bevorzugt, wird nach einem Schrägschnitt parallel zum Leistenband die V. saphena möglichst nahe ihrer Mündung in die V. femoralis unterbunden, ebenso alle benachbarten größeren Venenstämme. Eine etwa $^1/_2$ m lange biegsame, an den Enden geknöpfte Sonde wird von einem kleinen Einschnitt am distalen Ende der Krampfader aus in das klaffende Venenlumen eingeführt und durch die Vene vom inneren Knöchel bis zum Oberschenkel hinauf durchgeleitet. Vor dem zentralen Sondenknopf wird die Vene sorgfältig ligiert, so daß sie bei Zug am peripheren Ende der Sonde folgen muß und sich einstülpt. Unter langsamem gleichmäßigem Zug gelingt es, den Hauptstamm der

V. saphena mit den meisten Seitenästen (die gewöhnlich in einigen cm Entfernung abreißen) zu extrahieren. Anschließend werden noch zahlreiche (100—150) perkutane Ligaturen mit kräftigen Seidenfäden ausgeführt; diese bleiben 8—10 Tage liegen, bis eine sichere Verödung der Venen durch Wandverklebung eingetreten ist.

Selbst bei diesen eingreifenden Methoden (auf die weniger üblichen, z. B. nach Rindfleisch, Schultze, soll hier nicht eingegangen werden) kommen Rückfälle vor, auch sind unglückliche Zwischenfälle nicht so selten. Solche sind meist auf Thrombenbildung und Embolie zurückzuführen.

Die Mängel der operativen Verfahren haben dazu geführt, daß selbst von chirurgischer Seite mehr und mehr die *Verödungsbehandlung* der Varizen mittels sklerosierender Einspritzungen befürwortet wird. Wichtig ist hierbei genaue Indikationsstellung, Beherrschung der Technik und richtige Wahl des Injektionsmittels (Vermeidung koagulierender und toxischer Substanzen). Erwähnt sei, daß bereits 1813 Monteggio Varizen durch Alkoholinjektion zu beseitigen versucht hatte, einige Jahrzehnte später führte Pravaz Einspritzungen von Eisenchlorid aus, die aber ebensowenig Anerkennung fanden wie die von Langenbeck angewandten perivenösen Ergotininjektionen. Tavel ging 1904 zu Einspritzungen mit 5%iger Karbolsäure über, die eine Endophlebitis hervorruft, Schiassi verwandte zu dem Zweck Jodtinktur. Scharff (1910) fand schwache Sublimatlösung, die durch Eiweißfällung wirkt, geeigneter; Karl Linser und Zirn (1916) bildeten dieses Verfahren so aus, daß es Eingang in die Praxis fand. Linser kam bald zur Anwendung hochprozentiger Kochsalzlösungen; mit diesem ungiftigen Mittel erzielt man durch Wasserentziehung (Entquellung der Intimazellen), also auf physikalischem Wege, eine Innenwandschädigung mit Abscheidungsthromben; diese bleiben mit dem entzündlich veränderten Venenrohr verlötet, werden organisiert und haben somit eine Verödung der Venen zur Folge. Der Nachteil, daß es im Anschluß an die Injektion zu kurzdauernden heftigen Wadenkrämpfen kommt, läßt sich durch Zusatz eines Anästhetikums (wie in dem Präparat »Varicophtin«) nur teilweise aufheben. Natürlich besteht bei perivenöser Injektion die Gefahr schwerer Nekrosenbildung; diese kann man durch sofortige Umspritzung mit Eigenblut (5—15 ccm) nach Linser verhüten bzw. mildern.

Neuerdings werden die von Nobl in die Verödungstherapie eingeführten Zuckerlösungen in steigendem Maße angewandt, da sie die geringsten Nebenwirkungen aufweisen (Calorose-Güstrow, Varicosmon-Phiag, Sacchar. Amyl. puriss. Merck). Paravenöse Depots kommen zur raschen und beschwerdenlosen Resorption.

Gegenüber den Zuckerlösungen, die als Mittel der Wahl gelten müssen, treten die anderweitigen Präparate in den Hintergrund. Nur bei der selten vorkommenden geringen Ansprechbarkeit der Innenwandschichten auf Zucker wird man auf die Kochsalzlösung zurückgreifen. Gleiche nekrotisierende Eigenschaften hat das in Frankreich beliebte Natrium salicylicum (20—40%ig), das aber gelegentlich urtikarielle Erytheme, kolloidoklasische Reaktionen und angioneurotische Erscheinungen auslösen kann. Die vom Chinin-Urethan bekannten Nebenwirkungen (Brechreiz, Schwindel, Ohrensausen, Rückenschmerzen, bei Frauen Uterusblutungen) lassen seine Anwendung nicht ratsam erscheinen, die übrigen Mittel haben erst recht keine Verbreitung gefunden [1]).

Als allgemeine Gegenindikationen der Injektionsbehandlung gelten: Schwangerschaft, Arteriosklerose, Diabetes, schwere Herz-, Nieren- und Leberleiden. Von lokalen Prozessen bilden Ödeme, Pyodermien, Furunkel und anderweitige Eiterungsprozesse am Bein, ferner Phlebitis eine Gegenanzeige. Septische Herde, z. B. an Zähnen, Tonsillen, Nase, sind vorher zu beseitigen.

Was die *Wirkung* der Einspritzungen betrifft, so konnte Wolf zeigen, daß nach Kochsalzinjektion bereits 3—4 Std. später eine Schädigung der Intima vorhanden ist. Nach 24 Stunden ist diese völlig nekrotisiert und der inzwischen das Venenlumen verschließende Abscheidungsthrombus mit der Innenwand fest verwachsen. Klinisch beginnt die Vene 24—48 Stunden nach der Injektion sich zu verhärten und druckempfindlich zu werden. Bei Verwendung von Traubenzucker geht die entzündliche Reaktion langsamer vor sich und erreicht gewöhnlich nach 4—5 Tagen ihren Höhepunkt. Die sich zentralwärts ausbreitende Thrombosierung erstreckt sich häufig weiter als man annimmt, nicht selten bis zur Einmündungsstelle in der Gegend der Fossa ovalis. Dieses Verhalten scheint von der individuell verschiedenen Iritabilität des Endothels gegenüber dem chemischen Mittel abhängig zu sein (Remenovsky).

Bei manchen Patienten kommt es nach einigen Tagen zum Auftreten einer Periphlebitis, die auf Bettruhe und Wärme meist bald abklingt, aber auch unerwünscht lange Zeit anhalten kann. Im allgemeinen tritt aber bald ein Gefühl der Erleichterung ein, besonders beim Gehen und Stehen. Zur Nachbehandlung empfiehlt sich Wärme (Heißluftbäder, Fangopackungen), wodurch auch das kosmetische Ergebnis verbessert wird.

Die einwandfreie Beherrschung der *Technik* bildet die wichtigste Voraussetzung für den Erfolg der Behandlung. Am besten bewährt hat

---

[1]) Nach Behandlung mit Septojod ist ein Erblindungsfall mitgeteilt worden (K. Schmidt und E. v. Redwitz, Dtsch. Ztschr. ges. gerichtl. Med. 18, 25, 1931).

sich die von P. Linser angegebene Methode: Man geht beim liegenden Patienten[1]) mit dünner Nadel in die meist gut sichtbare, gefüllte Vene ein (evtl. Stauung) und aspiriert etwas Blut, um sich über die richtige Lage der Kanüle zu vergewissern. Dann wird das Bein hochgehoben und der Zustrom des Venenblutes durch Kompression peripher von der Einstichstelle unterbunden. Das noch in den Varizen befindliche Blut wird zentralwärts ausgestrichen und nunmehr die Lösung tropfenweise in die blutleere Vene eingespritzt, so daß sie unverdünnt auf die Intima gelangt. Beim Zurückziehen der Nadel ist darauf zu achten, daß keine Injektionsflüssigkeit in das paravenöse Gewebe gelangt; daher ist die Einstichstelle kurze Zeit mit einem Gazetampon zu komprimieren. Nach kurzer Ruhepause kann man den Patienten nach Hause entlassen, evtl. nach Anlegung eines kleinen Druckverbandes.

Da die V. saphena meist in ihrem ganzen Verlauf varikös entartet ist, empfiehlt es sich, dicht unterhalb des Kniegelenks mit den Einspritzungen zu beginnen. Auf diese Weise unterbricht man die retrograde Strömungsrichtung des Venenblutes und entlastet die unterhalb gelegenen Varizen, die dann der Reihe nach in mehreren Sitzungen behandelt werden können.

Im Anfang soll man eine Injektionsmenge von 2—3 ccm nicht überschreiten, um erst die Reaktivität der Varize kennenzulernen. Mit einer Einspritzung kann man im allgemeinen ein Venenstück von 5—10 cm Länge thrombosieren, so daß man je nach Lage des Falles 2—8 Injektionen benötigt. Nach mehreren Injektionen ist eine längere Pause einzuschalten, damit sich ein Kollateralkreislauf ausbilden kann. Im übrigen muß bei der Vielfältigkeit der klinischen Symptome der persönlichen Erfahrung des Therapeuten ein größerer Spielraum belassen werden[2]).

Die Zahl der *Rezidive* schwankt nach den Angaben mehrerer Autoren (Nobl, Gaugier, Kilbourne) zwischen 5 und 7%, während die Mißerfolge nach Operationen 30% übersteigen können (Wolf). Auch das Vorkommen von Embolien liegt zahlenmäßig weit unter dem nach chirurgischer Behandlung beobachteten, immerhin sind unter den vielen Hunderttausenden von Injektionen eine Reihe von Todesfällen beschrieben worden. Man darf also die Harmlosigkeit der Verödungs-

[1]) Nur bei kleinen dünnen Venen empfiehlt es sich, im Stehen zu injizieren, worauf man 5 Minuten lang Horizontallage einnehmen läßt (Weeks und Mueller).

[2]) Von chirurgischer Seite (Herlyn) wird neuerdings die »einzeitige« Behandlung empfohlen, wobei in Blutleere und Zirkulationsunterbrechung des Beins mittels einer besonderen Abschnürvorrichtung eine größere Menge der sklerosierenden Flüssigkeit zur Erfassung des gesamten Krampfaderkomplexes eingespritzt wird.

therapie nicht leichtfertig betonen, sondern muß vielmehr eine gründliche praktische Ausbildung auf diesem Gebiet fordern.

Im ganzen sind aber die Vorzüge der Injektionsbehandlung einleuchtend: Einfachheit des Verfahrens, ambulante Durchführbarkeit ohne Berufsstörung und damit Wirtschaftlichkeit, Fortfall von Operations- und Narkosefurcht, relative Ungefährlichkeit, Ausbleiben von Narben, Möglichkeit der Wiederholung.

Wir haben noch kurz auf die von chirurgischer Seite zur Vermeidung der Emboliegefahr empfohlene kombinierte Behandlung einzugehen. Es handelt sich in erster Linie um die Unterbindung bzw. Resektion der V. saphena vor der Injektionsbehandlung, wie sie schon Schiassi vorgenommen hatte. Nach der kritischen Darstellung Wolfs scheint aber die Ligatur eher eine Verschlechterung der Thrombosestatistik im Gefolge zu haben. Außerdem ist bei den meisten kombinierten Verfahren eine längere Bettruhe nicht zu umgehen, weshalb man bei ungewöhnlicher Krampfaderentwicklung (sackartige Erweiterung) schon einer rein chirurgischen Behandlung den Vorzug geben wird.

Ob das Verfahren der (subkutanen) Elektrokoagulation für die Varizenverödung nutzbar gemacht werden kann, bedarf noch eingehender Prüfungen.

Anschließend seien noch die **Perniosis** und die **Erythrocyanosis crurum** besprochen. Bei den Frostbeulen handelt es sich bekanntlich um chronische Entzündungsprozesse, die auf der Grundlage einer besonderen (endokrin bedingten?) Disposition infolge Zirkulationsstörung (Stase) hauptsächlich bei Kindern und Jugendlichen in der kalten Jahreszeit auftreten und besonders an Händen und Füßen, selten im Gesicht lokalisiert sind. Seit den letzten Jahren beobachtet man häufiger bei Frauen Pernionen der Unterschenkel, deren Entstehung durch unzweckmäßige Bekleidung (Seidenstrümpfe) begünstigt wird.

Die Behandlung hat hauptsächlich für Vorbeugung zu sorgen, die in abhärtenden (Wechselbäder usw.) und tonisierenden Maßnahmen (Eisenarsen, Lebertran, Kalkpräparate) zu bestehen hat. Unterstützend wirkt Organotherapie (Eierstocks-, Nebennieren-, Schilddrüsenpräparate, je nach der konstitutionellen Beschaffenheit).

Die örtliche Behandlung macht Gebrauch von Umschlägen (Alkohol mit Zusatz von Kampfer, Tannin, Resorcin, Jod), Salbenverbänden (Ichthyol, Thigenol usw.), Pinselungen mit Ichthyolvasogen, Bädern mit Alaun, Eichenrinde usw. Gegen den Juckreiz wird Vereisen mit Chloräthyl empfohlen. Höhensonnenbestrahlungen (auch die Vitaluxlampe), ferner

Diathermie, sind manchmal von Nutzen, Röntgenbehandlung aber nur in seltenen Fällen anzuwenden[1]).

Die Erythrocyanosis crurum gehört in dieselbe Gruppe und kommt fast ausschließlich bei jugendlichen weiblichen Personen vor, in Gestalt symmetrischer bläulicher Schwellungen an den Unterschenkeln mit starkem Hervortreten der Follikel. Das Leiden beruht anscheinend stets auf einer endokrin-vegetativen Störung, meist von seiten der Ovarien in Verbindung mit Vagotonie, so daß eine entsprechende Therapie einzuleiten ist.

Kurz einzugehen ist hier noch auf die als Röntgenschädigung vorkommenden *Teleangiektasien*, die besonders im Gesicht und an den Händen störend wirken. Die Behandlung besteht in vorsichtiger Verödung mittels der galvanokaustischen Nadel oder durch Elektrokoagulation. Auch Betupfen mit dem Kohlensäureschnee-Azeton-Gemisch ist wirksam. Jeßner berichtet über gute Erfolge mit Doramadsalbe, trotz anfänglicher Bedenken gegenüber deren Anwendung.

3. Verfärbungen der Haut.

Diffuse Verfärbungen fallen kaum in den Bereich kosmetisch-therapeutischer Bestrebungen. Erwähnt wurde bereits die alimentär bedingte Aurantiasis, hinzuweisen ist auf die medikamentöse Gelbfärbung nach Trypaflavininjektionen, die blauviolette Färbung nach Goldeinspritzungen (Aurosis), schließlich auf die Argyrie, die sowohl nach lokaler Silberapplikation als auch auf dem Blutweg (nach Collargol und Silbersalvarsanzufuhr, ferner bei Spiegelarbeitern) entstehen kann. Kosmetische Bedeutung kommt noch der Melanodermie zu, die auf einer toxisch-alimentären Störung im Zusammenhang mit Lichteinfluß beruht. Der Ikterus und die Addisonsche Krankheit gehören der Allgemeinmedizin an.

Von künstlich hervorgerufenen Verfärbungen beanspruchen die Tätowierungen oder richtiger **Tatauierungen**[2]) besonderes kos-

[1]) Ist es zur Bildung von Ulcerationen, Frostgeschwüren, gekommen, so verordne man anregende Salben, z. B. die bekannte Schwarzsalbe (Arg. nitr. 1,0 Bals. peruv. 3,0 Vasel. flav. ad 30,0) oder Pellidolsalbe (2—4%ig) oder die Binz'sche Salbe (Calcar. chlorat. 3,0—5,0 Ungt. Paraff. ad 50,0); als Fertigpräparate sind die Granugenolpaste, Epithensalbe, Argolavalsalbe, Terpestrolsalbe zu empfehlen.

[2]) Diese bilden ein in ethnographischer Hinsicht außerordentlich interessantes Gebiet. Die Sitte des Tatauierens war ursprünglich nur bei Naturvölkern üblich und diente teils symbolischen Zwecken, teils als Amulettersatz (zum Schutz gegen das »Verrufen«). Viele Embleme lassen sich bis ins Neolithium zurückverfolgen (Probst). Die Japaner hatten das Tatauieren zu einer wahren Kunst ausgebildet. Bei Europäern beruht die Ausübung auf Nachahmungstrieb (»Korpsgeist« bei Angehörigen bestimmter Berufe, z. B. Seeleuten; politische Abzeichen!) oder aber auf sexueller Grundlage (Zeichnungen obszönen Inhalts). Auffallend ist, daß

metisches Interesse. Es handelt sich dabei um Ablagerung von Farbstoffen (feingeriebener Tusche, Lampenruß, Indigo, Zinnober, gelegentlich Karmin, Kurkuma u. a.) in die Haut. Dabei wird die Eigenfarbe dieser Stoffe durch die darüberliegende, gewissermaßen als trübes Medium (Unna) wirkende Epidermis so abgeschwächt, daß z. B. die schwarzen Farbstoffe blau bis blaugrau erscheinen. Die Farbkörner liegen gewöhnlich in den obersten Koriumschichten, können aber bis zur Subkutis hinabreichen und sind sowohl intra- als auch extrazellulär anzutreffen, bei alten Tatauierungen auch angelagert an Gefäße, Drüsen und Haarbälge.

Es ist selbstverständlich, daß Tatauierungen an sichtbarer Stelle in verschiedenen Berufen störend wirken und auch ihren Trägern oft den sozialen Aufstieg erschweren. Entstellend sind ferner die Zufallspigmentierungen im Gesicht, die man als unfreiwillige Tatauierungen bezeichnen kann. Man findet solche Einsprengungen als Berufsstigmata bei bestimmten Handwerkern, des weiteren als Folge von Explosionen (bei Bergleuten, Kriegsteilnehmern) sowie nach Unfällen (Fall auf Aschenbahn). Auch im Anschluß an Goldeinspritzungen (gelegentlich auch nach bestimmten Wismutpräparaten) hat man an den Einstichstellen Metallablagerungen beobachtet, die wie Tatauierungen erscheinen (Schamberg, Ravaut).

Zur *Beseitigung* ist eine ganze Reihe von Verfahren angegeben worden, denen aber durchweg der Nachteil der Schmerzhaftigkeit und der Hinterlassung von Narben anhaftet. Man hat zu unterscheiden zwischen chirurgischen und chemischen Methoden. Von ersteren ist die Exzision mit nachfolgender Naht, evtl. mit Hautlappenüberpflanzung, für kleinere Figuren recht zweckmäßig. Wenig üblich ist die Kürettage nach Ravaut, die in Narkose nach vorheriger Heißluftbehandlung vorgenommen wird; Blutstillung und Ätzung erfolgen ebenfalls durch Heißluft. Die manchmal anwendbare Dekortikation nach Dubreuilh besteht in Abschälung der oberen Hautschichten mit scharfem Skalpell, darüber Gazeverband. Bei dem Vorgehen nach Wederhake wird durch Längsschnitt das Unterhautzellgewebe freigelegt, die Hautlappen werden im Bereich der Tatauierung abpräpariert, wonach die Farbpartikel mit der Schere abgetragen werden; dann werden die Hautlappen umgeklappt, auf einem Brettchen festgestochen und die übrigen Farbdepots von der Unterseite der Haut nach der Epitheldecke zu ausge-

im allgemeinen nur Männer Tatauierungen aufweisen, und zwar meist Angehörige der unteren Schichten. Daß aber die Vorliebe für diese eigenartige Verschönerung bis in die »höchsten Kreise« gedrungen war, beweist die Mitteilung von Fritsch, der zufolge der russische Zar und andere gekrönte Häupter merkwürdige Tatauierungen trugen.

stochen; Naht. Kromayer bevorzugt seine Stanzmethode; mit einem Zylindermesser von etwa 2 mm Durchmesser werden die tatauierten Stellen senkrecht durch die ganze Kutis hindurch so eingestanzt, daß die Öffnungen dicht nebeneinanderliegen, ohne aber zusammenzufließen. Die ausgestanzten Hautzylinder werden mit Pinzette und Schere, am besten auf der Knopfsonde entfernt. Das Verfahren erfordert mehrere Sitzungen, Lokalanästhesie ist nicht unbedingt notwendig. Wundheilung erfolgt unter dem Schorf (Trockenverband) in 8—10 Tagen mit feiner Narbe.

Unter den verschiedenen Ätzverfahren sei als Laienmethode zunächst das Auflegen von Kochsalzbrei erwähnt. Von ärztlicher Seite sind Kohlensäureschnee, Acid. carbol. liq., konz. Gerbsäure, Alaunlösung herangezogen worden. Wirksamer ist Pyrogallussäure; Meirowsky empfiehlt 40%igen Pyrogallolpflastermull, den man bis zur blasigen Abhebung der Oberhaut liegenläßt, worauf die zutage tretende Cutis mit 3—10%iger Pyrogallusvaseline bedeckt wird. Es entsteht intensive Rötung und Exsudation, die unter indifferenter Behandlung abklingt.

Manche Autoren wenden die Ätzbehandlung in ganz umschriebener Weise an (»Punktieren«), um überflüssige Gewebsschädigung zu vermeiden und so die Narbenbildung zu vermindern. Dabei werden die betreffenden Ätzmittel mit Hilfe von Nadeln in die zu enttatauierenden Hautstellen eingetrieben. Stutzmann benutzt dazu 45%ige Chlorzinklösung, die nach 8 Tagen zur Abstoßung der Oberhaut und nach weiteren 3—4 Tagen der verfärbten Kutisteile führt, was sich durch Pepsindunstverbände beschleunigen läßt. In ähnlicher Weise wendet Cholnoky Zitronensaft an, Ohmann-Dumenil Papoidlösung (Pulv. Papoid. 0,72, Aq. dest. 3,6, Glycerin 10,8, Acid. hydrochlor. dil. gtt. 3).

Lerner erzielte mit der Methode von Variot (modifiziert nach Shie) praktisch narbenlose Resultate. Dabei wird 50%ige wässerige Lösung von Acid. tannic. mittels der Spitze eines feinen Skalpells oder eines Halters mit 8—10 feinen Nadeln in die betreffenden Hautstellen gebracht. Um die Zeichnung herum wird eine Schicht von Petrolat gemacht. Es entsteht so ein See von Tanninlösung, durch den hindurch punktiert wird, ohne daß die Flüssigkeit auslaufen kann. Die Prozedur ist beendet, wenn die Tatauierung grau und etwas erhaben erscheint. Dann wird die umgebende Haut mit kaltem Wasser abgewaschen und die Partie energisch mit dem Höllensteinstift eingerieben, bis die schwarze Fällung von gerbsaurem Silber hervortritt. Unter Trockenverband lösen sich die verätzten Stellen als feine Haut ab, das Epithel ist dann schon in Regeneration.

Als brauchbar erweisen sich einige neuerdings hergestellte Ätzmittelkombinationen, so das »Extätol« der Lupusanwerke (gelegentlich schwere Hautreizungen!) sowie besonders die »Antitätan«-Salbe nach Kohn und Hirsch (Laboschin A.-G.), welche die Ätzwirkung alkalischer Zinksalze mit der von Sauerstoff in statu nascendi vereinigt. Die zu behandelnde Hautstelle wird mit 96%iger Essigsäure angeätzt (mit Hilfe einer scharfen Bürste), um die oberflächliche Hornschicht zu entfernen, wobei man etwa 1—2 mm über die Umrißlinie hinausgehen soll. Dann Auftragen der aus zwei Bestandteilen vor Gebrauch frisch zusammengerührten Salbe, darüber Mullage und Verband. Nach 24 Stunden wird die Salbe erneuert, dann Bedecken mit Anästhesinsalbe, bei empfindlicher Haut feuchte Verbände. Schon am 4. bis 5. Tage trennt sich die nekrotisierte Haut messerscharf von der gesunden, nach weiteren 2—3 Tagen sitzt die tatauierte Hautschicht im Verband oder läßt sich wie ein Abziehbild leicht und schmerzlos abheben. Etwa eine Woche später ist die oberflächliche granulierende Wunde meist schon geschlossen und mit flacher Narbe abheilend.

Erwähnt sei noch die Verdeckung von Tatauierungen durch Maskierung, die aber selten befriedigende Ergebnisse liefert. Man hat dazu Ockerfarben (Brault) bzw. ein Gemisch aus Milch, Alkohol, Kreide und Zinkweiß (Stern) verwandt.

Die elektrischen Verfahren können allein oder in Verbindung mit Ätzmitteln herangezogen werden. Bei der Elektrolyse braucht man eine größere Zahl von Sitzungen; langsames Vorgehen, Stromstärke 2—3 MA, Einwirkung bis zur linearen Verschorfung der Tatauierung, die zum Abstoßen der Farbteilchen führt.

Statt dessen wird neuerdings die Elektrokoagulation bevorzugt, die wir fast ausschließlich anwenden: Nachziehen der Umrisse mit starker Nadel in örtlicher Betäubung bis zur Freilegung der Kutis, anschließend mehrere Tage lang Verband mit Pyrogallussalbe (20%ig). Die erhebliche Schmerzhaftigkeit läßt sich durch Bedecken der Wunde mit Panthesinbalsam bekämpfen (Th. Katz). Es kommt innerhalb einer Woche zur Abstoßung der verfärbten Hautpartien und zu allmählicher Epithelisierung der Granulationsstellen, nach unseren Erfahrungen meist mit glatter Narbenbildung. Es muß aber darauf hingewiesen werden, daß bei jeder Art der Entfernung von Tatauierungen Keloidentwicklung auftreten kann, die der Behandlung bedarf (s. d.).

In bestimmten Fällen, so zur Verdeckung depigmentierter Hautstellen, wird der kosmetisch tätige Arzt in die Lage kommen, eine *therapeutische Tatauierung* nach dem Vorgang von Paschkis vorzunehmen. Dazu mischt man in einem Uhrschälchen schwefelsaures Barium, Zinnober und gelben Ocker oder gebrannte Siena derart, daß die Farbe etwas heller erscheint als die der normalen Haut; das Gemisch wird zwecks Sterilisation über der Flamme bis zur Blasenbildung erhitzt. Auf die gereinigte Hautstelle macht man mit Nähnadeln, die zu 8—12 und mehr bündelförmig in einem Nadelhalter befestigt sind, zahlreiche dicht nebeneinanderliegende Einstiche, etwa 0,5 mm tief, ohne daß Blutung erfolgen darf; dann wird die erkaltete Mischung, mit sterilem Wasser oder Milch zu Brei angerührt, mit einem kleinen Porzellan- oder Glasspatel aufgetragen und energisch eingerieben. Schwierig ist das Treffen des richtigen Farbtones, der jedenfalls nicht zu dunkel gewählt werden darf; ist der Erfolg nicht befriedigend, so kann das Verfahren wiederholt werden.

Damit kommen wir zu den

Pigmentanomalien.

In kosmetischer Hinsicht ist zunächst die Pigmentierung nach Sonneneinwirkung anzuführen, die man beim weiblichen Geschlecht in früheren Zeiten ängstlich zu vermeiden suchte, während sie heutzutage als Ausdruck einer gesunden und sportlich geübten Körperlichkeit gilt.

Unerwünscht ist dagegen die umschriebene Pigmentierung, wie sie mitunter auf rein traumatische Einflüsse zu beziehen ist (Druck des Kragenknopfes, der Hosenträger usw.), besonders bei Personen mit empfindlicher Haut. Die *Berlocque-Dermatitis* (Freund) beruht auf der Anwendung von Kölnischem Wasser an dem Licht ausgesetzten Hautstellen und äußert sich in Form streifenförmiger Pigmentierungen nach vorangegangener Entzündung. Das Abblassen der Flecke läßt sich durch Anwendung bleichender Salben beschleunigen.

Die als *Chloasma* bezeichnete großfleckige Pigmentierung entsteht am häufigsten von innen her (Chl. dyscraticum). Die bekannteste Form ist das Chloasma uterinum, das in Zusammenhang mit der Gravidität sowie mit Menstruationsstörungen aufzutreten pflegt und wegen der häufigen Lokalisation im Gesicht entstellend wirkt. Auch bei Männern kommt Chloasma vor, mit perioraler Lokalisation. Schwere Stoffwechselstörungen, ebenso Vergiftungen, z. B. durch Arsen, können flächenhafte Pigmentierungen bedingen.

Auch im Anschluß an äußere Einwirkung von Medikamenten kann chloasmaähnliche Verfärbung (Chl. medicamentosum) entstehen, namentlich nach Anwendung von Senfpflaster, ferner nach Chrysarobin bzw. Cignolin.

Die Behandlung besteht in Bleich- und Schälmitteln (s. u.), auch Präzipitatsalbe kommt in Betracht, beim Chl. uterinum außerdem Opotherapie (Follikelhormon).

Bei den *Epheliden*, die nicht mit Lentigines verwechselt werden dürfen, handelt es sich um kleine rundliche oder eiförmige Pigmentflecke von gelblicher bis bräunlicher Färbung (bei Kindern mitunter tiefschwarz), die vereinzelt oder gehäuft vorkommen und symmetrisch angeordnet sind. Befallen werden besonders blonde und rothaarige sowie blutarme Personen, meist schon in der Kindheit; das familiäre Vorkommen weist auf eine Beziehung zu den Naevi hin. Bevorzugt sind Gesicht, Hände und Unterarme, seltener Schultern, Rücken, Beine usw. — Der Name Sommersprossen ist nicht ganz berechtigt, da die Affektion auch an unbedeckten Körperstellen vorkommt und im Winter nicht regelmäßig schwindet.

Zur Beseitigung kann man in leichten Fällen Schälung mittels Zitronensaft, 10%iger Essigsäure oder 1%iger Salzsäure versuchen. Zur langsamen Bleichung ist auch Borax geeignet, z. B. Borac. 10,0, Tct. benzoes 15,0, Aq. dest. ad 100,0, morgens und abends einzureiben, oder: Natr. biborac. 10,0 Kal. carbon. 3,0, Aq. Colon. Aq. rosarum aa. ad 100,0. Mit Epicarin und β-Naphthol (10%iger Spiritus) läßt sich eine milde Schälwirkung erzielen. Bei stärkerer Verfärbung sind intensivere Mittel erforderlich, so Spir. sap. kal. oder Sap. kal. mit Zusatz von 5% Resorcin oder 10% Lac. sulf., oder Sommersprossensalben: Hg. praec. alb. Bism. subnitr. aa. 2,0—3,0, Ungt. moll. ad 20,0 oder Ac. acet. Lact. sulf. aa. 10,0, Lanolin. ad 30,0 oder Hg. bichlorat. corrosiv. 0,2, Borac. 0,4, Ungt. Glycer. ad 20,0. Diese sind mehrmals am Tage einzureiben. Die von Hebra angegebene Behandlung mittels stundenlang fortgesetzter Sublimatumschläge führt zu heftiger Dermatitis mit Exfoliation und ist daher schwer durchführbar. Auch bei den Sommersprossentinkturen ist der wirksame Bestandteil meist Sublimat, z. B. Hg. bichlor. corros. 0,1, Ammon. chlorat. 3,0, Glycerin. 4,0, Aq. rosar. ad 50,0 oder als 1%iger Spiritus. Natürlich ist bei allen quecksilberhaltigen Präparaten die Gefahr der Hautreizung gegeben. Die Verwendung von Karbolsäure ist nicht zu empfehlen, da sie mitunter zu verstärkter Pigmentierung führt.

In neuerer Zeit werden Wasserstoffsuperoxydpräparate bevorzugt, so das Perhydrol (Merck), entweder unverdünnt (tägliches Betupfen) oder in Form von Salben (Perhydrol 1,0—3,0, Eucerin. anhydr. Vasel. flav. aa. ad 15,0) oder in Form der Pernatrolseife (verschiedene Konzentrationen) nach Unna.

Von physikalischen Methoden kommt Anwendung des Mikrobrenners, der Diathermienadel, allenfalls auch Abfräsen nach Kromayer in Betracht.

Da es mitunter schwieriger ist, Sommersprossen zu beseitigen, als ihr Erscheinen zu verhüten, empfiehlt sich Anwendung prophylaktischer Mittel. Personen mit empfindlicher Haut sollten sich gegen starke

Besonnung durch Tragen breitkrempiger Hüte schützen, dunklen Puder auftragen oder eine geeignete Salbe anwenden, z. B. mit Zusatz von Acid. tannic. oder Chinin (je etwa 10%ig) oder Äskulin (Glykosid aus der Rinde der Roßkastanie). Letzteres bildet auch den wirksamen Bestandteil der Zeozon- und Ultrazeozonsalbe (5 bzw. 7%ig). Als weitere Lichtschutzsalben sind »Antilux« (enthält Schwefelsalze) und das von Unna angegebene »Gletschermattan« zu nennen.

Wir kommen nunmehr zu den **Depigmentierungen.** Deren wichtigste, die *Vitiligo*, entwickelt sich in mittlerem Lebensalter, öfter in Abhängigkeit von endokrinen Störungen. In der Umgebung der Weißflecken, die meist symmetrisch an den verschiedensten Körperstellen lokalisiert sind und bogige Begrenzung zeigen, findet man oft deutliche Pigmentvermehrung. Die Drüsen der befallenen Bezirke sind nicht geschädigt, die Haare daselbst bald farblos, bald von normaler Färbung.

Das Leiden bedeutet, namentlich bei Sitz im Gesicht, eine erhebliche Entstellung, so daß man die verschiedensten Heilverfahren versucht hat. Buschke und Moser gelang es, durch Quarzlampenbestrahlungen in einer Reihe von Fällen Pigmentbildung, vorwiegend an den Follikeln (allerdings nicht immer von Dauer) hervorzurufen, in anderen läßt die Methode im Stich, selbst bei gleichzeitiger Anwendung lichtsensibilisierender Stoffe (intravenöse Injektion von Trypaflavin nach Irisawa, Pinselungen mit Melaxmanspiritus, Nelkenölspiritus, Eau de Cologne usw.). Färbung, z. B. mit Kal.-permang.-Lösung nach vorherigem Abreiben mit Benzin, hat natürlich nur vorübergehenden Erfolg, eher ist Tatauierung angebracht. Neuerdings bietet uns aber die Grenzstrahlenbehandlung eine bessere Möglichkeit, die Affektion zu beeinflussen, und zwar am besten durch allgemeine Bestrahlungen (16 Felder mit 2×150 r, HWS = 0.02 mm Al, 2—5 Serien). Vielleicht läßt sich auch bei der äußerst seltenen und bisher therapeutisch hoffnungslosen Form der Leukopathie, dem partiellen angeborenen Albinismus, damit eine Besserung erreichen.

Bei Depigmentierungen als Folge von Röntgenschädigung kann man nur durch Tatauierung eine kosmetische Besserung erreichen.

Das *Leucoderma syphiliticum* gehört zwar der Venerologie an, ist aber bei Lokalisation am Halse bei Frauen kosmetisch bedeutsam. Da spezifische Kuren ohne Einfluß auf die Affektion sind und auch örtliche Behandlung ziemlich zwecklos ist, muß man sich damit begnügen, Tragen eines schwarzen Halsbändchens oder einer Korallenkette anzuraten, ein Trick, der die entfärbten Stellen unauffällig macht.

4. Naevi (Mäler).

Wir halten es für angebracht, die Naevi gesondert darzustellen, obwohl diese Bildungen nach Erscheinungsform und Aufbau teils in das Gebiet der Tumoren, teils der Gefäß- und Pigmentanomalien usw. fallen. Gemeinsam ist diesen Mißbildungen die Entstehungsweise auf Grund einer angeborenen abnormen Keimanlage; sie können schon bei der Geburt vorhanden sei, aber sich auch später in verschiedenen Lebensaltern entwickeln. Die Vererbbarkeit der Muttermäler, die von mancher Seite als Degenerationsmerkmale aufgefaßt werden, ist durch zahlreiche Beobachtungen gestützt, während die Volksmeinung, derzufolge psychische Traumen der Mutter während der Schwangerschaft — »Versehen« — eine ursächliche Rolle spielen sollen, doch wohl auf ziemlich schwachen Füßen steht. Auffällig ist die Vorliebe der Naevi für bestimmte entwicklungsgeschichtlich bedeutsame Lokalisationen sowie die nicht seltene systematisierte Anordnung (halbseitig, symmetrisch, strichförmig).

Am zweckmäßigsten erscheint nach Jadassohn eine Einteilung der Naevi nach ihrer geweblichen Beschaffenheit. Von den weichen Naevi (N. spili) sind zunächst die einfachen glatten pigmentierten Naevi — *Leberflecke* — zu unterscheiden, die unregelmäßig geformt und bis handtellergroß sind und nur auf einer abnormen Vermehrung des Hautfarbstoffes im Stratum basale beruhen. Die Behandlung — falls erforderlich — erfolgt am besten mit Kohlensäureschnee, auch das Fräsverfahren nach Kromayer ist anwendbar.

Hierher gehören auch die *blauen Naevi* (N. coerulei), schiefergrau bis dunkelblau erscheinende Flecke, meist nicht über erbsengroß, die in jedem Lebensalter auftreten können; sie finden sich an den verschiedensten Körperstellen, besonders im Gesicht und an den Extremitäten, oft in Gemeinschaft mit anderen Pigmenthypertrophien. Die blaue Färbung der Flecken wurde bereits von Tièche darauf zurückgeführt, daß das Pigment (ein Melanin) größtenteils in den mittleren Coriumschichten liegt. Es besteht eine weitgehende Übereinstimmung mit den sog. Mongolenflecken, mehr oder weniger ausgedehnten schieferblauen Verfärbungen, die meist in der Kreuzbeingegend lokalisiert sind und bei Mongolen ein Rassemerkmal bilden, aber auch bei Negern in 80% festzustellen sind, sehr selten bei Europäern.

Als »Negativ« der Pigmentnaevi sind die achromatischen Naevi anzuführen. Im Gegensatz zu den ebenfalls als helle Flecke erscheinenden Naevi anaemici röten sie sich bei Hyperämisierung (Reiben mit nasser Bürste). Behandlung ist meist überflüssig, evtl. Tatauierung.

Eine besondere Form der weichen Naevi bilden die *Lentigines*, braune bis schwärzliche Flecke von Linsen- bis Pfenniggröße, im Gesicht, an Hals, Schultern, Rücken angeordnet, manchmal über den ganzen Körper ausgebreitet (Lentiginosis profusa). In solchen Fällen und ebenso bei Vorkommen im Gesicht ist häufig Behandlung erforderlich. Mitunter kommt man mit chemischen Mitteln, am besten Perhydrol, auch Trichloressigsäure, zum Ziel. Bei größeren Flecken kann man Elektrolyse, besser Elektrokoagulation bzw. Desikkation anwenden, wobei aber zu bedenken ist, daß von stehengebliebenen Pigmentresten Rezidive auftreten können. Behandlung mit Kohlensäureschnee ist manchmal vorzuziehen, schließlich sei noch die Lazarsche Methode erwähnt. Dabei spritzt man intrakutan in den Pigmentfleck an mehreren Stellen eine 0,3%ige Lösung von Wasserstoffsuperoxyd ein. Spritze und Nadel sind vorher mit sterilem destilliertem Wasser zu reinigen. Die Injektionen sind schmerzhaft und können bei ungenügendem Erfolg nach mehreren Tagen wiederholt werden.

Von den Lentigines findet man alle Übergänge zu den erhabenen pigmentreichen weichen oder warzenförmigen und schließlich zu den mit Haaren besetzten *Naevi pilosi*. Diese werden bei flächenhafter Ausdehnung als Tierfellnaevi bezeichnet und sind bei sichtbarem Sitz außerordentlich entstellend. Die Behandlung besteht, wenn angängig, in Exzision mit anschließender Plastik, sonst kann man nach Depilation etappenweise Zerstörung mittels Kohlensäureschnee vornehmen.

Auch die Schleimhäute (Lippen, Eichel) können Sitz fleckförmiger Pigmentnaevi sein. Zwischen den das Korium nach Art einer echten Geschwulst zahlreich durchsetzenden Naevuszellen findet man eigentümliche riesenzellartige Haufen und auch epitheliale Proliferationsvorgänge. Diese entsprechen der Fähigkeit der Pigmentnaevi, in maligne Entartung überzugehen, wie sie gerade den melanotischen Mälern eigen ist und am ehesten nach chirurgischer Behandlung sowie nach Verätzung und Verschorfung vorkommen kann. Am wenigsten bedenklich ist die Zerstörung mittels Elektrokoagulation, die sogar bei wachsenden Naevi und bei Melanomen die beste Behandlungsart darstellt, aber radikal ausgeführt werden muß. Sicherer ist das Herausschneiden des Naevus weit im Gesunden mittels des elektrischen Messers oder der Schlinge, ohne den Naevus selbst zu berühren.

Eine weitere Gruppe bilden die hyperkeratotischen *harten Naevi*, die sowohl in umschriebener als auch linearer bzw. systematisierter Anordnung auftreten. Klinisch finden sich mannigfache Formen; die Oberfläche ist bald glatt, bald warzig, manchmal zerfallen oder borkenartig zerklüftet. Unna hat zwei Haupttypen, die akanthoiden und keratoiden, unterschieden, je nachdem hauptsächlich die Stachel- oder Hornschicht beteiligt ist. Oft finden sich gleichzeitig Mißbildungen seitens der drüsigen Organe. Die Behandlung erfolgt am zweckmäßigsten mittels Elektrokoagulation, die natürlich bei großer Ausdehnung des Naevus abschnittweise vorgenommen werden muß.

Die seltenen Bindegewebsnaevi (Naevus elasticus), papulöse oder bandförmige Gebilde von gelblich-weißlicher Färbung, bedeuten keine kosmetische Störung.

Von den *Organnaevi* sind zunächst die Talgdrüsennaevi anzuführen, die oft gruppiert oder auch symmetrisch vorhanden sind. Es sind dies durchschnittlich pfefferkorngroße gelblichweiße, flache oder halbkugelig vorspringende Knötchen, die auch plattenförmig verschmelzen können. Bei systematisiertem Auftreten findet man öfter Kombination mit Atheromen und weichen Naevi, Schweißdrüsennaevi usw. Die Behandlung besteht in Abtragen mit dem scharfen Löffel nach Chloräthylvereisung oder Elektrokoagulation bzw. Desikkation.

Schweißdrüsennaevi kommen fast nur als Mischgeschwülste und ungemein selten zur Beobachtung in Form erbsen- bis walnußgroßer derber Tumoren. Die Behandlung besteht in Exzision.

Die ebenfalls auf keimplasmatische Störungen zurückgehende Pringlesche Krankheit (Adenoma sebaceum) und die Neurofibromatosis Recklinghausen gehören nur soweit in den Rahmen unserer Betrachtung, als die Lokalisation im Gesicht naturgemäß mehr oder weniger schwere Entstellungen bedingt. Neben chirurgischem Eingreifen kommt auch hier in erster Linie die Zerstörung der Tumoren mittels Elektrokoagulation bzw. -kaustik in Frage.

Näher einzugehen ist auf die Gruppe der *Gefäßnaevi.* Bei den angeborenen Feuermälern hat man flache [1]) und geschwulstartig erhabene Formen zu unterscheiden. Wegen der häufigen Neigung zu schnellem Wachstum soll die Behandlung möglichst im frühesten Kindesalter einsetzen [2]). Die besten Ergebnisse erzielt man mit Radium, auch Mesothorium genügt oft. Mit Kohlensäureschnee ist völlige Beseitigung nicht immer möglich. Die größeren flächenhaften Mäler, so im Gesicht und an den Händen, sind chirurgischer und elektrophysikalischer Behandlung schlecht zugänglich, da sich die Gefäßveränderung bis in die tieferen Hautschichten erstreckt. Sie lassen sich durch intensive Be-

[1]) Dazu gehört auch der häufig vorkommende Unna'sche Naevus, der an der Nackenhaargrenze lokalisiert ist und infolge der kurzen Haartracht bei stärkerer Blutfüllung störend auffallen kann. Die Behandlung erfolgt am besten mittels Doramad (s. o.). — Als »Negativ« der Feuermäler sind die Naevi anaemici (Vörner) anzusehen, unregelmäßig begrenzte helle Flecke, in deren Bereich eine angeborene Anomalie des Gefäßnervenapparates vorliegt (Vörner, Buschke u. a.); in der Umgebung findet man manchmal Teleangiektasien.

[2]) E. Heymann schlägt sogar eine Anzeigepflicht für Angiome in den ersten Lebenstagen vor.

strahlungen mit der Kromayerlampe (1/2 Stunde und darüber unter Kompression) aufhellen. In neuerer Zeit wird über gute Erfolge mit der Grenzstrahlentherapie berichtet (500—600 r, 4—6 mal in Abständen von 4—6 Wochen), wobei auch im Gesicht keine Gefährdung der Augen zu befürchten ist.

Die spinnwebenähnlichen *Naevi aranei*, einfache Angiektasien, lassen sich mit dem Mikrobrenner oder mit der Diathermienadel leicht zerstören. Dabei soll man erst die peripheren Äste angreifen, da bei vorheriger Vernichtung des Knotenpunktes ein Verschwinden der Stränge durch Gefäßkontraktion vorübergehend vorgetäuscht wird (Acquaviva). Die senilen Angiome erscheinen als Naevi tardi an Haut und Schleimhaut (Lippen) in Form stecknadelspitz- bis linsengroßer, mäßig erhabener, roter Herdchen; es handelt sich dabei wohl um Kapillarvarizen (Gans).

Die eigentlichen Hämangiome sind schon zu den

5. Geschwülsten

zu rechnen und bestehen aus einem Konvolut gewundener hyperplastischer Capillaren, deren Ausgangspunkt von Arterien und Übergang in erweiterte Venen sich stets deutlich feststellen läßt. Das »fressende« Wachstum erfolgt durch Sproßbildung. Kavernöse Umwandlung kommt vor, meist handelt es sich aber beim Haemangioma cavernosum um eine primär kavernös gebaute Geschwulst, welche die Eigenschaft hat, sich auf Druck zu verkleinern. Die bedeckende Epidermis kann atrophisch werden oder aber Wucherungsvorgänge zeigen.

Zur Behandlung der kutanen kavernösen Hämangiome eignet sich Kohlensäureschnee, wobei man meist mehrere Sitzungen braucht. Ähnliche Ergebnisse erzielt man mit Koagulation. Auch Radium- bzw. Röntgenbehandlung bietet bei dieser Form gewisse Aussichten, wobei die Schädigung der Gefäßendothelien zur Auswirkung kommt. Zur Erzielung eines kosmetisch befriedigenden Resultates empfehlen Arzt und Fuhs, an Stelle der natürlich wirksameren weichen Strahlung eine härtere (5—6 H unter 3—4 mm Al.) anzuwenden, die in Abständen von 4—5 Wochen mehrmals wiederholt werden kann. Auch Grenzstrahlen (Dosis s. o.) können erfolgreich sein (Bucky).

Beim kutan-subkutanen Kavernom hat man zunächst die Wahl zwischen Exzision und Koagulation. Zur letzteren verwendet man nach C. A. Hoffmann am besten eine Nadel mit Bajonettkrümmung, die zunächst am Rande, dann mehr nach der Mitte zu in das Angiom eingeführt wird. Dann nähert man die Elektrode langsam der Hautoberfläche und sticht sie langsam, immer unter Strom, in das Gewebe. Auf diese Weise gelingt es meist, eine Blutung zu vermeiden. Tritt dennoch eine solche auf und kann man wegen der außerordentlich guten Leitfähigkeit des Blutes auch durch Verstärken des Stromes das blutende Gefäß nicht koagulieren, so muß man versuchen, von der Umgebung der Blutung her die Koagulation zu erreichen. Es ist wichtig, den Rand des Angioms sorgfältig zu behandeln, da sonst Rezidive vorkommen. Nachblutungen sind selten (Kompressionsverband). Die Heilung erfolgt mit guter Narbenbildung.

Gute Erfolge lassen sich bei dieser Form auch mit Radiumbehandlung erzielen, die bei zweckmäßiger Durchführung die Gefäße zur Rückbildung bringt, ohne daß die Hautoberfläche geschädigt wird. Schließlich kann man auch thrombosierende Mittel anwenden. Lannelongue benutzte 10%ige Chlorzinklösung, die, tropfenweise an mehreren Stellen in die Basis eingespritzt (0,1—0,25 ccm), zur allmählichen Verödung der Gefäße mit Schrumpfung des umgebenden Bindegewebes führt. Neuerdings wird Alkohol bzw. Traubenzuckerlösung bevorzugt, Hustin empfiehlt Natr. citr. in konzentrierter Lösung, desgl. Natr. salicyl. sowie Chinin-Urethan (Chinin. bihydrochlor. 2,0, Urethan. 1,0, Aq. dest. ad 15,0).

Die *Lymphangiome* sind — im Gegensatz zu den einfachen Lymphangiektasien — ebenfalls wirkliche Geschwülste, die an den meisten Körperstellen (Hals, Brust, Mundhöhle, Gesäßgegend, Genitalien usw.) auftreten können. Es handelt sich um zystenartige, unregelmäßig begrenzte, wenig erhabene, mattglänzende, graue Knötchen, oft gruppiert stehend. Die Behandlung, falls erforderlich, erfolgt mittels Kohlensäureschnee oder Elektrokoagulation.

Von weiteren Neubildungen an der Haut sind zunächst die *Atherome* kosmetisch wichtig. Es sind dies rundliche, gelegentlich gelappte Tumoren, die langsam wachsen und Kirsch-, ja selbst Apfelgröße erreichen können. Sie sitzen mit Vorliebe auf dem behaarten Kopf, aber auch im Gesicht, an der Ohrmuschel, an Rücken, Brust, den Genitalien, haben prallelastische Konsistenz und sind gegen die Unterlage verschieblich. Anatomisch handelt es sich um Retentionszysten, die nie vor dem 15. Lebensjahre entstehen und ihren Ausgang meist von den Haarbalg- und Talgdrüsen, in seltenen Fällen auch von den Schweißdrüsen nehmen (Audry) und anfangs in der Cutis gelegen sind, später in die Subcutis übergehen. Sie enthalten eine breiige, manchmal unangenehm riechende, u. U. mit Haarresten durchsetzte Horn- und Fettmasse, die von einer Bindegewebshülle eingeschlossen ist. Durch den Druck auf die Umgebung kann es zu Atrophie der Follikel und Talgdrüsen kommen. Von diesem Retentionsatherom abzugrenzen ist das Dermoid- bzw. Epidermoidatherom, das auf fötaler Epithelabschnürung beruht.

Zur Entfernung der Atherome sind verschiedene Verfahren angegeben worden. So kann man durch Anätzen der Haut mittels Ätzkali (Kal. caust.-Stift von 6—7 cm Länge und 1/2 cm Durchmesser) eine allmähliche unblutige Abstoßung des Tumorinhaltes herbeiführen. In ähnlicher Weise kann man durch Punktion oder Stichinzision den Tumor entleeren. Um ein Rezidiv zu vermeiden, kann man anschließend 1 bis 2 Tropfen Jodtinktur einspritzen. Weit sicherer ist aber die Herausschälung der Kapsel. Man geht dazu nach Passot am besten in der Weise vor, daß man in Lokalanästhesie eine kleine Stichinzision ausführt, durch die Öffnung führt man eine Kochersche Klemme ein, mittels derer man die Geschwulst stumpf loslöst. Dann zieht man die Zyste etwas heraus, entleert sie durch Fingerdruck und kann dann den schlaffen Balg leicht ganz herausziehen. Die kleine Wunde läßt sich durch Kollodium verschließen.

Dieses Verfahren bietet gegenüber dem üblichen chirurgischen Vorgehen der Exstirpation von einer größeren Schnittwunde aus den Vorteil, daß keine Narbenbildung bleibt, abgesehen davon, daß auch das Rasieren der Operationsstelle sowie Naht und Verband in Fortfall kommen. Für den Fall, daß es nicht gelungen ist, den Sack restlos zu entfernen, wird von einigen Autoren empfohlen, mit gefilterten Radiumträgern nachzubestrahlen.

Hinzuweisen ist noch auf die *»traumatischen Epidermiszysten«*, die besonders an den Händen, aber auch an anderen Körperstellen (Stirn, Kopfhaut, Brust usw.) beobachtet werden, in Form durchschnittlich stecknadelkopfgroßer (gelegentlich Walnußgröße erreichend), weiß-gelblicher, derber Knoten. Unterscheidung von klinisch ähnlichen Gebilden (Milien, Comedonen, Atheromen) ist nur histologisch möglich. Therapie: Exprimieren.

Bei den *Milien* (Hautgrieß) handelt es sich um Follikelzysten, die in Gestalt hirsekorngroßer und größerer Knötchen erscheinen. Diese sind kugelrund, gelblich- bis mattweiß und meist im Gesicht in der Umgebung der Augenlider und Jochbögen lokalisiert, selten an den Genitalien. Ihr gehäuftes Auftreten (Miliosis) ist nach H. W. Siemens erbbedingt. Zugrunde liegt eine Retention von Hornmassen; im mittleren Follikelabschnitt (Keratosis suprafollicularis) findet man konzentrisch geschichtete Hornlamellen, daneben Reste von Lanugohaaren. Ähnliche Gebilde finden sich nach Gans auch an Schweißdrüsenausführungsgängen.

Zur Beseitigung genügt Aufschlitzen der Oberhaut mit feinem Skalpell und Ausdrücken des Inhalts mittels des Comedonenquetschers. Die manchmal stark blutende Stelle wird mit antiseptischem Puder und kleinem Wattebausch bedeckt. Zweckmäßig ist Eröffnung und gleichzeitige Entleerung mit Hilfe einer Splitterpinzette, auch Elektrokoagulation mit feinster Nadel kann angewandt werden. Bei sehr zahlreichem Vorkommen kann man zunächst einen Versuch mit Schälbehandlung machen.

Als *Talgdrüsentumoren* findet man stecknadelkopf- bis hanfkorngroße, erhabene, meist höckerige, derbe Gebilde von gelblicher bis rötlicher Färbung, vereinzelt oder gruppiert vorkommend. Beseitigung mittels Elektrolyse oder Elektrokoagulation. Von *Tumoren der Schweißdrüsen* beobachtet man am häufigsten die von den apokrinen Drüsen ausgehenden Syringozystadenome. Dies sind milienartige, hautfarbene oder weißlich durchscheinende Geschwülstchen, die an der Brust, an den unteren Augenlidern und an den Wangen vorkommen. Mitunter findet man auch an Stirn, Schläfen und Wangen von den gewöhnlichen Schweißdrüsen ausgehende Hidrozystadenome als hanfkorn- bis kleinerbsgroße durchsichtige Bläschen. Behandlung: Elektrolyse, Galvanokaustik oder Elektrokoagulation.

Bei den häufigen *Fibromen* handelt es sich um weiche oder harte bindegewebige Tumoren verschiedener Größe, teils hautfarben, teils rötlich oder pigmentiert, die in jedem Lebensalter auftreten können. Gestielte Tumoren (Fibroma pendulum) lassen sich durch einen Scherenschlag entfernen oder auch durch einfaches »Abbinden« mittels Seidenfaden zum Abfallen (nach Nekrotisierung) bringen. Bei den derberen, nicht gestielten Fibromen kommt man am besten und schnellstens mittels Elektrokoagulation zum Ziel, wobei es genügt, an der Basis des Tumors eine schmale Koagulationszone zu setzen.

Eine besondere Form der harten Fibrome bilden die *Keloide*. Es sind dies platten- oder streifenförmige, mehr oder weniger erhabene, scharf abgesetzte Bildungen von derber Konsistenz, die oft haken- oder krebsscherenähnliche Ausläufer tragen (wie der Name andeutet). Die Oberfläche ist glatt, glänzend, von blaß-weißer bis rötlicher Färbung. Die Tumoren, die auf der Unterlage verschieblich sind, gehen vom tiefen Corium aus und bestehen aus derbfaserigem kollagenem Bindegewebe mit Mastzellen, das allmählich fibromatöse Umwandlung erfährt. Bevorzugter Sitz ist die Brustbeingegend, ferner Hals, Gesicht u. Rücken.

Die Unterscheidung von »echtem, spontanem« und Narbenkeloid wird heutzutage nicht mehr aufrechterhalten, vielmehr nimmt man an, daß sich alle Keloide auf der Grundlage einer besonderen Disposition der Haut nach mehr oder weniger erheblichen lokalen Reizen entwickeln können[1]. Das familiäre Vorkommen dieser Tumoren und der Zusammenhang mit endokrinen Störungen, besonders Basedow, lassen es aber

[1]) Nach Pautrier liegt eine Stoffwechselstörung des Bindegewebes zugrunde; häufig ist eine Hypercalcämie nachweisbar (in 70% nach Pautrier und Zorn). Bei Tieren scheinen Keloide nicht vorzukommen.

möglich erscheinen, daß solche auch ohne Trauma entstehen können. Interessant ist die Beobachtung Krens, daß sich solche Spontankeloide bei Frauen in der Menopause mitunter von selbst zurückbilden. Auch Rasseneigentümlichkeiten spielen eine Rolle, indem Neger weit mehr zu Keloidbildung neigen.

Zur Behandlung der Keloide ist eine große Anzahl von Mitteln angegeben worden. Man hat innerlich Arsen, Jod, Lebertran, Salizylpräparate, Fibrolysin verabfolgt; lokal sind neben allen möglichen erweichenden Pflastern die filiforme Dusche, Kohlensäureschnee und Skarifikation angewandt worden. Bourguinon und Chearey ferner Louste, Pignot und Juster, empfehlen Iontophorese mit schwacher Jodkalilösung, während früher zu diesem Zweck Chlorzink benutzt wurde. Die Ionisation, bei der eine Stromstärke von 15—20 MA nicht überschritten werden soll, erfordert sehr lange Zeit (Serien von je 15 Sitzungen von 2 stündiger Dauer mit Pausen von mehreren Wochen). Unterstützt wird die erweichende und resorptive Wirkung durch Massagen.

Bei großen und stark vorspringenden Keloidbildungen ist operative Abtragung, am besten mittels der Diathermieschlinge, angezeigt, wobei möglichst Bestrahlung der offenen Wunde angeschlossen werden soll (zuerst von L. Freund angewandt). Bei kleineren Bildungen liefert auch alleinige Strahlenbehandlung zufriedenstellende Ergebnisse. Röntgentherapie kommt nur dann in Betracht, wenn kein Radium zur Verfügung steht (hohe Dosen, 0,5—1 HED unter 1—2 mm Al); es ist also eine große Zahl von Sitzungen erforderlich, die selbst bei Verteilung auf einen langen Zeitraum (1—2 Jahre!) nicht selten Teleangiektasien und Atrophie zur Folge haben. Schnellere Erfolge, auch mit besserem kosmetischem Resultat, liefert die Radiumbehandlung (Wetterer, Schreus, Martenstein u. a.).

Als auffällige und bei Sitz an unbekleideten Körperstellen (z. B. Hals) entstellende Neubildungen müssen die *Lipome* gelten. Diese Fettgeschwülste sind entweder umschrieben oder multipel vorhanden, von Haselnuß- bis Pflaumengröße und darüber; An- oder Abschwellen infolge Stauung kommt vor (Göbel, Buschke und Matthisson).

Die konservative Behandlung mit wiederholten Alkoholinjektionen zur Fetteinschmelzung ist von zweifelhaftem Nutzen, eher ist ein Versuch mit lokalen Insulineinspritzungen zu machen. Die Exstirpation hinterläßt unerwünschte Narben; um diese möglichst zu vermeiden, hat Passot eine besondere Technik angegeben. Nach Lokalanästhesie bis an die Kapsel der Geschwulst wird diese durch einen kleinen Schnitt in der Mitte gespalten; die auf der Aponeurose festhaftenden Fettmassen werden mit der Schere abgetragen, und man holt nun zunächst die eine Hälfte des Lipoms aus der Wundöffnung hervor, dann die andere. Verschluß durch kleinen Kompressionsverband. Bei sehr festhaftenden Tumoren ist diese Methode jedoch nicht anwendbar.

Bei den *Xanthomen* (Xanthelasma) handelt es sich um eigentümliche, flache gelbliche, scharf begrenzte Tumoren, die — meist symmetrisch — an den Augenlidern (X. palpebrarum) sitzen. Sie kommen im mittleren und höheren Lebensalter, beim weiblichen Geschlecht anscheinend etwas häufiger, zur Beobachtung. Die histologische Untersuchung ergibt, daß sich diese Bildungen aus Haufen großer Bindegewebszellen zusammensetzen, von polygonaler oder spindelförmiger Gestalt, die oft um die Gefäße herum angeordnet sind und deren Plasma die eigentümlichen riesenzellenähnlichen Xanthomzellen enthält. In diesen und in den Interzellularräumen ist die Lipoidsubstanz gelegen, teils in Form von Tröpfchen, teils von Kristallen.

Nach dem geweblichen Aufbau und auf Grund von Tierversuchen muß man annehmen, daß die Xanthome als Retentionstumoren aufzufassen sind, und zwar liegt eine Störung des Fett- und Cholesterinstoffwechsels zugrunde, die zur Ablagerung dieser Stoffe in der Haut führt. Infolgedessen kommen Xanthome — auch deren seltene Abart, das Xanthoma multiplex tuberosum — am häufigsten bei Diabetikern vor, ferner bei Leberkranken, aber auch bei Personen, die keine nachweisbare Stoffwechselstörung zeigen.

Die allgemeine Behandlung bezweckt demgemäß eine Beeinflussung des Cholesterinhaushaltes durch entsprechende Ernährung (geröstetes Fleisch, grüne Gemüse, entsahnte Milch, Früchte, Einschränkung tierischer Fette). Neuerdings wird Insulin angewandt, mit dem zuerst Chauffard gute Erfolge erzielt hat.

Von örtlichen Maßnahmen kommt vorsichtige Kauterisation in Betracht (Acquaviva), in erster Linie aber Exzision in Lokalanästhesie. Nach der Umspritzung hebt sich die kompaktere Xanthommasse deutlich von dem oedematösen Gewebe ab. Man umschneidet die scharf hervortretenden gelben Flecke genau am Rande und präpariert die träubchenartigen Einlagerungen sorgfältig aus der Haut heraus, unter Schonung des normalen Bindegewebes. Tiefere Geschwulsteinlagerungen in der Subcutis sind ebenso zu entfernen, da von solchen stehengebliebenen Resten Rezidive ausgehen können. Naht der Wunde ist, wie Kromayer hervorhebt, meist nicht erforderlich, da sich die Wundränder gewöhnlich gut aneinanderlegen und unter dem Schorf glatte Heilung erfolgt.

Für kleinere Xanthome kann man Elektrolyse anwenden, besser aber Elektrokoagulation, auch in Form der Desikkation (Krikortz);

dabei ist es wichtig, die Ränder sorgfältig zu berücksichtigen. Die kleinen Narben bleiben zwischen den Lidfalten unsichtbar.

Bei ängstlichen Patienten kann man versuchen, mit Ätzmitteln zum Ziel zu kommen, so mit Sublimatkollodium (Hg. bichlorat. corros. 0,5—1,0, Collod. elast. ad 10,0) oder 4%igem Chlorzinkkollodium oder mit konz. Trichloressigsäure (Schutz des Auges!). Auch mit Radium und Mesothorium läßt sich Beseitigung erzielen, wobei wiederum wegen der Nähe des Auges größte Vorsicht geboten ist (Bleischutzkapsel).

Von den infektiösen Neubildungen hat das *Molluscum contagiosum* schon wegen seiner verhältnismäßigen Seltenheit keine kosmetische Bedeutung. Die mattglänzenden stecknadelkopf- bis linsengroßen flachen weißlichen Tumoren lassen in der Mitte stets eine Eindellung erkennen. Bei Erwachsenen ist meist die Genitalgegend, bei Kindern auch Gesicht und Rumpf befallen (Schulendemien!). Die Behandlung besteht in Ausquetschen nach Eröffnen mit feinem Skalpell oder der chirurgischen Pinzette; der Grund wird mit Eisenchlorid leicht verätzt. Die Zerstörung mittels Elektrokoagulation bietet gegenüber diesem einfachen Vorgehen keine Vorzüge.

Eine weit größere kosmetische Rolle spielen die *Warzen.* Bei den planen Warzen (Verrucae planae juveniles) handelt es sich um kleine, flache epidermoidale, runde oder unregelmäßig polygonale scharf begrenzte Papeln von hautähnlicher, gelbgrauer oder auch bräunlicher Färbung. Sie sitzen in wechselnder Zahl vor allem im Gesicht (Stirngegend), besonders bei Kindern und weiblichen Jugendlichen, ferner an den Handrücken. Wenn auch spontane Rückbildung vorkommt, so ist doch meist wegen der Entstellung baldige Behandlung geboten. Öfter kommt man mit innerlichen Mitteln aus, so mit Arsenzufuhr (in Form von Liq. kal. arsenic., Tct. Ferri pomat. aa. oder der asiatischen Pillen) oder Quecksilberjodür (Hg. jodat. flav. 1,0, Succ. Liquir. 2,0, Pulv. rad. Liquir 3,0, M. f. pil. No. L., 2—3 mal tägl. 1 Pille). Zur örtlichen Behandlung kann man Salizylkollodium oder Salizylsäureguttaplast anwenden bzw. Pinselungen mit Resorcin. 3,0, Spir. sap. kal. ad 30,0; letzteres wird abends aufgetragen, während man früh heiße Waschungen mit Schwefelresorcinseife vornehmen läßt. In hartnäckigen Fällen muß man zu zerstörenden Mitteln greifen, und zwar kommen kurzdauernde Kohlensäureschnee-Einwirkungen (5 Sek.), Elektrolyse und Elektrokoagulation in Betracht. Radium- und Röntgenbestrahlung ist nur ausnahmsweise angezeigt.

Die gewöhnlichen harten Warzen (V. vulg. durae), die keine gewebliche Verschiedenheit von den flachen aufweisen, entwickeln sich aus gleichartigen Gebilden [1]) zu starken, unregelmäßig begrenzten, papillären Hyperkeratosen von grauer bis gelbschwarzer Farbe und höckriger Oberfläche. Befallen sind am häufigsten Handrücken, Finger, Nagelbettrand, Gesicht, behaarter Kopf. Bei massenhafter Ausbreitung spricht man von Verrucosis generalisata (E. Hoffmann).

Zur Entfernung werden seit alters her die verschiedensten Ätzmittel angewandt, von denen die am stärksten wirkende rauchende Salpetersäure als gefährlich abzulehnen ist. Eher in Betracht kommt Trichloressigsäure (»Acetokaustin«), Salizyleisessig (Acid. salic. 1,0, Acet. glac. ad 10,0), ferner Ac. carb. liq. Die Warze wird unter Schutz der Umgebung (Abdecken durch Heftpflaster) mittels eines spitzen Glas- oder Holzstäbchens wiederholt betupft. Auch Kohlensäureschnee — 20—60 Sek. Vereisung — ist erfolgreich. Bei empfindlichen Patienten kann man täglich 1—2 mal Sublimatkollodium (5%ig) aufpinseln lassen oder Quecksilberarsenpflastermull anwenden. Radiumbehandlung, die Jordan rühmt, ist wenig üblich.

Von den mechanischen Verfahren ist zunächst das Abbinden gestielter Warzen zu erwähnen. Sicherer ist das Abkappen mit der Cooperschen Schere, worauf die blutenden hypertrophischen Papillen mit einem der erwähnten Ätzmittel oder Eisenchlorid oder Chromsäure (20%ig) betupft werden.

Zweckmäßig ist auch die Entfernung mit scharfem Löffel nach Chloräthylvereisung. An die Stelle der Behandlung mit dem Glüheisen sind die elektrischen Verfahren getreten. Bei der Elektrolyse wird eine am negativen Pol angebrachte Nähnadel parallel zur Hautoberfläche an der Basis der Warze je nach deren Größe an mehreren Stellen eingestochen und durch allmähliches Verstärken des Stroms (etwa 2 MA 1 Min. lang) die Warze zum Weißwerden und Quellen gebracht, wonach sie einige Tage später schrumpft und abfällt. Die Schmerzhaftigkeit kann durch Novokainumspritzung aufgehoben werden. Diese wenden wir auch fast regelmäßig bei der Elektrokoagulation an. Dabei sticht man die Nadel senkrecht zur Hautoberfläche in die Warze ein, hebt diese dann an und läßt den Strom bis zur weißlichen Verfärbung einwirken. Die nekrotisierte Warze kann man mit einer feinen Schere abschneiden, dann Verband mit Borsalbe. Mit der Diathermieschlinge lassen sich die Warzen glatt abhobeln. Auffallend ist die Beobachtung, daß manchmal nach operativer Entfernung einiger Warzen die restlichen schwinden, sowie die Erfahrung, daß Warzen auch durch Suggestivbehandlung gelegentlich geheilt werden können. Ob die »Immunotherapie« nach Biberstein mittels Warzenextrakts (0,5%ig, 6—10 in-

[1]) Einwandfreie Übertragung ist Variot 1893, ein Jahr später Jadassohn gelungen, Kingery und Wile ermittelten 1919 ein filtrierbares Virus als Ursache.

trakutane Einspritzungen) zum Teil auf einer derartigen Wirkung beruht, sei dahingestellt. Als sichere Methode steht uns noch die Strahlenbehandlung zu Gebote, besonders bei der schwer zu behandelnden ausgedehnten Verrucosis, wobei natürlich besondere Vorsicht am Platze ist. Als besonders hartnäckig sind die Warzen an der Fußsohle (oft fälschlich für Hühneraugen oder Schwielen gehalten) und die am Nagelbett (V. perionychales) anzusehen. Hierfür ist Verbindung chirurgischer Behandlung (Auskratzen bzw. Exstirpation) mit energischer Verätzung angezeigt, auch kommt besonders Bestrahlung mit Radium oder Mesothorium in Frage.

Zu erwähnen sind noch die *seborrhoischen Warzen*, die meist im höheren Lebensalter auftreten oder sich dann vermehren (nach Darier als Naevi tardi aufzufassen). Sie sind meist am Rumpf lokalisiert, oft in großer Zahl, von weicher Konsistenz, mit höckeriger, grauer bis schwärzlicher Oberfläche. Behandlung ist im allgemeinen nur bei Sitz im Gesicht erwünscht; meist genügt Resorcin-Salizyl-Schwefelsalbe (5 : 10%) oder Pyrogallus- bzw. Resorcinpflastermull. Zerstörung durch Galvanokauter, Kohlensäureschnee, Elektrolyse oder Elektrokoagulation ist natürlich schneller wirksam. Die Gefahr epitheliomatöser Entartung ist bei diesen Alterswarzen nicht zu befürchten, vielmehr ist dies der Fall bei den ähnlich aussehenden senilen Keratomen.

Die *Epitheliome* (*Basalzellenepitheliome, Cancroide*) haben wir hier nur insofern zu erwähnen, als bei der häufigen Lokalisation im Gesicht das kosmetische Ergebnis nicht unberücksichtigt werden darf. Die Radiumtherapie, welche mit großen Dosen vorgenommen werden muß, gibt in dieser Hinsicht die besten Resultate, weniger empfehlenswert ist die Röntgenbehandlung (bis zur Erythemdosis, Mitbestrahlung der normal erscheinenden Umgebung!). Sicherer erscheint uns die kombinierte Behandlung, bei welcher der Tumor durch Elektrokoagulation (mittels messer- bzw. knopfförmiger Elektroden) weit im Gesunden umschnitten und zerstört wird; bei beginnender Wundheilung schließen wir Radiumbestrahlungen an. Neuerdings wird über Heilungen durch Grenzstrahlenbehandlung (Dosis 1000—1500 r bei einer HWS von 0.025—0,003 mm Al) berichtet; wenn sich diese bei längerer Beobachtungsdauer bestätigen sollten, wäre dieses schonende Verfahren natürlich vorzuziehen.

Echte Hautcarcinome (Plattenepithelcarcinom, Stachelzellenkrebs) bedürfen wegen der Gefahr der Metastasierung möglichst frühzeitiger operativer Behandlung (unter Berücksichtigung der regionären Lymphknoten) mit anschließender prophylaktischer Strahlentherapie. Bei Lokalisation an Schleimhäuten, namentlich an der Lippe, kann man mit Radiumbehandlung (evtl. Spickmethode) Heilung erzielen, sicherer ist aber vorherige Zerstörung des Tumors mittels Elektrokoagulation.

6. Altersveränderungen der Haut.

Die psychologischen Vorgänge des Alterns, dessen Anfängen E. Stern kürzlich eine feinsinnige Studie gewidmet hat, setzen bereits im 4. Lebensjahrzehnt ein; die damit verbundenen unlustbetonten Vorstellungen, die sich in mannigfachen seelischen Störungen äußern können, betreffen zumeist Menschen, die das Ziel ihres Lebens nicht erreicht haben oder nicht mehr erreichen zu können glauben. Bei den körperlichen Alterserscheinungen wirkt eine Reihe endogener (konstitutioneller) und exogener Faktoren (Lebensweise, Beruf, Klimaeinflüsse usw.) zusammen. In kosmetischer Hinsicht ist zunächst die Verschiebung des Fettpolsters bedeutsam, wobei die jugendliche Gesichtsrundung allmählich verlorengeht, während an verschiedenen Stellen des Rumpfes Fettansatz erfolgt. An der Haut werden sowohl die oberflächlichen Zellagen als auch die darunterliegenden Schichten betroffen. Die Oberfläche wird trocken, die Hautfärbung ändert sich, indem der rosige Teint der jugendlichen Haut einem fahleren dunklen Farbton Platz macht. Der Papillarkörper verstreicht, Bindegewebe und elastische Fasern degenerieren und erfahren kolloidchemische Zustandsänderungen, welche Schlaffheit zur Folge haben. Hand in Hand mit der Atrophie der Haut geht ein allmähliches Nachlassen der sekretorischen Funktionen.

Das wichtigste äußere Altersmerkmal stellt die Faltenbildung, namentlich im Gesicht, dar. Die Entstehung der Altersfalten beruht nicht nur auf einer Überstreckung des Cutisfasergeflechtes, sondern gleichermaßen auf einer Atrophie von Cutis- und Subcutisbestandteilen (Halla). Zuerst kommt es, bereits in den 20er Jahren, zum Auftreten feiner Längsrunzeln an den Augenlidern, gleichzeitig oder später erscheinen an den äußeren Augenwinkeln die sog. Krähenfüße. Die Nasolabialfalten treten schärfer hervor, ebenso erscheinen Querfurchen an der Stirn, senkrechte Falten oberhalb der Nasenwurzel, auch die Falten am Vorderhals vertiefen sich mehr und mehr.

Diese zunehmende Faltenbildung, die auch die Hände betrifft und an den Augen zur Bildung der »Tränensäcke« führen kann, hat naturgemäß eine starke Beeinträchtigung zur Folge, zumal wenn es sich um Personen mit noch ungeschwächter Vitalität und Arbeitsfähigkeit handelt. Die Bekämpfung der Altersveränderungen der Gesichtshaut steht daher im Mittelpunkt der kosmetischen Bestrebungen. Von den konservativen Maßnahmen erzielen viele der angepriesenen Präparate nur vorübergehende Scheinerfolge. Die zahlreichen Mittel enthalten neben Glyzerin und Alkohol vorwiegend Harze, wodurch für kurze Zeit kleine Unebenheiten der Haut verdeckt werden können.

Die Anwendung dicker Schminken — Emaillieren — führt, abgesehen von der Behinderung des Mienenspiels, zur Vertiefung der schon vorhandenen Furchen. Von den schon lange bekannten subcutanen Einspritzungen physiologischer Kochsalzlösung in die Wangengegend, wodurch das Gesicht für einige Stunden geglättet werden kann, ist nur ein Schritt zu den Paraffininjektionen unseligen Angedenkens.

Von Nutzen, besonders in prophylaktischer Hinsicht, sind dagegen die hyperämisierenden Verfahren, welche die Hauternährung fördern und der Ansammlung von Stoffwechselschlacken [1]) entgegenwirken. Dahin gehört außer der früher erwähnten Ausführung von Höhensonnenbestrahlungen zunächst die Anwendung von Gesichtsdampfbädern (10—12 Min.), an die man zweckmäßig eine Massage anschließt. Dabei ist nach Bickel und Memmesheimer die Verwendung der reizlosen Amor-Skin-Salbe (sehr teuer!) vorteilhaft; diese enthält im wesentlichen natives tierisches Eiweiß, Albumosen, Peptone, Aminosäuren und andere stickstoffhaltige Körper.

In neuerer Zeit hat man weitere Salbenpräparate hergestellt, welche auf perkutanem Wege eine Besserung der Hauternährung herbeiführen sollen. Die nach den Vorschriften von Stejskal angefertigte Creme Tokalon enthält neben prädigerierter Sahne und Olivenöl emulgiertes Eigelb und außerdem Pflanzenextrakte. Das von den Promontawerken erzeugte Hauttonicum »Eukutol« bezweckt, von außen her durch Zufuhr von Keimdrüsenhormon eine Regeneration der Haut zu erzielen. Nach den Untersuchungen von Nagell und Langhans (Rostocker Klinik) kommt es unter der Wirkung dieses Präparates, das außer Hormonen Lipoide in nicht fettender Salbengrundlage enthält und dem normalen sauren Hautreaktionsgrad angepaßt ist, zu lebhafter Steigerung der Zellneubildung. Diese Salben werden mit der Hand eingerieben oder mittels des »Patters« in die Haut eingeklopft.

Von Interesse sind noch die Versuche Kapps, die Vitalität alternder Oberhaut zu heben. Dieser Autor verwandte Einspritzungen des Serums von Kaninchen, die mit Hautextrakt verschiedener Tierarten vorbehandelt waren; ein derartiges Präparat — Jungschweineepithel-Kaninchenserum, verstärkt durch Zusatz von Silikaten und Sexualhormonen — wird unter dem Namen »Novepithel« zur innerlichen und Injektionsbehandlung hergestellt (Laboschin A.-G.) und soll nach den Angaben Holzapfels bei lange fortgesetzter Behandlung (50 Injektionen und darüber!) Rückgang der Alterserscheinungen zur

[1]) Nach den histochemischen Untersuchungen von Bürger und Schlomka zeigt sich in der alternden Haut eine deutliche Vermehrung des Trockenrückstandes, bedingt durch Wasserverarmung des Gewebes.

Folge haben (Schwund der Altersfalten und des Alterspigments sowie Besserung der Hautkonsistenz). Bestätigende Beobachtungen sind aber nicht bekannt geworden (der Erfinder ist inzwischen zur Laienpropaganda übergegangen), und es ist auch zu bedenken, daß das frische elastische Aussehen der Haut und deren Turgor nur zum geringen Teil von dem Zustand ihrer Epithelzellen abhängig sind, sondern vielmehr von der Beschaffenheit ihres Bindegewebes, ihrer Durchblutung und Polsterung. — Auch die verschiedenartigen »Verjüngungsverfahren« haben bekanntlich bisher keine praktisch verwertbaren Ergebnisse gezeitigt.

Einzugehen ist noch auf die Gesichtsdiathermie, die zuerst von Last systematisch angewandt worden ist. Dieser benutzte Masken, die für jeden einzelnen Fall modelliert und mit Stanniol ausgekleidet wurden, um genaues Anliegen zu gewährleisten. R. O. Stein bevorzugt aus flachem Gummischwamm geschnittene Larven, die an der dem Gesicht zugewandten Fläche mit Bronzegaze überzogen sind (Hartmannsche Elektroden der »Sanitas« A.-G. in Wien). Fasal empfiehlt Plastilin: eine mehrere Millimeter dicke Plastilinplatte wird mit einem Modellierstäbchen entsprechend geformt, an der Innenfläche mit Stanniol überzogen und ein etwa markstückgroßes überstehendes Randstück zur Anbringung der Kabelklemme aufwärts gebogen. Auch das von Poller angegebene Negokoll läßt sich als Elektrodenmaterial verwenden. Dieses wird warm aufgetragen und bildet nach Erkalten eine elastische Masse, die sich den Unebenheiten der Haut eng anschmiegt. Sie ist durch ihren Feuchtigkeitsgehalt selbstleitend; die Leitfähigkeit läßt sich durch Beimischen von Bronzepulver entsprechend erhöhen.

Die inaktive Elektrode soll mindestens eine Fläche von 200 qcm haben und wird mit Binde oder Heftpflaster am Nacken befestigt. Zur Durchwärmung der Stirn sowie der Augenlider benötigt man eine Stromstärke von 0,5—1 Amp; man beginnt mit 15 Min. und steigt bei den weiteren Sitzungen bis auf ½ Stunde; Behandlung jeden 2. Tag. Nach etwa 2 Monaten hat sich der Turgor des Gesichtes gehoben, die vorher schlaffe und runzlige Haut wird straffer und zeigt infolge der gebesserten Durchblutung frischere und rosigere Färbung.

Als aussichtsreichste Methode zur Beseitigung der Falten und Runzeln im Gesicht, besonders in vorgeschrittenen Fällen, muß aber die operative Hautspannung bezeichnet werden, deren Darstellung im 2. Teil erfolgt.

7. Störungen seitens der Hautdrüsen.

a) Talgdrüsen.

Zu den am meisten verbreiteten Hautleiden gehört die *Seborrhoe*, die nach Darier als Teilerscheinung eines allgemein-pathologischen Zustandsbildes aufzufassen ist. Diese »Kerosis« ist gekennzeichnet durch schmutzig-gelbliche, bräunliche oder gräuliche Färbung der Haut mit deutlichem Hervortreten der Poren und leichter Verdickung des Deckepithels. Als anatomisches Substrat bietet sich eine geringe diffuse Hypertrophie der Hornschicht, mit Neigung zu feiner Abschuppung und einer, uns noch unbekannten, Veränderung des Fettgehaltes sowie eine Hyperkeratose der Drüsenmündungen.

Die Kerosis kann diffus ausgebreitet oder regionär begrenzt sein. Lieblingssitz ist die Mitte des Gesichts, besonders die Nase und die Nasolabialfurche, ferner die behaarte Kopfhaut, häufig auch Stirn, Schläfen, Kinn und Nacken. Am Rumpf ist die Brustbeingegend und der Raum zwischen den Schulterblättern bevorzugt, aber auch andere Körperstellen, so die Genitalregion und Gelenkbeugen, können befallen sein.

Unter den Ursachen der Kerosis spielen familiäre Momente eine dispositionsfördernde Rolle, weit wichtiger sind aber sexuelle Entwicklungsstörungen und Stoffwechselanomalien.

Die zugrunde liegende Störung der Talgdrüsenabsonderung steht in engem Zusammenhang mit der Geschlechtsfunktion, worauf auch Beobachtungen aus dem Tierreich hinweisen [1]). Es unterliegt keinem Zweifel, daß die Keimdrüsen Wachsstumsstoffe für die Talgdrüsen liefern, namentlich zur Zeit der Pubertät, doch wird auch späterhin die Talgbildung nicht in letzter Linie durch die Sexualhormone gefördert und in Gang gehalten. Daß die Talgproduktion — ebenso wie die Schweißdrüsenabsonderung — auch der Einwirkung des Sympathicus untersteht, haben die Erfahrungen der Grippeepidemien 1920/22 gelehrt. Das bei Parkinsonismus vorkommende, zuerst von T. Cohn beschriebene »Salbengesicht« beruht auf einem Reizzustand des die Talgsekretion regulierenden Zentrums im Zwischenhirn. Auch die Seborrhoe des Greisenalters dürfte zentral, durch arteriosklerotische Prozesse in den großen Gangliengruppen bedingt sein (Stein). Von konstitutionellen Momenten ist bemerkenswert, daß die Talgabsonderung

[1]) Bei vielen Tierarten erzeugen die Talgdrüsen, insbesondere die in der Umgebung des Genitale gelegenen, scharf riechende flüchtige Stoffe, die zur Anlockung des Weibchens bestimmt sind (Kastoreum, Moschus); auch beim Menschen enthält der Hauttalg der Schamgegend und Präputialregion spezifische Duftstoffe, die in den Talgdrüsen anderer Körperstellen und bei Frauen fehlen.

bei brünetten Individuen stärker ist als bei blonden; besonders intensiv ist sie bei Negern.

Auch äußere Einwirkungen spielen eine Rolle; so wird die Bildung des Hauttalgs durch Kältereize und durch asphyktische Zustände gefördert, nach Sabouraud auch durch geistige Anstrengung.

Eine Beziehung zur Ernährung ist nach alter Volksmeinung insofern gegeben, als überreichliche Fettzufuhr eine Hypersekretion der Talgdrüsen bewirken soll. Diese Annahme hat Buschke in Gemeinschaft mit Fränkel vor etwa 25 Jahren experimentell an Meerschweinchen geprüft, ausgehend von Untersuchungen Platos über die Ausscheidung verfütterter Öle durch die Bürzeldrüse bei Vögeln, besonders Gänsen. Erfolgreiche Untersuchungen in dieser Richtung sind neuerdings von M. B. Schmidt an weißen Mäusen vorgenommen worden, wobei sich ergab, daß Farbstoffe (Scharlachrot bzw. Sudan, mit Cholesterin oder Lezithin in Öl gelöst) bei Fütterung nach Resorption in die Hautdrüsen gelangen und mit deren Sekret wieder ausgeschieden werden; dabei kommt es zu bestimmten entzündlichen Veränderungen an Drüse und Ausführungsgang, wie auch nach Teerzufuhr (H. Fischer). Die klinische Erfahrung hat gelehrt, daß auch Kohlehydratmast die Seborrhoe fördert, ebenso Obstipation, ferner mangelhafte Muskeltätigkeit.

Wenn wir den Erscheinungsformen der Seborrhoe nachgehen, so haben wir die *Pityriasis simplex* (fälschlich als Seborrhoea sicca bezeichnet) abzusondern. Bei diesem häufigen Leiden, das hauptsächlich die Kopfhaut betrifft, kommt es zu unaufhörlicher Bildung trockener, weißer oder grauer Schuppen, die als »Schinn« auf die Kleider herunterfallen. Sie enthalten in großer Zahl Mikroorganismen (Malassezsche Sporen, Flaschenbazillen), denen aber wohl keine ätiologische Rolle zukommt, wahrscheinlich auch nicht der von Benedek daraus gezüchteten Spalthefe (Schizosaccharomyces hom.). Der Zustand hält oft das ganze Leben hindurch an und ist häufig mit einem leichten Reizzustand (Jucken) verbunden. Mitunter besteht gleichzeitig eine ölige Seborrhoe. — Die Behandlung erfordert sorgfältige Haarpflege und Waschungen mit Kopfwässern (s. u.). Bei der umschriebenen Pityriasis des Gesichtes, wie man sie bei Kindern und Jugendlichen mit zarter Haut antrifft (an Mundgegend, Wangen, Kinn), sind milde Schwefelsalben angebracht.

Die eigentliche Seborrhoe entwickelt sich so gut wie immer mit der Geschlechtsreife und ist gekennzeichnet durch ölig-fettiges Aussehen der Hautoberfläche mit Erweiterung der Talgdrüsenmündungen, wozu eine allmähliche Verdickung der Haut treten kann. Staubförmige Stoffe, die auf solcher Haut leicht haften, geben dieser dann ein ungewaschenes Aussehen. Untersucht man den herausgedrückten Inhalt der Talgdrüsen, so findet man Fettröpfchen und Hornzellen bzw. Trümmer von solchen, daneben sehr zahlreiche kleine Seborrhoebazillen, die entgegen der Annahme Sabourauds als Schmarotzer aufzufassen sind. Durch Sekretstauung kommt es zum Auftreten von Comedonen (Mitessern), die bei längerem Bestehen an der Spitze schwärzlich verfärbt sind, durch Oxydation der Hornsubstanz. Mit der Störung der Talgdrüsenabsonderung verbindet sich gelegentlich eine vermehrte Schweißdrüsentätigkeit. Das Leiden bildet einerseits die Grundlage für diffuse und follikuläre entzündliche Veränderungen der Haut — Ekzem bzw. Akne —, andererseits bedingt es eine Störung der Funktion des Haarersatzes, die zu allmählicher Alopecie führt. Damit wird die Bedeutung einer rechtzeitigen Behandlung der Seborrhoe selbstverständlich.

Eine einheitliche Behandlung ist wegen des wesentlich konstitutionellen Charakters der Affektion nicht anzugeben. Man muß hauptsächlich bestrebt sein, durch zweckmäßige allgemeine Maßnahmen eine Umstimmung des Hautorgans herbeizuführen. Neben guter Körper- und Hautpflege, wozu auch körperliche Betätigung gehört, sind diätetische Vorschriften angebracht: Vermeiden zu fett- und kohlehydratreicher sowie zu scharf gewürzter Speisen, Beseitigung chronischer Verdauungsstörungen; Verbot von Nikotinabusus; Zufuhr von Vitamin, wobei namentlich dem Vitamin A, das z. B. in Apfelsinen und Karotten enthalten ist (rein hergestellt als »Degewop«-Präparat) eine antiseborrhoische Wirkung zuzukommen scheint. Hormonbehandlung leistet in manchen Fällen Gutes, so bei Frauen Follikelhormon.

Unter den lokalen Heilmitteln steht an erster Stelle der Schwefel, der eine antiparasitäre und keratolytische Wirkung entfaltet und auch die biologische Funktion des Hautorgans steigert (Heffter). Die häufigste Anwendung erfolgt in Form von Schwefelblumen (Sulf. praec.) meist in 1—3%iger Konzentration als Salbe ausreichend (bei Überempfindlichkeit Hautreizungen), auch in Form von Schüttelmixturen, ferner als Sol. Vlemingkx oder als Seife (Schaumeinwirkung 10 Minuten bis 1 Stunde). Beliebt ist auch das alte Kummerfeldsche Waschwasser (Sulf. praec. 1,0, Spir. camphor. Spir. Lavand. aa. 2,0, Spir. Colon. 4,0, Aq. dest. 60,0). Die unangenehme Eigenschaft des Schwefels, bei längerem Gebrauch die Schwärzung der Hautfollikel zu begünstigen, läßt sich durch Applikation in der Unnaschen Alaunpaste vermeiden. Stein empfiehlt folgende Verordnung: Past. albumin. aluminat. 20,0, Sulf. 2,0, Acet. aromat. Eucerin. anhydr. aa. q. s. f. past. moll. Als weitere Mittel kommen Salizylsäure, Resorcin, Ichthyol bzw. Eutirsol in Betracht.

Morgens läßt man zweckmäßig das Gesicht mit heißem Wasser-

waschen, das mit pulverisierter Borsäure versetzt wird (1 Teelöffel auf 1 L.). Zur vorübergehenden Beseitigung des Fettüberzuges eignet sich auch schwache Sodalösung (1 Messerspitze auf 1 Glas Wasser). Tagsüber kann man alkoholische Lösungen anwenden lassen, z. B. Acid. bor. 3,0, Tct. benzoes 2,0, Glycerin. 10,0, Spir. vin. ad 100,0 oder Aceton. anhydr. 50,0, Spir. dilut. Aq. dest. aa ad 200,0. Außerdem kann man Sulfodermpuder verordnen.

Unter den physikalischen Methoden ist die Quarzlampenbehandlung empfehlenswert, die besonders bei Seborrhoe der Kopfhaut günstig wirkt, aber große Dosen erfordert. Auch Massage der Kopfhaut ist dabei vorteilhaft, nach Acquaviva morgens und abends je 10 Min. Selbstmassage durch Verschiebungen der Kopfhaut mit verschränkten Händen. Im Gesicht ist die austrocknende und schälende Wirkung der Ultraviolettstrahlen von Nutzen; bei dicker großporiger Haut (»Orangenhaut«) erzielt man auffallende Besserungen durch Skarifikation.

In enger Beziehung zur Seborrhoe steht die

Akne.

Die Acne vulgaris (Hautfinne) beginnt mit der Bildung von Knötchen, welche Comedonen entsprechen, die sich mit einem schmalen roten Hof umgeben: Acne punctata. Doppel- oder mehrfache Comedonen entwickeln sich durch Verwachsen mehrerer Follikelausführungsgänge. Durch sekundäres Einwandern von Eitererregern kommt es zur Umwandlung in Pusteln, mitunter überwiegen papulöse Bildungen (Acne indurata), nach Abheilung bleiben flache, meist depigmentierte Narben zurück. Diese können gelegentlich keloidartigen Charakter annehmen[1]). Befallen sind — entsprechend der zahlenmäßigen Verteilung der Talgdrüsen — Gesicht, Hals, Rücken und Brust, selten andere Körperstellen.

Pathologisch-anatomisch entspricht der Aknepustel eine follikuläre bzw. perifollikuläre Entzündung, bei der das Epithel des Follikels verbreitert und ödematös durchtränkt erscheint und durchsetzt ist von polynucleären Leukocyten. Gleichartige entzündliche Veränderungen bestehen an den Talgdrüsen und deren Ausführungsgängen. In der Umgebung findet man erweiterte Gefäße, umgeben von lymphocytären Infiltraten und Leukocyten, während das Bindegewebe ödematös und zellreich erscheint. Bei der Acne indurata beobachtet man in den knotenförmigen Infiltraten manchmal inmitten von Rundzellenansammlungen Plasmazellen und Riesenzellen.

Über die *Ätiologie* der gewöhnlichen Akne liegen eine ganze Reihe

[1]) Eine abortive Form kommt gelegentlich (fast nur bei Männern) an der Brust vor, wobei es nach Abheilung zu weißen, etwa stecknadelkopfgroßen, manchmal keloidartigen Narben kommt (Iwanowsche Flecke).

von Theorien vor. Als Grundbedingung für ihre Entstehung muß die Seborrhoe gelten; infolgedessen kommen auch die gleichen begünstigenden Ursachen in Betracht, nämlich Störungen der inneren Sekretion und des Stoffwechsels. Auf die Rolle des Nahrungsfettes war bereits hingewiesen worden. Störungen des Kohlehydratstoffwechsels haben sich nicht mit genügender Regelmäßigkeit feststellen lassen. Auch Untersuchungen der Magensekretion und der Urinreaktion (Spiethoff, King, Doble) haben keine eindeutigen Ergebnisse geliefert.

Die Beziehung der Akneentstehung zur inneren Sekretion erstreckt sich in erster Linie auf die Keimdrüsen und wurde schon frühzeitig aus dem Auftreten der Akne in der Pubertät erschlossen. Darier bemerkt, daß gerade die Lokalisation am Kinn bei jungen Mädchen und Frauen fast regelmäßig auf eine Störung der Unterleibsorgane hinweist. Andererseits findet man nicht selten einen Zusammenhang mit Anomalien seitens der Schilddrüse (Hyper- bzw. Hypothyreoidismus), auch der Nebennieren.

Die Bedeutung des konstitutionellen Faktors ist durch die Befunde von Siemens über die erbliche Bedingtheit des Leidens bestätigt worden (polyide Vererbung bei Zwillingen). Dabei möchten wir auch das nicht allzuseltene Vorkommen von Akne bzw. Comedonen bei kleinen Kindern erwähnen (Crocker, J. Caesar, Beatty und Bigger, Bruhns).

Von äußeren Momenten haben die in den Aknepusteln angetroffenen Mikroorganismen wohl nur sekundäre Bedeutung. Der (von Henle entdeckte) Demodex folliculorum ist als harmloser Schmarotzer zu betrachten, ebenso der manchmal vorhandene Flaschenbazillus; die Aknebazillen, die in Form kommaförmiger grampositiver Stäbchen auftreten, werden von manchen Autoren (Stein, Ketron und Brown) als Ursache der Verhornung bzw. der entzündlichen Veränderungen betrachtet. Die Züchtung dieses Bazillus gelingt auf Glucoseaggar unter anaeroben Bedingungen. An Kokken findet man am häufigsten den weißen Staphylococcus, W. N. Goldschmidt konnte bei eingehenden Untersuchungen auch eine Reihe goldgelber oder brauner, gelegentlich zitronengelber Staphylokokkenstämme isolieren[1]).

Schließlich sei noch angeführt, daß durch chemische Einflüsse Veränderungen hervorgerufen werden können, die klinisch von der Acne vulgaris nicht zu unterscheiden sind. Als solche Stoffe sind in erster Linie die Halogene (Jod, Brom, Chlor) zu nennen; die Akneformen

[1]) Ramel betrachtet einen Teil der Fälle von Acne pustulosa als Ausdrucksformen einer milden hämatogenen Tuberkulose; als Beweis dient ihm der Befund säurefester Stäbchen im Eiter sowie im Urin, die bei Meerschweinchen Impftuberkulose hervorrufen (bestätigt von Kren, Löwenstein, Ullmann).

nach Einwirkung von Teer, Ölen, Metall- und Mehlstaub, bei denen wohl die mechanische Verlegung der Talgdrüsenmündungen die Hauptrolle spielt, gehören in das Gebiet der Gewerbedermatosen.

Als besondere Arten sind die *Acne conglobata* und die *Acne suffodiens* anzuführen, beides chronische Krankheitsbilder. Bei der ersteren handelt es sich um eine fast ausschließlich Männer betreffende Affektion, beginnend mit großen Comedonen, die durch Druckatrophie unregelmäßige Narben bedingen. Durch Infektion der veränderten Follikel kommt es zu konfluierenden Knoten, die mächtige, zum Teil keloidartige Narben hinterlassen. Die Acne suffodiens ist auf dem behaarten Kopf lokalisiert und gekennzeichnet durch serpentinenartig verlaufende dicke Infiltrate und Abszesse, die sehr hartnäckig sind und meist klinischer Behandlung (Inzisionen, Pyrogallusvaseline 2—5%ig, Reizkörpertherapie, Röntgenbestrahlungen) bedürfen.

Auch die *Acne necroticans* s. varioliformis ist in ätiologischer Hinsicht von der gewöhnlichen Akne abzugrenzen, obwohl eine Beziehung zur Seborrhoe vorliegt. Das Leiden tritt in vorgerückterem Alter auf und beginnt mit flachen, hanfkorngroßen hellroten Knötchen, deren Zentrum sich bald bräunlich verfärbt. Es kommt dann zur Entwicklung von Pusteln bzw. Nekrosen unter Borkenbildung, schließlich zum Einsinken der Papeln unter die Hautoberfläche und Abheilung mit pockenähnlicher Narbenbildung.

Das Leiden ist besonders an der Stirnhaargrenze und deren Umgebung lokalisiert, kann aber auch auf den behaarten Kopf und die Brust übergreifen. Der Verlauf kann sich unter Nachschüben über lange Jahre erstrecken. Ein besonderes Kontagium ist nicht nachgewiesen; in den Veränderungen sind nur Seborrhoebazillen, daneben der Staphylococcus aureus gefunden worden. Nach den Erfahrungen Bettmanns ist ein Zusammenhang mit Lichtwirkung anzunehmen; dafür spricht, daß die Verteilung auf die Geschlechter (früher bei Männern doppelt so häufig wie bei Frauen) sich infolge der Änderung der Frauenmode (Bubikopf, ausgeschnittene Kleider) ins Gegenteil verschoben hat. An Stelle der üblichen Behandlung mit Praecipitatsalbe und Arsenzufuhr genügt Anwendung einer starken Salizylschwefelsalbe. Fuß und Konrad erzielten mit Grenzstrahlenbehandlung gute Erfolge.

Anderweitige Hautaffektionen, die nach der bisherigen Nomenklatur noch der Aknegruppe eingereiht werden, stellen besondere Krankheitsbilder dar und gehören nicht in den Bereich unserer Darstellung, so die »Acne« cheloidea, urticata, cachecticorum.

Eine rationelle *Behandlung* der Acne vulgaris erfordert örtliche und allgemeine Maßnahmen. Als symptomatische Mittel kommen in Betracht häufige Seifenwaschungen, Dampfbäder, Gesichtsmassage;

selbstverständlich sind zunächst bestehende Pusteln und Abszesse zu eröffnen. Vorteilhaft sind desinfizierende Waschungen, z. B. mit Salizylseifenspiritus, Thymol-Ortizonspiritus (je 1%ig) u. a., ferner Gesichtswässer mit Zusatz von Kampfer, Resorcin, β-Naphthol oder Kal. carbon., wobei Konzentration und Zusammensetzung dem Einzelfalle anzupassen sind.

Ob es ratsam ist, die Mitesser durch Ausquetschen zu entfernen, ist zweifelhaft, da man danach nicht selten Verschlimmerung des Leidens beobachtet. Bei vorhandener Apparatur kann man die Comedonen mittels eines ganz feinen Stahlbohrers (Beutelrockbohrer), der an eine zahnärztliche Rotationsmaschine angeschlossen ist, herausheben. In manchen Fällen gelingt es, ganze Reihen von Comedonen dadurch zu entfernen, daß man eine Schicht Kollodium oder Zelloidin darüber streicht und eintrocknen läßt; wird die erstarrte Membran mit der Pinzette abgehoben, so haften die Comedonen an der Unterfläche. Die Unnasche Schule empfiehlt Pepsinsalzsäure-Dunstverbände (Pepsin. 3,0, Acid. hydrochl. 0,3, Glycerin. 30,0, Aq. dest. ad 300,0), die man nachts über anwenden läßt. Auch Seifen sind von Nutzen, z. B. die Krankenheiler Jodseife und die Afridolseife, deren Schaum man längere Zeit einwirken läßt. Die Pernatrolseife dient zum Bleichen der schwarzen Comedonenpfröpfe, wie man sie auch durch Salben mit Zusatz von Wasserstoffsuperoxyd oder Perhydrol (5—20%) erreichen kann. Als wirksames Mittel wird seit alters her der Schwefel angewandt, z. B. Sulf. praec., Resorcin, Acid. bor. pulv., Zinc. oxyd., Talc. Glycerin. aa. 5,0, Aq. dest. ad 50,0. Bei Acne dorsi ist die Sol. Vlemingkx vorteilhaft, auch Pinselungen mit konz. Kal. permang.-Lösung (Gumpert).

In hartnäckigen Fällen ist energische Schälbehandlung erforderlich, die man statt mit Schälpasten (5—10—20%ige Resorcinzinkpaste) und -seifen (Resorcin-Salicyl-Schwefelseife, deren Schaum man eintrocknen läßt) mit Ultraviolettbestrahlungen herbeiführen kann; diese werden auch in Form kurzer allgemeiner Reizbestrahlungen alle 1—2 Wochen nach Thedering angewandt. Gute Erfolge, wenigstens vorübergehend, lassen sich mit der filiformen Dusche erzielen, wodurch die Pusteln eröffnet werden und die Resorption der Infiltrate beschleunigt wird. Als ultimum refugium ist die Röntgenbehandlung zu betrachten, die nur mit größter Vorsicht anzuwenden ist, grundsätzlich nur am Rumpf. Der Vorteil besteht darin, daß in über der Hälfte der Fälle eine Dauerheilung erzielt wird, vor allem bei den papulösen und indurierten Akneformen. Die Filterung wird verschieden gewählt, je nach der Lage des Falles ½—3 mm Al.; ½ HED in 20—30 cm Abstand mit 14tägigem Intervall. Die Wirkung beruht nicht zuletzt auf einer Umstimmung des Hautorgans.

Eine solche läßt sich auch durch Reizkörpertherapie (Terpichin bzw. Olobintin, Yatren, Schwefelöl) herbeiführen. Günstig wirken auch mitunter Injektionen kolloidaler Metallpräparate (Mangan, Zink), während innerliche Zufuhr von Hefe (Bierhefe, »Levurinose«, »Trypto-ferm« u. a.) keinen besonderen Wert hat. Schmeidler empfiehlt Fermocyl, eine Verbindung von Hefe mit Pankreassubstanz, von der wir aber keinen deutlichen Nutzen gesehen haben. Damit kommen wir zu der Organotherapie. Die verschiedensten Drüsenpräparate sind zur Behandlung angewandt worden, so Eierstocks-, Hypophysen-, Schilddrüsen-, Nebennierenpräparate. Nach Holländer ist bei mageren anämischen Patienten mit dem Syndrom der Thyreotoxikose Darreichung von Nebennierenpräparaten angebracht, bei hyperämischen überernährten Patienten mit verringerter Tätigkeit der Schilddrüse sind Thyreoidinpräparate zu verordnen. Pulay rühmt das »Vallathen«, ein kompliziertes Organpräparat mit Zusatz von Schwefel und Magnesium.

Als diätetische Vorschriften sind geboten: Vermeiden scharf gewürzter Speisen und übermäßigen Fleischgenusses, Einschränkung von Fett- und Kohlehydraten und der Kochsalzzufuhr (ev. »Titro«-Salz), wenig Flüssigkeit, vitaminreiche Kost. Damit wird gleichzeitig die Neigung zu Verstopfung beseitigt, so daß sich Abführmittel meist erübrigen. Von solchen sind nötigenfalls Bitterwasser, Kissinger Pillen, Paraffin, Normacol, Regulin zu verschreiben. Neißer verabreichte Schwefelpräparate, z. B.: Pulv. rad. rhei., Sulf. praec., Magnes. carbon. aa. 10,0 (messerspitzenweise). Manche Autoren empfehlen auch Dickdarmspülungen. Mitunter ist eine vollständige Änderung der Ernährungsweise (vegetarische Kost) von guter Wirkung.

Über die Erfolge der Vaccinebehandlung lauten die Angaben nicht einheitlich. Wir haben ebenso wie andere Autoren von den fabrikmäßig hergestellten Staphylokokkenvaccinen nicht viel Gutes gesehen. Dagegen ist die Eigenimpfstoffbehandlung bei den rezidivierenden pustulösen Formen häufiger von Nutzen. Von mancher Seite (Engmann u. a.) wird über günstige Wirkung von Vaccinen berichtet, die aus dem Aknebazillus hergestellt sind. Daß Aufenthalt im Gebirge und an der See, hauptsächlich infolge der Strahlenwirkung, die Akne zu bessern vermag, bedarf keiner Hervorhebung. In dieser Hinsicht sind auch die Schwefelbadeorte, namentlich bei kombinierter Behandlung (Trinkkur, Bäder, Schwefelschlamm) von gutem Einfluß.

b) Schweißdrüsen.

Von den Störungen der Schweißsekretion beansprucht nur die *Hyperhidrosis* kosmetisches Interesse, während die Behandlung der sekundär vermehrten Schweißabsonderung, wie man sie bei Infektionskrankheiten, bei Nervenleiden, bei Basedow usw. antrifft, nicht in unser Gebiet gehört. Generalisierte Hyperhidrosis kommt am ehesten bei psychisch labilen Personen vor und bedarf entsprechender Therapie. Ein weit häufigeres Übel bildet die lokalisierte Hyperhidrosis, wie sie besonders an Händen, Achselhöhlen und Füßen als lästig empfunden wird. Erwähnt sei noch die Erfahrung, daß Glatzköpfige an der Kopfhaut und im Gesicht stark zu schwitzen pflegen; der Fettgehalt der Absonderung läßt auf eine Kombination mit Seborrhoe schließen.

Abgesehen von der subjektiven Beeinträchtigung, führt die vermehrte Schweißabsonderung nicht selten infolge Mazeration der Epidermis zum Auftreten von Rhagaden und Hautentzündungen. Besonders unangenehm ist die Bromidrosis, bedingt durch Fermentation des stagnierenden Schweißes infolge der Undurchlässigkeit des Schuhwerks.

Bei der *Behandlung* ist zunächst das Augenmerk auf zweckmäßige hygienische Maßnahmen zu lenken. Vermeiden eng anliegender Kleidung, häufiger Wäschewechsel. Tragen von Schweißblättern ist zu widerraten, da es Hautreizungen herbeiführen kann (statt dessen event. Watteeinlagen). Von inneren Mitteln sind Atropin und Agaricin oft wenig wirksam, dagegen ist ein Versuch mit Salbeitee (auch in Form des »Salvysat«) zu empfehlen. Gegebenenfalls ist roborierende Allgemeinbehandlung, z. B. Eisenarsen-Lebertran-Kur, angebracht.

Die örtlichen Maßnahmen bestehen in Bädern bzw. Waschungen mit adstringierenden Mitteln, so mit Essigwasser (1—5 : 100), essigsaurer Tonerde, Alaun (1 Eßl. auf eine Waschschüssel) bzw. Eichenrindenabkochung (200 g auf 1 l), Formalin (1 Tl. auf 2 l). Nachheriges Einstreuen mit: Acid. salic. 3,0, Amyl. trit. 10,0, Talc. Ven. ad 100,0 oder einem der fabrikmäßig hergestellten Schweißpuder (Vasoform-, Lenicet-, Fissanschweißpuder usw.), womit man in leichten Fällen schon Beseitigung erzielt. Bei schweren Formen wird pulverisierte Weinsäure (Acid. tartaric.) bzw. Borsäure mit Nutzen angewandt. Bestehende Erosionen müssen vorher abgeheilt sein. Bei Bromidrosis lasse man Bäder mit Zusatz von Kal. permang. machen. Zur Gerbung der Haut dienen Pinselungen mit 10%iger Chromsäurelösung bzw. 20—40%iger Formalinlösung, auch in spirituöser Form: Formaldehyd. sol. (40%ig) 15—25,0, Spir. Colon. s. camphor. 20,0, Spir. vin. ad 200,0), eine Verordnung, die an allen Körperstellen anwendbar ist. Ferner ist Einstreuen der Strümpfe und Schuhe erforderlich, bei Handschweiß empfiehlt sich auch nachts Tragen von Trikothandschuhen, die man innen mit Salizylpuder oder Tannoform 10,0—30,0, Talc. Ven. ad 100,0 bestreuen läßt. An den

Füßen kann man auch Pinselungen mit Jodtinktur vornehmen lassen, 7—10 Tage lang zweimal täglich, dann einmal täglich.

Nur in seltenen Fällen wird man zur Röntgenbehandlung[1]) schreiten müssen, die natürlich ein Radikalmittel darstellt, aber mit besonderer Vorsicht auszuführen ist (Dosis 8—9 H durch 4 mm Al., in Abständen von 4—6 Wochen 2—5 mal wiederholen). Bei Überdosierung besteht die Gefahr, einen zu starken Grad von Trockenheit an den bestrahlten Hautstellen hervorzurufen.

Anschließend ist noch auf die von Jadassohn (1901) als *Granulosis rubra nasi* beschriebene seltene Affektion hinzuweisen. Diese äußert sich, hauptsächlich bei Kindern, in Form einer unscharf begrenzten entzündlichen Rötung, von der sich dunkelrot gefärbte, bis stecknadelkopfgroße isolierte Knötchen abheben. Dabei besteht gleichzeitig Hyperhidrosis, beruhend auf einer angeborenen Hyperplasie der Schweißdrüsen. Heilung ist leicht durch Röntgenbestrahlung erzielbar (6—7 H unter 4 mm Al., 3—4 Sitzungen), auch schwindet das Leiden mit der Pubertät.

8. Kosmetik der Haare.

Nach dem hübschen Vergleich von Unna-Bloch verhalten sich in ästhetischer Beziehung die Haare zur Haut wie die Vegetation zur Landschaft; der normal entwickelte Haarwuchs gehört zum Musterbild des Menschen und verleiht dem Kopf erst ästhetischen Charakter. Somit ist es verständlich, daß teilweiser oder völliger Haarverlust (und ebenso überflüssige Haare) vom Kulturmenschen als störendes Übel empfunden werden und daß man dauernd auf der Suche nach Mitteln zur Erhaltung und Förderung des Haarkleides ist, obschon dieses für das Allgemeinbefinden ja nicht sehr wesentlich ist.

Der Gesamtbestand an Kopfhaaren beim Erwachsenen mit blonden oder braunen Haaren beträgt im Durchschnitt 100—150 000, bei Rothaarigen beträchtlich weniger. Unter normalen Verhältnissen wächst ein Haar täglich um 0,3—0,8 mm, anfangs schneller, dann etwas langsamer. Nach dem Absterben verbleibt es noch einige Zeit im Follikel, bis es durch das nachrückende neue Haar gleichsam hinausbefördert wird. Der Haarwechsel verzieht sich normalerweise ganz allmählich fast ohne Verringerung des Bestandes (Pinkus). Der tägliche physiologische Haarausfall schwankt bei den einzelnen Individuen innerhalb weiter Grenzen und betrifft im Mittel etwa 50 Haare, nach dem Waschen doppelt so viel. Bei akut-krankhaftem Haarausfall, z. B. nach Fieberschock, kommt es zu vorzeitigem Absterben der langen Haare

[1]) Deren Wirkung auf die Schweißdrüsen ist zuerst von Buschke und Schmidt festgestellt worden.

und an den überlebenden infolge des zeitweisen Aussetzens der Follikeltätigkeit zum Auftreten der Pohl schen Marken (dünner pigmentarmer Stellen im Haarschaft von 1—10 mm Länge).

Die quantitativen Einzelheiten des Haarausfalls hat Pohl-Pinkus genauer untersucht, indem er das Zahlenverhältnis der ausfallenden jüngeren Haare zu den älteren bestimmte. Dies ist bei kurzer Haartracht (Männer, Frauen mit Bubikopf) leicht möglich, weil die »Scherenhaare« ein quer zugestutztes Ende zeigen, während die jüngeren »Spitzenhaare« nicht die Spur der Schere aufweisen. Der gewöhnliche Quotient von 1 : 17 bis 1 : 12 steigt bei krankhaftem Haarausfall auf 1 : 10 bis 1 : 5 und darüber, so daß sich die progressive Abnahme des Längenwachstums daraus ersehen läßt. Praktisch geht man in der Weise vor, daß man die an drei aufeinanderfolgenden Tagen ausgekämmten Haare sammeln läßt und die Scherenhaare bzw. die unter 16 cm langen von den übrigen sondern läßt; beträgt ihre Zahl mehr als 1/4 des Gesamtausfalls, so ist ein Haarleiden anzunehmen. Allerdings warnt Gumpert davor, diese Meßmethode bei psychisch alterierten, besonders weiblichen Patienten vorzunehmen, weil das Zählen der Haare zu einer Manie ausarten kann, aus der sich Depressionszustände entwickeln können.

Als Grundlage für eine erfolgversprechende Therapie des Haarschwundes und für die Beurteilung der Behandlungsaussichten ist eine möglichst genaue Kenntnis der Ursachen vorauszusetzen. Wir wissen, daß die Beschaffenheit und die Lebensdauer des Haarkleides von rassischen und konstitutionellen Bedingungen stark abhängig sind. Während die ersteren hier außer Betracht bleiben können (hinzuweisen ist nur auf den üppigen Haarwuchs der farbigen Völker), ist von konstitutionellen Faktoren die Funktion des endokrin-vegetativen Systems von größter Bedeutung. Auf die Beziehungen des Haarkleides (Ausbildung, Differenzierung) zur normalen und pathologischen Tätigkeit der innersekretorischen Organe ist bereits im allgemeinen Teil hingewiesen worden. Experimentelle Untersuchungen haben zu der Annahme geführt, daß der Sympathicus als Innervationsnerv für die Haare zu betrachten ist. In Übereinstimmung mit dieser Auffassung stehen die Ergebnisse Buschke s und seiner Schule über die epilierende Wirkung des Thalliums. Von weiteren allgemeinen Ursachen des Haarausfalls sind anzuführen: Unterernährung, Anämie, Intoxikationen (z. B. Hg, As), ferner die toxischen Einwirkungen im Gefolge von Infektionskrankheiten, weiterhin nervöse Störungen; unter den lokal schädigenden Einflüssen ist neben entzündlichen und zu Narbenbildung führenden (z. B. Lupus erythematodes, Röntgenatrophie) sowie infektiösen Prozessen (Pilzerkrankungen u. a.), vor allem die Seborrhoe anzuführen.

Bevor wir auf die verschiedenen Formen des Haarausfalles eingehen, möchten wir einige Bemerkungen über die *Pflege des normalen Haares* vorausschicken. Die Kämme dürfen nicht zu eng sein und sollen aus Horn, Hartgummi u. dgl. bestehen, auch die Haarbürsten sollen kein Stahl enthalten, da sonst eine Reizung des Haarbodens bewirkt wird. Zweckmäßig sind Bürsten mit mittelweichen, nicht zu langen Borsten. Kamm und Bürste sind allwöchentlich gründlich zu reinigen. Unvorteilhaft ist das regelmäßige Scheiteln der Haare an derselben Stelle, da dieses dort erfahrungsgemäß kürzer und lichter wird. Das Schneiden der Haare ist wohl als wachstumfördernder Reiz zu betrachten, doch kann das Rasieren der Nackenhaare Schädigung hervorrufen (Dermatitis). Brennen macht die Haare durch Austrocknen brüchig, Ondulieren führt ebenso wie straffes Wickeln durch Dehnung an der konvexen Seite zum Knicken und Bersten der Haare, wobei blondes Haar mehr gefährdet ist als schwarzes. Insbesondere ist das Verfahren der Dauerwellung nur mit größter Vorsicht auszuführen. Was die Kopfbedeckung betrifft, so beeinträchtigen schwere und eng anliegende Hüte bei Männern die Ernährung der Kopfhaut.

Die Reinigung der Haare durch Waschungen muß sich nach dem Fettgehalt der Kopfhaut richten. Bei normaler Haarbeschaffenheit genügt bei Männern einmal wöchentliche Waschung, bei Frauen sind größere Abstände einzuhalten. Die Wahl der Seife ist wegen der kurzen Dauer der Einwirkung ziemlich gleichgültig, zweckmäßig ist vorheriges Anfeuchten mit schwacher Natrium bicarbonicum-Lösung. Das Haar soll sorgfältig mit erwärmten Tüchern abgetrocknet und danach unbedeckt der Luft ausgesetzt werden; elektrische Trockenapparate machen die Haare leicht brüchig. An das Waschen kann man eine Nachspülung mit Essigwasser oder Abreibung mit alkoholischer Lösung anschließen, wodurch das Trocknen beschleunigt wird. Stellt sich danach ein Spannungsgefühl der Kopfhaut ein, so ist diese mit Öl oder einer der gebräuchlichen Brillantinen oder Pomaden einzufetten.

Als traumatische Schädigungen, bedingt durch Waschmittel, harte Bürsten, Brennen u. dgl. betrachtet Sabouraud zwei nicht seltene Anomalien des Haarwachstums, die *Trichoptilosis* und die *Trichorrhexis nodosa*. Erstere besteht in einer Aufspaltung des Haares an den Enden und wird begünstigt durch allzustarkes Entfetten (häufiges Waschen mit Soda, Ammoniak, Borax), kann aber auch im Gefolge verschiedener Hautleiden (Psoriasis, Ekzem, Seborrhoe usw.) auftreten. Bei der Trichorrhexis nodosa handelt es sich um die Bildung eigentümlicher Knötchen im Haarschaft, die unter der Lupe wie zwei ineinandergesteckte Pinsel aussehen und zum Abbrechen der Haare führen. Polland nimmt an, daß hierbei mechanische Reize eine Ursache abgeben, indem z. B. durch starkes Bürsten die Haarrinde aufgerissen wird, wobei die herausquellende Haarsubstanz austrocknet und sich auffasert, was allerdings nur bei sehr fettarmem und sprödem Haar vorkommen wird [1]).

Um die Haare glatt und glänzend zu machen und vor Staub und Feuchtigkeit zu schützen, werden Fette angewandt, hauptsächlich Olivenöl, Süßmandelöl, Klettenwurzelöl. Diese sollen rein und nicht ranzig sein, eine Forderung, der die Fabrikpräparate im allgemeinen entsprechen. Dies gilt aber nicht von den Haarwässern, die meist überflüssig sind und zum Teil Hautentzündungen hervorrufen können. Die Bubikopffrisur erfordert, um voluminös zu erscheinen, häufiges Entfetten der Haare mit einem geeigneten Kopfwasser, z. B.: Bals. Peruv. 5,0, Resorcin 3,0, Spir. vin. ad 200,0.

Unter den verschiedenen Arten des Haarausfalles haben wir zwischen *angeborenen* und *erworbenen Alopecien* zu unterscheiden. Die ersteren — Atrichien bzw. Hypotrichien — haben in praktisch-therapeutischer Hinsicht nur geringes Interesse. Es handelt sich dabei um eine meist familiär vorkommende Mißbildung, die diffus oder regionär, ausnahmsweise umschrieben angeordnet, auftreten kann. Gewöhnlich kommt es in späteren Lebensjahren bei der diffusen kongenitalen Haarlosigkeit (wobei für den Ausfall des fötalen Haarkleides kein Ersatz gebildet wird) doch noch zu mehr oder weniger vollständigem Haarwachstum. Die Prognose hängt davon ab, ob die im Zeitpunkt der ersten Haaranlage eingetretene Störung zu einer Aplasie oder Umbildung des Follikelapparates geführt hat oder ob nur eine Funktionshemmung desselben zugrunde liegt (Buschke). Eine erst zur Zeit der Geschlechtsreife in Erscheinung tretende Form der angeborenen Atrichie ist der teilweise oder völlige Mangel der Bart- oder Schnurrbarthaare, wobei gleichzeitig eine Atrophie des betreffenden Muskelabschnittes vorliegt (Schein). Auch sonst ist die kongenitale Atrichie bzw. Hypotrichie vielfach mit anderweitigen Entwicklungsstörungen vergesellschaftet, so Nagel- und Zahnanomalien, Hyperkeratosen, Naevi, Keratosis pilaris, Monilethrix u. a. m.

Die beiden letzten Leiden, von denen die Keratosis unter den Verhornungsanomalien der Haut besprochen ist, stehen in enger Beziehung und können auch nebeneinander vorkommen. Bei der (seltenen) *Monilethrix* oder Aplasia moniliformis, die hauptsächlich auf dem behaarten Kopf lokalisiert ist, sind die Haare zwar vorhanden, aber von abnormer Beschaffenheit. In regelmäßigen Abständen findet man Einschnürungen und spindelartige Auftreibungen der sehr trockenen und gewöhnlich kurzen Haare, die dadurch perlschnurartiges Aussehen zeigen.

[1]) Kurz erwähnt sei hier noch die Erscheinung der *Trichotillomanie* (Hallopeau), die fast nur bei psychopathischen Individuen, auch Kindern beobachtet wird. Hierbei besteht an behaarten Körperstellen ein so quälender Juckreiz, daß die Betroffenen sich nur durch Ausreißen der Haare Erleichterung zu verschaffen glauben. Natürlich muß man etwa vorhandene lokale Ursachen ausschließen (Pediculosis, umschriebene Neurodermitisherde, Pruritus auf der Grundlage einer Toxikomanie: Alkoholismus, Morphinismus, Kokainismus).

Man führt diese Erscheinung auf periodenweise wechselnde normale und wieder abgeschwächte Tätigkeit der Haarmatrix zurück. In einem solchen Fall haben wir nach Epilation mittels Thallium bei einem Kind vorübergehende Entwicklung eines normalen Haarkleides beobachtet. Bei den angeborenen Alopecien kann man versuchen, durch Organotherapie, namentlich bei Störung der Keimdrüsenentwicklung, einen Erfolg zu erzielen.

Ferner kommen tonisierende Mittel (Eisen, Arsen) und örtliche wachstumsanregende Reize (Quarzlampenbestrahlungen, Massage, Einreiben spirituöser Wässer) in Betracht. Haartransplantation (Kromayer, Székely) ist praktisch kaum von Nutzen.

Von den erworbenen Alopecien hat die *Alopecia senilis* die geringste Bedeutung, insofern sie nach dem 50. Lebensjahre gewissermaßen als physiologischer Vorgang zu betrachten ist, der allerdings durch konstitutionelle Momente, Lebensweise usw. beeinflußt wird. Der Haarausfall beginnt gewöhnlich auf der Mitte des Scheitels, wo sich die Haare allmählich lichten und durch dünnere Wollhaare ersetzt werden. Diese fallen früher aus als die normalen Haare, schließlich erfolgt kein Wachstum mehr und es bleibt eine umschriebene kahle Stelle mit atrophischer Haut zurück. Der Prozeß schreitet peripher langsam fort, bis mit der Zeit eine größere haarlose Fläche erscheint, die einen mehr oder minder großen Bezirk der mittleren Schädelpartie einnimmt, aber immer von einem Kranz normaler Haare umsäumt bleibt.

Diese eigenartige Verlaufsweise kennzeichnet auch die sog. *Alopecia praematura*, welche in den meisten Fällen die seborrhoische Alopecie einschließt und wegen ihrer Häufigkeit im mittleren Lebensalter die davon Betroffenen meist in ärztliche Behandlung führt. Eine scharfe Abgrenzung dieser beiden Krankheitsgruppen ist nicht durchführbar, zumal die Seborrhoe eine ziemlich regelmäßige Begleiterscheinung des vorzeitigen Haarausfalles bildet; immerhin gibt es es Fälle, in denen eine solche nicht nachweisbar ist. Man hat daher versucht, die Entstehungsweise der Alopecie auf mechanischem Wege zu erklären, wobei auch die Erfahrungen über familiäres Vorkommen der Glatzenbildung maßgeblich waren. Die Grundlage der ererbten Disposition hat man in den anatomischen Verhältnissen der Schädelhaut gesucht, und zwar haben Schein und Pohl-Pinkus darauf hingewiesen, daß durch die Zugwirkung des Musculus epicranius (Biceps cranii, M. frontalis et occipitalis) die von der Stirn bis zum Hinterhaupt reichende Zone einer gewissen Anspannung ausgesetzt ist, die unter bestimmten Umständen (besondere Schädelform, starke Ausbildung des M. frontalis) dazu führen kann, daß die Blutversorgung und damit Ernährung des Haarbodens in diesem Bezirk infolge Kompression der Gefäße durch die straff anliegende Schädelhaut beeinträchtigt wird. Daß es bei Frauen nur ausnahmsweise zur Glatzenbildung kommt, wird damit zu erklären versucht, daß beim weiblichen Geschlecht einerseits der M. frontalis schwächer ausgebildet ist, andererseits ein geringeres Schädelwachstum vorliegt.

Eine andere Auffassung der Glatzenbildung hat R. O. Stein entwickelt, und zwar geht er dabei aus von einem früher nicht beachteten scheinbar sekundären Geschlechtsmerkmal. Die Haargrenzlinie, die beim Kinde und bei Frauen lebenslänglich einem kontinuierlichen, von den Ohren zur Stirnhöhe ziehenden Bogen entspricht, ändert sich beim männlichen Geschlecht in der Pubertät dergestalt, daß sie sich in Form eines annähernd rechten Winkels zurückzieht. Diese Calvities frontalis adolescentium (»Geheimratsecken«) bedeutet nach Stein eine »keimplasmatisch festgelegte Minusvariante des männlichen Haarkleides«. Buschke und Gumpert haben aber zeigen können, daß diese Winkelbildung auch bei Männern mit einwandfreiem Sexualcharakter oft fehlt und umgekehrt bei Frauen und sogar Säuglingen anzutreffen ist, so daß die Auffassung als sekundäres Geschlechtsmerkmal nicht unbedingt aufrechtzuerhalten ist. Jedenfalls werden die wertvollen Analogieschlüsse Steins zur Glatzenbildung davon nicht berührt.

Von äußeren Einflüssen wird von der Volksmeinung der üppigen Lebensweise eine Rolle bei der Glatzenentstehung zugeschrieben, und es ist auch nicht von der Hand zu weisen, daß Ausschweifungen verschiedenster Art, aber auch geistige und körperliche Überanstrengungen, den Haarschwund begünstigen können. Dessen wesentlichste Ursache bildet aber, wie bereits erwähnt, die Seborrhoe. Bis vor wenigen Jahrzehnten galt die seborrhoische Alopecie als typisches Männerleiden, das in seinen charakteristischen Zügen bereits von den antiken Ärzten geschildert wird. Aber in unserer Zeit ist der seborrhoische Haarausfall auch beim weiblichen Geschlecht in ständiger Zunahme begriffen, eine Erscheinung, die Bloch bereits 1908 (!) auf die fortschreitende Amerikanisierung unseres Wirtschaftslebens bezogen hat, während neuerdings die Bubikopffrisur dafür mitverantwortlich gemacht wird.

Das Leiden beginnt meist schon in der Pubertät und macht sich anfangs durch mehr oder minder starken Juckreiz und durch Schuppenbildung bemerkbar. In der Regel vollzieht sich das Fortschreiten äußerst langsam, abgesehen von den seltenen Formen akuter seborrhoischer Alopecie, die im Gegensatz zu der gewöhnlichen auf umschriebene Stellen beschränkt bleiben. Bei der eigentlichen Alopecia seborrhoica können außer der Kopfhaut auch andere behaarte Körperstellen befallen werden, so die Augenwimpern (Blepharitis marginalis), die Augenbrauen, die Bartgegend usw.

Nach der anatomischen Erklärung Unnas geht die Überfunktion der Talgdrüsen einher mit abnormer Verhornung (Parakeratose), die sich in die Haarwurzelscheiden fortsetzt, wodurch der Blut- und Säftezufluß zu den Haaren gehemmt und deren Ernährung gestört wird. Die histologischen Veränderungen sind geringfügig. Im Beginn des Prozesses ist die Epidermis völlig normal, die Cutis zeigt entzündliche Veränderungen, ausgehend von den Gefäßen; diese sind erweitert und von einem lockeren Zellinfiltrat aus Leukocyten und Plasmazellen umgeben. In voll entwickelten Fällen ist die Epidermis streckenweise hyperkeratotisch, namentlich an den Follikelmündungen. An anderen Stellen findet man Parakeratose, der eine Auflockerung (Schuppenbildung) entspricht, mit zahlreichen Mikroben zwischen den Hornmassen, denen aber keine ätiologische Rolle zukommt.

Zum objektiven Nachweis des Grades des Haarausfalles dient die oben erwähnte Zählmethode nach Pohl-Pinkus. Dabei ist hervorzuheben, daß die Prognose des seborrhoischen Haarausfalles um so günstiger ist, je früher die Behandlung einsetzt. Wichtig ist zunächst die Prophylaxe, die durch zweckmäßige Haarpflege erreicht wird, insbesondere ist darauf im Verlaufe von Infektionskrankheiten zu achten. Stoffwechselstörungen, unzweckmäßige Lebensweise, bei Frauen Irregularitäten der Sexualsphäre, bedürfen entsprechender Maßnahmen. Inwieweit bestimmte Diät das Haarwachstum zu beeinflussen vermag, bedarf noch der Prüfung. Von inneren Mitteln kommt dem Arsen eine haarfördernde Wirkung zu.

Die lokale Behandlung hat zunächst für Entfernung der Schuppenauflagerungen durch regelmäßige Waschungen zu sorgen. Dazu dienen Seifenlaugen, flüssige Teerseifen, bei sehr fettiger Kopfhaut können gelegentlich Seifenspiritus und Petroläther verordnet werden. Von den Heilmitteln der Seborrhoe steht an erster Stelle der Schwefel, auch in Form der organischen Verbindungen anwendbar. Neuerdings wird das von L. Kaufmann dargestellte Sulfoform, das Schwefel in statu nascendi abspaltet, bevorzugt; die gleiche Wirkung entfaltet das »Papillantin«-Schering. An weiteren Mitteln stehen uns Salizylsäure, Resorcin (Euresol), Teerpräparate (Anthrasol, Liq. carb. deterg.), Borsäure, Tannin, Kampfer zur Verfügung.

Bei der »trockenen« Seborrhoe sind Salben mit derartigen Zusätzen zu verordnen, z. B. Ac. sal. 2,5, Sulf. praec. 5,0, Ol. Ricin. 3,0, Vasel. flav. ad 50,0; brauchbar ist auch die bekannte rote Schwefelsalbe, ferner das Sulfur-Physiol. Als neuere bituminöse Stoffe sind »Cehasol« und »Thiosept« anzuführen. Die Salbeneinreibung erfolgt jeden zweiten Tag in die Kopfhaut mit einem Pinsel oder besser mit dem Finger, wobei man zweckmäßig das Haar in eine Anzahl von Scheiteln zerlegt.

In Fällen fettiger Seborrhoe wird man entweder eine fettlose Salbengrundlage (z. B. »Ebagil«) verwenden oder den Schwefel in Puderform auftragen lassen, z. B. Sulf. praec. 5,0 (Ac. bor. pulv. 5,0), Amyl. oryz. ad 20,0; als Fertigfabrikate kommen der Sulfodermpuder (Heyden) und der Fissanschwefelpuder in Betracht. Die Kopfhaut wird zweimal wöchentlich damit eingepudert, am nächsten Morgen abgebürstet und mit 2%igem Resorcin- oder Salizylspiritus abgewaschen.

Derartige sprituöse Haarwässer werden in mannigfacher, leicht zu variierender Zusammensetzung angewandt. Bei trockener Kopfhaut empfiehlt es sich, Fett in Form von Rizinusöl (1—2%), evtl. auch Glyzerin hinzuzufügen oder nachträglich Einreiben mit Haaröl vornehmen zu lassen. Da Zusatz von unlöslichem Schwefel für Haarwässer nicht in Betracht kommt, sind die organischen Verbindungen oder Ol. Sulfoform. als Ersatz zu verordnen, auch das »Thiopinol«-Kopfwasser ist brauchbar (mit und ohne Fett hergestellt). Von weiteren Stoffen sind außer den bereits erwähnten noch anzuführen: Chloralhydrat, Tannobromin, Empyroform (fast geruchloses Teerpräparat), Acid. tartaric., Epicarin, Menthol, Thymol (die letzten beiden besonders juckstillend, Bestandteile des »Eiswassers«). Bei hellem Haar muß man auf Anwendung von Thiol, Thigenol, Ichthyol (statt dessen Eutirsol), Resorcin (statt dessen Euresol), Tannin, Tannobromin und Empyroform (statt dessen Liq. carb. deterg.) verzichten. Zur Geruchsverbesserung dienen meist Lavendelspiritus oder Kölnisches Wasser. Von hautreizenden Stoffen werden Kantharidentinktur, Tct. Capsici, Captol (auch in Salbenform) bevorzugt. Auch Pellidol hat wachstumfördernde Wirkung und wird entweder als Pomade oder in alkoholischer Lösung (»Eucrinol« nach Polland) verordnet. Nachstehend seien einige Vorschriften für Haarwässer gegeben: Ac. salic., Recorcin alb. aa 3,0 (Menthol 1,0), Ol Ricin. 2,0, Spir. dil. ad 200,0; Resorcin. 2,0, Spir. camphor. 20,0, Spir. Lavand. Spir. dil. aa ad 200,0: Ac. tannic. 6,0, Thiol. liq. 10,0, Spir. Lavand. 30,0, Alkoh. abs. ad 200,0; Chinin. ydrochl. 0,1, Spir. dil. ad 100,0 (adde Ol. Chypr. gtt. 4). Brauchbar ist auch das nach der Vorschrift Brucks hergestellte »Alpecin«, welches Teer, Schwefel, Salicylsäure, Chinin, Thymol und Menthol mit Zusatz von Duftstoffen enthält.

Energischer wirkt: Tct. Cantharid., Tct. Capsic. aa 2,0, Thymol 0,5, Ol. Ricin. 3—5,0 Alkoh. abs. ad 200,0. Juster empfiehlt Kupfersulfat in Form von Eau d'Alibour, Thedering Einreiben mit 20%igem Thigenolglycerin 1—2 mal wöchentlich, Abschäumen mit Teeseife. Über den therapeutischen Wert des cholesterinhaltigen »Trilysin« gehen die Ansichten stark auseinander. Das von Pohl-Pinkus eingeführte Haarwasser (Sol. Natr. bicarb. 3,0/170,0 Spir. camphor. oder Spir. Lavand. Glycerin. aa ad 200,0) ist durch die vorstehenden neueren Mittel verdrängt worden. Auch die an der Lassarschen

Klinik geübte Haarkur, die hauptsächlich in Waschungen mit Teerseife und Einreiben schwefelhaltiger wachstumfördernder Salben besteht, ist wegen der Umständlichkeit dieser Behandlungsart allgemein verlassen worden.

Die *Alopecia areata* (Area Celsi) stellt die häufigste Form des umschriebenen Haarschwundes dar und ist dadurch gekennzeichnet, daß ganz plötzlich, ohne Vorangehen von Reizempfindungen, eine oder mehrere kahle Stellen auftreten. Die Erkrankung beginnt meist auf dem Kopf und bleibt auch gewöhnlich dort lokalisiert, selten werden der Bart und noch seltener die Augenbrauen und andere behaarte Körperstellen befallen. Ausnahmsweise kommt es zu rascher Ausbreitung über die ganze Körperoberfläche: Alopecia totalis (Area Celsi maligna). Die erkrankten Bezirke zeigen kreisförmige oder mehr ovale Begrenzung; die Haare in diesem Bereich fehlen entweder völlig oder aber es sind einzelne, leicht ausziehbare Haare bzw. Haarstümpfe vorhanden. In den Randteilen findet man, entsprechend dem peripheren Fortschreiten des Leidens, Haare, die am freien Ende meist pinselartig aufgefasert sind; sie nehmen nach der Wurzel zu an Dicke ab und verlieren dabei zunehmend an Glanz und Farbe, bis sie schließlich mit dem Bulbus ausfallen oder leicht und schmerzlos ausgezogen werden können. Durch Vergrößerung der einzelnen kahlen Stellen und Konfluieren derselben kann bogenförmige Begrenzung eintreten oder aber eine ringförmig um den behaarten Kopf herum verlaufende kahle Zone entstehen, so manchmal bei Kindern (Pelade en couronne). Auffallend ist, daß der Haarboden keine nennenswerten Veränderungen aufweist; nur zeigt sich bisweilen im Beginn eine leichte Rötung und ödematöse Schwellung, später wird die Haut der befallenen Stellen glatt, glänzend, mit vermehrtem Fettpolster und — infolge der erweiterten Follikelmündungen — siebähnlichem Aussehen. Außerdem kommen an den kahlen Flecken leichte Sensibilitätsstörungen (Kältegefühl, Hyper- und Hypästhesien) zur Beobachtung.

Der Verlauf ist wechselnd. Gewöhnlich bilden sich die Herde innerhalb mehrerer Wochen bis zu Monaten zurück, indem die Haare, anfangs meist depigmentiert und lanugoähnlich, langsam vom Zentrum aus beginnend, wieder hervorsprießen. In schweren Fällen tritt eine solche Heilung erst nach Jahren oder überhaupt nicht ein (namentlich bei den generalisierten Formen) und ist vielfach nicht von Dauer, da Rezidive sowohl während des Regenerationsprozesses als auch nach Abschluß desselben, selbst viele Jahre später, erfolgen können.

Über die Entstehungsweise der Alopecia areata sind eine Reihe von Theorien aufgestellt worden. Von Interesse ist das Hineinspielen epidemiologischer Faktoren. Das Leiden ist am häufigsten in Frankreich anzutreffen, dann folgen England, Amerika, Deutschland, Österreich und Rußland; auch in Japan ist die Erkrankungsziffer verhältnismäßig hoch. Männer sind etwa doppelt so oft betroffen wie Frauen; die größte Häufigkeit betrifft das 4. Lebensjahrzehnt, doch kann die Alopecia areata in jedem Alter, besonders auch in der Pubertät, auftreten. Beobachtungen über Familienendemien sowie über gehäuftes Vorkommen haben die Annahme einer infektiösen Entstehungsursache nahegelegt, die aber den Nachprüfungen nicht standgehalten hat. Bemerkenswert ist die Mitteilung Rutherfords über epidemieartiges Vorkommen im Besatzungsgebiet während des Krieges, besonders bei jugendlichen weiblichen Personen. Hierbei haben wohl neben Unterernährung psychische Einwirkungen eine auslösende Ursache gebildet, wie ja auch bei Kriegsteilnehmern nach schweren Traumen (Trommelfeuer, Verschüttungen) von Galewsky gehäuftes Auftreten von Alopecia areata festgestellt worden ist.

Daraus geht hervor, daß nervöse Einflüsse eine wichtige Rolle in der Entstehungsweise des Leidens spielen, wobei die Wirkung wohl auf dem Wege über den Sympathicus vor sich geht. Für die Auffassung einer trophoneurotischen Störung sprechen die Versuche von Max Joseph, der bei Katzen durch Durchschneidung des 2. Spinalganglions herdförmige Alopecie an korrespondierenden Stellen des Kopfes hervorrufen konnte. Smith sowie Saalfeld fanden nach Durchtrennung des Halssympathicus stärkeres Wachstum der Ohrbehaarung. Dagegen konnten Wright und Harkins in einer klinischen Beobachtung feststellen, daß die Unterbrechung der gesamten sympathischen Nervenversorgung der Kopfhaut ohne Einfluß auf das Haarwachstum blieb. Jacquet nimmt an, daß entzündliche Veränderungen der Zähne und ihrer Umgebung durch reflektorische Reizung von Nervenästen in den zugehörigen Bezirken, Haarausfall bedingen können.

Um eine einheitliche Auffassung zu gewinnen, erscheint es zweckmäßig, die Entstehungsweise der Alopecia areata unter dem Gesichtswinkel einer endokrin-sympathischen Störung zu betrachten.

Für einen Zusammenhang des Leidens mit innersekretorischen Normabweichungen sprechen eine Anzahl klinischer Beobachtungen, so von Lévy-Franckel, Buschke und Peiser, Lespinne u. a. m., und zwar hat man angetroffen: Dysthyreosen, Dysovarie, Impotenz bzw. Frigidität, Veränderungen an Nebennieren und Hypophyse, pluriglanduläre Insuffizienz.

Damit kommen wir zur Therapie, die mit Hormonpräparaten, so teils mit Schilddrüsensubstanz (Petersen, Montgomery u. a. m.), teils mit Keimdrüsen- und Hypophysenpräparaten, ferner mittels Röntgenbestrahlungen der Schilddrüse (Lévy-Franckel, Cottenot und

Juster) in einer Reihe von Fällen Erfolge aufzuweisen hat. In neuerer Zeit sind mit Grenzstrahlenbehandlung (Allgemeinbestrahlungen, 16 Felder mit 2×150 r, HWS = 0.02 mm Al) bei kreisförmiger und selbst totaler Alopecie ausgezeichnete Erfolge erzielt worden (Bucky). Daneben sind aber lokale, im wesentlichen hyperämisierende Maßnahmen nicht zu entbehren. Neben Massage der Kopfhaut kommt in erster Linie Quarzlampenbestrahlung in Betracht — die auch bei seborrhoischem Haarausfall vielfach nützlich ist —, besonders auch mit der Kromayer-Lampe, bis zur kräftigen Reaktion. Röntgenreizbestrahlungen bieten keine Vorteile, auch Spraybehandlung (Chloräthyl, Ätherspray, evtl. mit Zusatz von 1% Pellidol bzw. Sulfoform) ist geeignet, schließlich können auch Faradisation und Hochfrequenz herangezogen werden. Bequemer ist die Anwendung hautreizender Pharmaka, so Sublimat, Karbolsäure, Tct. Capsici; auch Jodtinktur und verdünnte Essigsäure leisten manchmal Gutes. Weiter kommen in Frage Naphthol und Pyrogallussäure, Chrysarobin bzw. Cignolin (letzteres am besten in Benzol oder Chloroform gelöst, 1/4 bis 1%ig), die aber nur bei dunklem Haar zu verordnen sind. Nicht zu unterschätzen ist auch die Bedeutung allgemeinhygienischer Maßnahmen (Hydrotherapie, Freiluftbehandlung, Kuraufenthalt in mittleren Höhenlagen).

Der Gedanke, gelöste Haarbestandteile innerlich oder lokal zur Behandlung des Haarausfalles heranzuziehen, ist zuerst von Zuntz verwirklicht worden. Das »Humagsolan« besteht aus Spaltprodukten des Keratins und soll auf dem Umwege über den Stoffwechsel dem Körper die Bausteine zur Haarbildung zuführen. Die Erfolge sind aber ziemlich unsicher; jedenfalls wird das Haarwachstum gerade an gesunden Stellen am meisten gefördert. Das Weidner sche »Silvikrin« enthält Spaltungsprodukte von Menschenhaaren, die nach Vorbereitung der Kopfhaut durch ein bestimmtes Waschmittel (Silvikrin-Shampoon) eingerieben werden. Polland u. a. berichten über günstige Erfahrungen. In ähnlicher Weise ist auch das »Detoxin« (das aus Schafhaaren hergestellt wird) anwendbar, mit dem der eine von uns (J.) durch intrakutane Einspritzungen — ausgehend von der Mitteilung Djoritchs, der Aolan injizierte — bei mehreren Fällen hartnäckiger Alopecia areata Regeneration der Haare erzielt hat.

Auf die verschiedenen Formen des *symptomatischen Haarausfalls* brauchen wir in dieser Darstellung nicht näher einzugehen. Hingewiesen sei nur auf die syphilitische Alopecie, die entweder als einfaches Schütterwerden der Haare (wie bei den akuten Infektionskrankheiten) oder in Form kleiner fleckförmiger Haarverluste, die besonders an Schläfen und Hinterhaupt lokalisiert sind, auftritt, und auch die Augenbrauen betreffen kann (»signe d'omnibus«). Die kausale Therapie wird durch die angegebenen örtlichen Maßnahmen unterstützt. Selbstverständlich ist bei der narbigen Alopecie und bei der seltenen Pseudopelade Brocq jegliche Behandlung aussichtslos; erwähnt seien aber die alten Versuche Hodaras (1898), der durch Implantation von Haarschnitzeln in Skarifikationsspalten der Cutis auf alten Favusnarben Bildung neuer Haarfollikel zu erreichen glaubte.

Der Vollständigkeit halber möchten wir noch die mangelhafte Ausbildung der Wimpern anführen, die gelegentlich Gegenstand kosmetischer Behandlung werden kann. Mme. Noel hat, ausgehend von Beobachtungen über Wachstumssteigerung der Wimpern nach Lidoperationen, ein Verfahren angegeben, welches diese Reizwirkung ausnutzt. In leichter Lokalanästhesie werden dicht unterhalb der Ansatzstelle der Wimpern mit einem feinen augenärztlichen Messer eine Reihe kleiner zarter Inzisionen ausgeführt, die bis zur Mitte der Epidermis dringen sollen. Es kommt zu einer geringfügigen, leicht zu stillenden Blutung; in der Nacht läßt man Kompressen mit physiologischer Kochsalzlösung auflegen, wonach sich eine feine Kruste bildet. Nach einigen Tagen ist keine Spur mehr zu sehen. Im allgemeinen kommt es in den folgenden Wochen zu deutlichem Längen- und Dickenwachstum der Wimpern.

Das

Ergrauen der Haare (Canities)

beruht auf dem Verlust des Haarpigmentes und bildet im allgemeinen eine physiologische Altersveränderung. Unter besonderen Verhältnissen so nach schweren psychischen Traumen, ist plötzliches Ergrauen der Haare mehrfach beschrieben worden [1]), ohne daß diese Mitteilungen der wissenschaftlichen Kritik standhalten können. Dagegen ist Ergrauen innerhalb weniger Wochen bei neurotischen Personen vereinzelt beschrieben worden (Bunnemann u. a.).

Vorzeitiges Ergrauen findet man nicht so selten im Gefolge von innersekretorischen Anomalien, so bei jungen Mädchen mit Menstruationsstörungen, ferner bei Basedow, auch bei manchen Nervenerkrankungen (Epilepsie, Hirntumor, Trigeminusneuralgie). Abels schreibt auf Grund eines kleinen Beobachtungsmaterials dem Nikotinabusus eine wichtige Rolle zu.

Die Vorgänge, welche dem Ergrauen der Haare zugrunde liegen, sind uns erst teilweise bekannt. Manche nehmen an, daß das Pigment

[1]) Wir führen als derartige Beobachtung aus der Literatur die von Théophile Gautier an seinem Freunde E. de Goncourt an, dessen Haare am Begräbnistage seines Bruders vor den Augen der Begleiter plötzlich weiß wurden. (Vgl. A. Delzant, Les Goncourt, Paris 1889, S. 180.) Die Historie berichtet, daß Thomas Moore und ebenso die Königin Marie Antoinette nach Verkündung ihres Todesurteils über Nacht ergraut seien.

während des Ergrauens gegen die Papille zurückströmt und dort in den Gewebssäften aufgelöst wird. Ehrmann vermutet, daß die Melanoblasten den Pigmenttransport von der Papille in das Haar einstellen. Nach der Auffassung Scheins hängt der Prozeß mit dem Pigmentverbrauch der Haare zusammen; je mehr Farbstoff die aus ein und derselben Papille stammenden aufeinanderfolgenden Haargenerationen aufgebraucht haben, um so rascher tritt die Entfärbung ein. Das plötzliche Ergrauen wird von einzelnen Autoren auf das Eindringen von Luft in den Haarschaft zurückgeführt.

Als kosmetische Maßnahme zur Behandlung des Ergrauens, wie sie zur Verdeckung dieses verräterischen Altersmerkmals oft gewünscht wird, steht uns nur die Färbung zu Gebote. Diese ist zwar Sache geschickter »Haarkünstler«, macht aber oft ärztliche Beratung wünschenswert. Die natürlichsten Färbungen, die sich aber immer nur auf die Epithelschicht erstrecken, sind mit schwarzfärbenden Mitteln zu erzielen. Stets ist vorher sorgfältiges Entfetten der Haare (Seifenwasser, 2%ige Soda- oder Ammoniaklösung) erforderlich; die Färbung erfolgt strichweise nach sorgfältigem Trocknen. Man wird bestrebt sein, eine allmähliche Färbung herbeizuführen, die etwa alle 4 Wochen erneuert werden muß, schon mit Rücksicht auf das nachwachsende helle Haar.

Vor allem ist auf Unschädlichkeit der angewandten Stoffe zu achten. Am ehesten zu empfehlen sind die pflanzlichen Färbemittel, von denen das gebräuchlichste die Henna ist (wasserlöslicher Farbstoff der gepulverten Blätter von Lawsonia inermis). Henna färbt die Haare (ebenso die Haut) fuchsrot; zur Erzielung dunkler Farbtöne ist Kombination mit Reng (Indigo) erforderlich. F. Winter empfiehlt Verbindung von Henna mit Eisenpulver und anderen anorganischen Substanzen, wodurch die Färbedauer abgekürzt wird.

Weniger empfehlenswert ist der Farbstoff frischer Nußschalen — Juglon —, schon wegen seiner leichten Zersetzlichkeit (Winter, Truttwin). Die im Handel erhältlichen Präparate enthalten auch meist keinerlei Nußsubstanz. Von weiteren vegetabilischen Mitteln ist das Hämatoxylin anzuführen, das in wäßriger Lösung zusammen mit einem Oxydationsmittel, z. B. Eisenchlorid, angewandt wird. Kamillenblüten benutzt man zum Aufhellen blonder Haare. Chinesische Tusche kommt nur zur Färbung der Augenbrauen und Wimpern in Betracht.

Unter den anorganischen Mitteln rufen Eisen- und Wismutpräparate in Verbindung mit Schwefel hell- bis dunkelbraune Färbungen hervor. Weit mehr angewandt werden Silberpräparate, allerdings nur zur Schwarzfärbung, meist in Form einer 5—10%igen Höllensteinlösung. Zu deren rascherer Reduktion — zweiteilige Haarfärbemittel — benutzt man eine 5%ige Lösung von Kal. sulfurat. oder Pyrogallol, das auch für sich allein benutzt werden kann, z. B. Ac. pyrogall. 12,0, Ac. citr. 1,0, Glycer. 30,0, Spir. vin. conc. 8,0, Aq. dest. ad 200,0 oder nach A. Strauß in Form von geschwefeltem (Thio-) Pyrogallol mit Cholesterinzusatz. Die Färbung mit Phenylendiaminderivaten [1]) — »Aureol«, »Eugatol«, »Primal« —, die durch Sulfurierung bzw. Zusatz von Reduktionsmitteln entgiftet sind, ist ziemlich umständlich und nicht besonders zuverlässig.

Zum Bleichen der Haare ist am geeignetsten verdünnte Wasserstoffsuperoxydlösung (3%ig), weniger 5%ige Kaliumpermanganlösung. Die Blondierung ist auf die Dauer schädlich, da sie die Haare brüchig macht, und bringt mit sich, daß bei Aussetzen der Behandlung lange Zeit hindurch eine häßliche Mißfärbung bestehen bleibt.

Hypertrichosis (Überbehaarung).

Bei den seltenen Fällen von angeborener Hypertrichosis universalis kommt es zu fellartigem Aussehen der Haut (»Hunde- und Löwenmenschen« der Jahrmärkte); es handelt sich um eine familiär vorkommende Mißbildung, die einer Behandlung nicht zugänglich ist. Ein weiteres seltenes Spiel der Natur bilden Frauen mit typischen langen Männerbärten. Im allgemeinen kommt übermäßige Behaarung erst nach der Pubertät zur Ausbildung; den geringsten Grad bildet das »Rassebärtchen« bei dunkelhaarigen Europäerinnen. Bei stärkerer Ausbildung kann das Bartwachstum sich dem männlichen Typus annähern, wobei die behaarten Hautfelder beiderseits vor den Ohren liegen, sich nach unten bis zur Gegend des Kieferwinkels und vorn bis zur Mitte der Wange erstrecken. Gleichzeitig findet man oft stärkere Behaarung der Sternalgegend, an den Warzenhöfen, Unterschenkeln, Schamgegend und Achselhöhlen. Diese Hypertrichose beruht nach den Beobachtungen Berblingers auf einem relativen Überwiegen der Nebennierenrinde (auch bei Tumoren derselben) gegenüber den Ovarien. Bekannt ist das Auftreten des »Altweiberbartes« im Klimakterium, dessen Ursachen noch nicht sicher geklärt sind. An anderen Körperstellen kann eine Hypertrichosis durch nervöse Einflüsse bedingt sein oder auch durch eine Wachstumsstörung der Haut, so die Hypertrichose längs der Wirbelsäule und in der Kreuzbeingegend bei Spina bifida. Natürlich können auch hyperämische Zustände verschiedener Art (durch Massage, Reiben, chemische und thermische Reize) umschriebene Überbehaarung zur Folge haben, wie man sie auch unter Gipsverbänden beobachtet.

[1]) Die reine Paraphenylendiamin-Verbindung (Ursol), die zum Färben von Pelzwerk verwandt wird, ruft nicht selten heftige Hautreizungen hervor.

Es bedarf keiner Hervorhebung, daß die Hypertrichosis bei Frauen, weit seltener bei Männern, eine erhebliche Entstellung bedeutet. Die Behandlung ist oft undankbar und mit gewissen Schwierigkeiten verbunden. Vorübergehende Beseitigung gelingt durch Abschneiden, Rasieren, an weniger empfindlichen Körperstellen auch durch Abreiben mit Bimsstein und Absengen. Das Herausreißen mit der Cilienpinzette kann zu Follikulitiden führen; die Verwendung des von Unna angegebenen Harzstiftes ist kaum mehr üblich. Die chemischen Ätzmittel, die meist in Form von Salben oder Pasten auf die Haut gebracht werden, bieten den Vorteil, daß dadurch eine größere Zahl von Haaren auf einmal entfernt werden kann, z. B. in der Achselhöhle. Als Grundlage dieser Depilatorien dienen die Sulfhydrate der alkalischen Erden — Barium, Strontium, Calcium, Natrium —, außerdem wohl als ältestes das Auripigment ($As_2 S_3$), auch in Verbindung mit Ätzkalk (z. B. Auripigment 5,0, Calc. hydrat. 20,0, Amyl. 15,0, Aq. calc. q. s. f. past. moll.). Die Wirkung kommt durch Auflösung der Hornsubstanz der Haare zustande, beim Auripigment (stark hautreizend!) werden durch die darin enthaltene arsenige Säure zuweilen auch die Follikel zerstört. Beispiele: Barii sulf., Zinc. oxyd. aa 25,0; Strontii sulf. 8,0, Zinc. oxyd., Amyl. aa 12,0; als Fabrikpräparat ist das Beiersdorfsche Depilatorium zu empfehlen.

Diese Enthaarungsmittel läßt man, zu Brei angerührt, so lange einwirken, bis sich leichtes Jucken oder Brennen der Haut einstellt (5—20 Min.); dann werden Paste und entfernte Haare mit einem stumpfen Messer oder Spatel abgeschabt, mit warmem Wasser nachgewaschen und eine indifferente Salbe aufgetragen. Allen diesen Mitteln haftet als unangenehme Eigenschaft ein übler Geruch (Schwefelwasserstoffbildung) an, der auch durch starke Zusätze, wie Bergamotteöl oder Zitronenessenz, kaum zu verdecken ist. Die Enthaarungscrèmes, die in Tuben in den Handel kommen, sind meist stark parfümiert; als reizlos wird die »Eva«-Crème empfohlen. Nach mehr oder weniger langer Zeit wachsen die Haare wieder nach, oft stärker als vorher.

Des weiteren ist von Gallois Wasserstoffsuperoxyd zur Epilation benutzt worden, wobei die Haare durch das Bleichen weniger sichtbar gemacht werden und schließlich abbrechen. Man verordnet am besten Perhydrol, entweder in Form von Umschlägen in Verdünnung 1 : 5—10 unter Luftabschluß (1—2 Stunden täglich) oder als Salbe: Perhydrol 3,0—5,0, Glycer. 5,0, Lanolin. anhydr. ad 20,0, die nachts aufgetragen wird; man kann außerdem tagsüber H_2O_2 10,0, Benzin., Aq. dest., Spir. aa ad 50,0 einreiben lassen oder die Pernatrolseife einschäumen lassen, auch in Verbindung mit dem Gebrauch eines Poliersteins. Bei Reizung indifferente Salbe (Zinkpaste o. dgl.).

Zur dauernden Entfernung einzelner Haare wurde früher die Elektrolyse bevorzugt[1]). Man benutzt dazu feinste sog. Pearl-Nadeln (Nr. 8), die nach Desinfektion der Haut mit dem stumpfen Ende längs des Haarschaftes eingeführt werden. Die von Kromayer empfohlenen gedeckten Nadeln besitzen einen isolierenden Lacküberzug, der etwa 2 mm von der Nadelspitze entfernt beginnt und die Oberhaut vor der Stromwirkung schützen soll. Man trifft in einer Tiefe von 0,3—1,5 cm auf

Abb. 4. Spezialhandgriff für Epilation (1 : 10).

den Follikel und läßt dann einen Strom von $^1/_2$—1—2 MA — je nach Länge und Stärke des Haares — 15—30 Sek. einwirken, wobei sich ein Schaumbläschen entwickelt und die Haut um das Haar sich etwas wölbt. Folgt nun das Haar auf leisen Zug der Cilienpinzette und zeigt es eine gequollene Wurzelscheide, so ist die Zerstörung gelungen, andernfalls muß die Prozedur wiederholt werden. In gleicher Weise geht man bei der Elektrokaustik vor, wobei an dem Handgriff ein Ansatzsstück zur Aufnahme der Nadel angebracht wird, oder man benutzt einen Spezialhandgriff (Abb. 4). Da das Gewicht des Kabels das präzise Arbeiten etwas erschwert, benutzt Bordier[2]) die zur Galvanisation gebrauchte Anschlußschnur (deren Isolierung ausreicht). Man verwendet nämlich ganz schwache (kaum meßbare) Ströme, die man $^1/_4$—$^1/_2$, höchstens

Abb. 5. Epilator nach Prof. Lanz (1 : 10).

1 Sek. einwirken läßt. Ein besonderer Unterbrecherapparat (Abb. 5) ist bei vorsichtigem Arbeiten nicht erforderlich; es empfiehlt sich aber, jeweils zur Beurteilung der Stromwirkung zuerst einige Haare an wenig sichtbarer Stelle, z. B. am Kinn, zu zerstören.

Bei beiden elektrischen Verfahren besteht die Möglichkeit der Ent-

[1]) Die Stanzmethode nach Kromayer hat keine Verbreitung erlangen können.

[2]) Dieser hat das Verfahren zuerst in die Praxis eingeführt (1923), und es ist bezeichnend, daß die darauf bezügliche Mitteilung damals von der Académie des Sciences abgelehnt wurde, da sie sich doch eher für ein Schönheitsinstitut eigne.

stehung kleiner Hautnekrosen, die zu unerwünschter Närbchenbildung führen kann. Auch können sich nach beendeter Epilationskur neue Haare in der Umgebung der entfernten entwickeln. Man soll daher in besonderen Fällen, z. B. bei Hypomenorrhoe, durch gleichzeitige Verordnung von Ovarial- bzw. Follikelhormon die Neigung zum Neuwachstum von Barthaaren zu unterdrücken suchen.

Die Anwendung von Röntgenbestrahlungen zur Dauerenthaarung ist aus den angeführten Gründen im Gesicht bedenklich. Aber auch am Rumpf sind hohe Dosen, durch die sich eine Verödung der Haarpapillen herbeiführen läßt, wegen der Nebenwirkungen und Gefahr von Schädigungen unbedingt zu widerraten. Die Epilation mittels Thallium, wie sie bei Kindern (mit Kopfpilzerkrankungen) ohne Schaden durchgeführt werden kann, kommt für Erwachsene nicht in Betracht, wohl auch kaum in Form der Iontophorese mit schwachen Lösungen, die zu allmählichem Haarausfall führt.

Erwähnt sei noch das operative Verfahren von Réthy, das sich für kleinere behaarte Naevi und für behaarte Hautstücke eignet, die zur Überpflanzung auf schwächer behaarte Bezirke bestimmt sind. Dabei werden nach Ablösung des behaarten Hautlappens die Haarfollikel von der Unterfläche her mit einem scharfen Skalpell gleichsam abrasiert. Es gehört allerdings große Übung dazu, um bei diesem Abschaben der Hautoberfläche keine Niveaudifferenzen hervorzurufen, die der behandelten Haut später ein hügeliges Aussehen geben.

9. Kosmetik der Nägel.

Bevor wir auf diese eingehen, seien einige Vorbemerkungen gegeben. Das dauernde Wachstum der Nägel, die doch auf der Unterlage völlig fest liegen, bezeichnet Heller als eines der größten Rätsel in der Onychologie; zur Erklärung hält er es für erforderlich, die (kolloidchemische) Lehre von der Thixotropie heranzuziehen, eine Theorie, die aber von anderer Seite (Halla) bezweifelt wird. Durchschnittlich kann man mit einem täglichen Wachstum von 0,1 mm rechnen, wenn auch Schwankungen in den verschiedensten Lebensaltern, in den einzelnen Jahreszeiten, bei Krankheiten usw. vorkommen. Die Elastizität und Widerstandsfähigkeit der Nagelsubstanz ist sehr verschieden, naturgemäß auch von äußeren Einwirkungen (z. B. häufiges Waschen) abhängig.

Was die Nagelpflege anlangt, so sei auf die Sitte asiatischer Völker hingewiesen, welche die Nägel möglichst lang wachsen ließen und durch besondere Futterale schützten. Die Griechen und Römer widmeten der Nagelpflege besondere Aufmerksamkeit. Die Notwendigkeit einer rationellen Nagelhygiene ist durch bakteriologische Untersuchungen begründet, welche ergeben haben, daß der Unternagelraum als eine Brutstätte für Mikroorganismen anzusehen ist.

Die Nägel sollen wenig gefärbt (die intensive Färbung mit Henna muß als Modetorheit bezeichnet werden), schön gekrümmt und nur so lang sein, daß der freie Nagelrand mit einer Breite von 3—4 mm in gleicher Höhe mit der Fingerbeere abschließt. Die Lunula soll gut und vom Nageloberhäutchen befreit hervortreten. Das Beschneiden soll mit einer nach der Fläche gekrümmten, nicht spitzen Schere erfolgen; bei gut gehaltenen Nägeln genügt Anwendung der Feile. Zur Entfernung des sich unter dem freien Nagelrand ansammelnden Schmutzes benutzt man zweckmäßig ein stumpfspitziges, elastisches Hölzchen (Evonymus, Pfaffenkäppchenholz); Nagelreiniger aus Stahl oder Elfenbein können leicht Verletzungen hervorrufen.

Auch die Beseitigung des Nageloberhäutchens kann mit einem solchen Hölzchen nach erweichendem Seifenbad erfolgen. Die chemischen Stoffe, die zur Entfernung empfohlen werden, enthalten meist Wasserstoffsuperoxyd in höherer Konzentration.

Bei mangelnder Pflege reißt das wachsende Nageloberhäutchen infolge Eintrocknung leicht ein. Diese Einrisse gehen auf die Haut der Nagelwälle über und geben Anlaß zur Entstehung der sog. *Nietnägel,* die häufig Eintrittspforten für Entzündungserreger darstellen. Erforderlich ist sorgfältiges Abschneiden der abgehobenen Epidermisfetzen und Verschluß der kleinen Wunde durch Kollodium oder Heftpflaster. Bekannt ist, daß durch unsachgemäße Nagelpflege, auch bei der gewerbsmäßigen Maniküre, nicht selten Infektionen (Paronychien) vorkommen, die schmerzhaften und langwierigen Verlauf nehmen können.

Zur Verbesserung von Glanz und Farbe der Nägel werden verschiedene Mittel empfohlen. Am einfachsten ist das Abreiben mit Essig, besser Zitronensaft oder verdünnter Mineralsäure (Salzsäure). Um den Glanz zu erhalten, wird die Nagelplatte täglich mit Lanolincreme abgerieben. Als Poliermittel dienen Nagelpulver, z. B.: Carmin. 0,2, Stann. oxyd. ad 15,0 oder Stann. oxyd., Pulv. lap. smirid., Talc., Ven. aa 5,0, Carmin. 0,2, Schimmelsches Puderparfüm gtt. 1; auch feinstes Holzmehl wird dazu verwandt, ferner Pasten, z. B. Glycerin, 4,0, Carmin 0,2, Magn. ust. ad 15,0, auch Zinnoleatpulver (Leistikow). Dabei nimmt man ein Lederkissen (Polissor) zu Hilfe. Außer diesen Mitteln kommen noch Lacke (Zaponlack) zur Anwendung, deren fortgesetzter Gebrauch die Nägel aber spröde und brüchig machen kann. Zur Beseitigung von weißen Flecken im Nagelkörper gibt es kein sicheres Mittel, versuchsweise kann man die Nägel überziehen lassen mit: Pic. Terebinth. aa 15,0, Sal. culin., Kal. sulf. aa 8,0, Acet. 10,0.

Die normale Ausbildung der Fußnägel wird durch das moderne Schuhzeug stark beeinträchtigt. Neben übermäßigem Längen- oder Dickenwachstum sowie falscher Wachstumsrichtung bildet der *eingewachsene Nagel* ein praktisch wichtiges Leiden, begünstigt durch enge Schuhe, Plattfuß, Abschneiden der Nagelecken. Zur Verhütung empfiehlt Paschkis, den Großzehennagel nach vorn etwas konkav zu schneiden. Bei der Behandlung kommt man meist mit konservativem Verfahren aus. Zunächst ist durch Bäder und feuchte Umschläge die Entzündung zu bekämpfen. Dann versucht man, am besten im Chloräthylrausch, den eingewachsenen Teil des Nagels mit der Myrtenblattsonde herauszuheben und durch untergeschobene Fremdkörper (Watte, Feuerschwamm) in eine andere Wachstumsrichtung zu bringen. Hartwich empfiehlt außerdem, den medialen Nagelfalz mittels eines Heftpflasterstreifens, der unter der Sohle zur Außenseite der kleinen Zehe verläuft, vom Nagelbett wegzuziehen. Erosionen am Rande sind mit Jodtinktur oder Arg. nitr. zu pinseln, ferner ist die verdickte Nagelplatte abzuschaben.

Bei Neigung zu chronischem Verlauf und starken Entzündungserscheinungen ist chirurgisches Eingreifen nicht zu umgehen. Heller erzielt mit der alten Dupuytren schen Technik relativ die besten Erfolge. Nach Harnuntersuchung (Diabetes!) und Jodpinselung lokale Anästhesie nach Oberst; alsdann dringt man mit einer festen spitzen Schere unter den erkrankten Nagel (etwa im ersten Drittel der Breite) bis zur Matrix, durchschneidet Nagelplatte und hinteren Nagelwall, faßt den Nagel mit einer starken Kornzange, biegt oben um und zieht ihn aus dem Falz heraus. Seitlich auf den Nagelwall führt man noch einen Schnitt, der den ersten trifft. Der umschnittene Hautlappen wird mit Pinzette und Schere entfernt. Kompressionsverband. Bei starken Wucherungen am Nagelbett ist Ätzung erforderlich. — Mitunter genügt die partielle Entfernung der Nagelplatte, wobei natürlich weit schnellere Regeneration erfolgt.

Verunstaltungen der Nägel können beruhen auf endogenen Ursachen, lokalen Erkrankungen benachbarter Hautbezirke sowie auf unsachgemäßer Pflege. Erblich bedingte Störungen des Nagelwachstums sind recht selten und dann meist mit Haardystrophien vergesellschaftet. Auf den Zusammenhang mit Endokrinosen ist bereits hingewiesen worden. Ernährungsstörungen des Organismus können die Nägel in Mitleidenschaft ziehen: Querfurchenbildung. Solche kann auch bei fieberhaften Infektionskrankheiten (Typhus, Grippe, Gelenkrheumatismus, Scharlach, Masern, Tuberkulose, Malaria) auftreten; ferner können Intoxikationen, z. B. durch Hg, As, Wachstumshemmungen der Nägel im Gefolge haben. Bei ausgedehnten Dermatitiden, so nach Salvarsan, sind die Nägel ebenfalls beteiligt, bei chronischem Ekzem, bei Schuppenflechte, bei Lichen ruber usw. findet man Riefen, Furchen und Tüpfelung der Nägel, manchmal auch subunguale Hyperkeratosen. Bei höheren Graden von Längsfurchung kann es zu Spaltungen und Abbröckelungen des freien Nagelrandes kommen (*Onychorhexis*). Die eigentlichen Nagelerkrankungen, so die durch Pilze hervorgerufenen, gehören ebenfalls der Dermatologie an.

In kosmetischer Hinsicht sind zunächst die traumatischen Veränderungen bedeutsam. Mechanische Insulte, vornehmlich Quetschungen, führen zu Zerreißung der Gefäße der Nagelwurzel und des Nagelbettes; besonders bei Hypertonie kann es schon nach geringfügigen Traumen zu solchen Blutungen kommen. Die Blutaustritte schimmern als entsprechend große dunkle Flecke durch, während die Nagelplatte sich im allgemeinen nicht mit Blut imbibiert. Bei Blutungen in die Matrix kommt es zur Abstoßung des Nagels, meist aber tritt langsame Resorption des Extravasates ein, nachdem dieses die bekannten Farbveränderungen durchgemacht hat, auch rückt es mit dem Wachstum des Nagels ganz allmählich vor.

Farbenveränderungen der Nägel primärer Art können auf Vermehrung des Rassenpigmentes (so bei Farbigen) beruhen. Bei schwerem Ikterus erscheinen die Nägel gelb-grünlich, aber nur infolge Durchscheinens der Haut. Es handelt sich also um eine sekundäre Farbenveränderung, wie sie auch bei Gefäßstörungen zu beobachten ist. Naturgemäß können durch exogene Einwirkungen mannigfache Verfärbungen der Nagelsubstanz entstehen. So kommt es bei Silberarbeitern zu Dunkelfärbung der Nägel, bei Anilinarbeitern zu einer eigentümlich dunkelbläulichen Verfärbung, Formalin bewirkt braune, Pikrinsäure grünliche Verfärbung, bei Bäckern und Maurern beobachtet man weißliche Verfärbung, bei Bleiarbeitern Schwarzfärbung durch Schwefelblei usw. [1]). Bekannt ist die Gelbfärbung der Nägel (und Fingerkuppe) bei Zigarettenrauchern.

Anschließend führen wir die *Leukonychie* an (Leucopathia ungium), eine Erscheinung, die zu allen Zeiten die Aufmerksamkeit der Ärzte und Laien erregt hat. Recht häufig findet man punktförmige An-

[1]) Überhaupt findet man in einer ganzen Reihe von Berufszweigen zum Teil charakteristische Veränderungen der Nägel infolge mechanischer oder chemischer Einflüsse, so bei Uhrmachern, Seilern, Wäscherinnen usw. Als traumatische Schädigung ist auch das *Nagelknabbern* zu erwähnen, eine triebhafte Störung, die bei schwach begabten Kindern ziemlich häufig beobachtet wird, sich aber bis ins Alter — auch bei sonst normalen, gut begabten Menschen — erhalten kann und naturgemäß zu mehr oder weniger starker Beeinträchtigung des Nagelwachstums und -aussehens führt. Therapeutisch ist psychische Beeinflussung sicherlich mehr am Platze als lokale Maßnahmen (Einpinseln mit Chininlösung bzw. Abkochung von Quassia).

ordnung (L. punctata), selten streifenförmige oder auf die ganze Platte ausgedehnte (L. striata bzw. totalis). Diese Weißfärbung beruht auf dem Eindringen von Luft und der totalen Reflexion des auffallenden Lichtes an den Luftbläschen, die zwischen den Nagelzellen liegen. Häufige Ursache bilden Traumen, die bei der Nagelpflege eintreten. Streifenförmige Leukonychie wird meist auf trophische Störungen zurückgeführt, bei der noch selteneren L. totalis liegen konstitutionelle Ursachen zugrunde (familiäres Vorkommen), manchmal neurologische Störungen, auch lokale Schädigungen, so langdauernde Einwirkung von Salzwasser (bei Fleischern, Delikateßwarenhändlern) können dazu führen.

Unter *Hapalonychie* versteht man die Erweichung der Nagelsubstanz (»Eierschalennägel«) infolge lokaler Schädigung, z. B. hochgradiger Schweißsekretion. Häufiger ist die *Onycholysis*, Ablösung der Nägel vom Nagelbett, so bei Wäscherinnen als Gewerbekrankheit (Oppenheim). Der Prozeß beginnt stets am freien Rande und schreitet nach dem hinteren Nagelwall zu fort. Zur Behandlung empfiehlt Heller heiße Handbäder und Einpinseln der Nägel mit: Anthrasol. 10,0, Ac. sal. 3,0, Ol. oliv. 20,0 oder Ac. sal. 5,0, Resorcin 3,0, Glyc. 10,0, Spir. 25,0, ferner Einwickeln mit Pflastermullen, welche Teer, Salizyl, Ichthyol in starker Konzentration enthalten.

Die von Heller als *Koilonychie* bezeichnete Aushöhlung der Nägel ist im Zusammenhang mit Haaranomalien beobachtet worden, bildet aber in den meisten Fällen ein Symptom eines lokalisierten Nagelekzems. Noch seltener wird *Onychatrophie* beobachtet, meist wohl auf angeborener Grundlage. Die *Onychogryphosis* — exzessive krallenartige Wucherung der Nägel — hat eine unklare Pathogenese und erfordert symptomatische Behandlung (Bäder, Abschneiden mit Knochenschere, erweichende Pflaster).

Schriftennachweis.

Werke in Buchform und zusammenfassende Darstellungen:

Arzt, L. und H. Fuß: Röntgenhauttherapie. Wien-Berlin 1925 (Jul. Springer).

Buschke, A. und Joseph, A.: Klimato- und Balneotherapie bei Haut- und Geschlechtskrankheiten. Ztrbl. Hautkrkh. 32, 529, 1930.

— Hautkrankheiten und innere Sekretion. Ther. Gegenw. 1931 H. 2—3.

— Acne. Neue dtsch. Klin. I, 31, 1927.

— Umstimmungsbehandlung bei Haut- und Geschlechtskrankheiten. Hippokrates 3, H. 2, 1930.

Buschke, A. und Peiser, Bruno: Alopecie. Neue dtsch. Klin. I, 299, 1928.

Darier, J.: Précis de dermatologie. Paris 1928 (Masson & Cie).

Fuhs und Konrad: Grenzstrahlenhauttherapie. Berlin 1931 (Urban & Schwarzenberg).

Gans, O.: Histologie der Hautkrankheiten. Berlin 1928 (Jul. Springer).

Gumpert, Martin: Die gesamte Kosmetik. Leipzig 1930 (Georg Thieme).

Handbuch der Kosmetik, herausgegeb. v. Prof. Max Joseph, Leipzig 1912 (Veit & Co.).

Hartwich: Moderne Kosmetik. Leipzig u. Stuttgart 1927 (Konegen).
Hoffmann, C. A.: Mediz. u. chirurg. Diathermie b. Hautkrht., kosmetischen Affektionen u. Geschlechtsleiden. Ztrbl. Hautkrkh. 31, 1, 1929.
Heller, J.: Die Krankheiten der Nägel. Hdb. d. Haut- u. Geschlechtskrkh. Bd. 13 2, 1927 (Jul. Springer).
Joseph, A.: Kosmetik. Neue dtsch. Klin. V, 1930.
Kirchberg: Massage u. Gymnastik im Dienste der Kosmetik. Leipzig 1929 (Thieme).
Kowarschik, J.: Die Diathermie, 6. Aufl. Berlin-Wien 1928 (Jul. Springer).
Kren, Otto: Kosmetische Winke, Wien 1930 (Springer).
Kromayer, E.: Die Behandlung der kosmetischen Hautleiden, 2. Aufl. Leipzig 1929 (Thieme).
Nobl, G.: Der varicöse Symptomenkomplex. Ztrbl. Hautkrkh. 18, 1. 1926.
Paschkis: Kosmetik f. Ärzte, 5. Aufl. Wien-Leipzig, 1923 (Hölder).
Polland, R.: Der Haarausfall, seine Ursachen und Bekämpfung. Ztrbl. Hautkrkh. 23, 601, 1927.
Pinkus, F.: Einwirkung v. Krankheiten auf das Kopfhaar, 2. Aufl. Berlin 1928 (Karger).
Saalfeld: Kosmetik, 6. Aufl. Berlin 1922 (Springer).
Stein, R. O.: in: Chirurgische und konservative Kosmetik des Gesichtes. Berlin-Wien 1931 (Urban & Schwarzenberg).
Stern, E.: Die Anfänge des Alterns. Leipzig 1931 (Thieme).
Truttwin, Hans: Grundriß der kosmetischen Chemie. Braunschweig 1930 (Vieweg & Sohn).
Unna-Bloch: Die Praxis der Hautkrankheiten. Berlin-Wien 1908 (Urban & Schwarzenberg).
Wolf, Max: Pathogenese und Therapie der Varizen. Ztrbl. Hautkrkh. 37, 561, 1931.

Einzelveröffentlichungen:

Abels, Hans: Med. Klin. 28, 75, 1932. Abramowicz, I.: Ref. Ztrbl. Hautkrkh. 39, 47, 1931. Archambault, G. et A. Marin: Presse méd. 1931, 1095. Bames: Volkswohlfahrt X, 282, 1929. Bordier, H.: Amer. Journ. Physic. Ther. 8, 273, 1932. Böhmer, L.: Med. Welt 5, 266, 1931. Bruck, C.: Med. Welt 5, Nr. 44, 1931. Buschke, A. u. Loewenstein, L.: Med. Welt 4, 573, 1930; Med. Klin. 1930, 1590. Busse, Leop. J.: Ztschr. f. physik. Ther. 42, H. 1, 1932. Greenbaum, S. S.: Arch. of Derm. 23, 1064, 1931. Halla, F.: Klin. Wschr. 11, 158, 1932. Herlyn, K.-E.: Der Chirurg 4, 64, 1932. Hirsch, Max: Dtsch. med. Wschr. 1929, 828. Holtz, F. u. Th. v. Brand: Klin. Wschr. 11, 108, 1932. Holzapfel: Derm. Wschr. 1612, 1928. Kapp: Derm. Wschr. 104, 1927. Katz, R.: Derm. Wschr. 93, 1223, 1932. Kirschner, M.: Klin. Wschr. 9, 725, 1930. Lerner, Ch.: Physic. Ther. 47, 394, 1929. Merdinger, O.: Med. Klin. 25, 1929 Nr. 52. Milian, G. et L. Brodier: Paris méd. 22, 1932, 45. Probst, J. H.: Ref. Ztrbl. Hautkrkh. 35, 336, 1931. Ramel, E.: Bull. Soc. Franç. de Derm. 1930, 1193. Reisner, A.: Röntgenpraxis 1932, H. 1. Saalfeld, U.: Fortschr. Ther. 1930 Nr. 21. Schrader: Dtsch. med. Wschr. 1929, 1267. Siemens, H. W.: Münch. med. Wschr. Nr. 37, 1926. Stoeltzner: Münch. med. Wschr. 2133, 1925. Strauß, A.: Derm. Wschr. 1931, 174. Unna u. Fey: Derm. Wschr. Nr. 9, 1929. Weeks and Mueller: Surgery, Gynec. a. Obstetr. 1932, Nr. 1. Wucherpfennig, V.: Münch. med. Wschr. 786 u. 1885, 1929.

Geleitwort.

Wenn auch Kosmetik in der Chirurgie schon seit langer Zeit teils bewußt, teils unbewußt betrieben wurde, so hat doch gerade der Ausbau kosmetischer Operationen in den letzten dreißig Jahren einen solchen Umfang angenommen, daß es wünschenswert erscheint, eine zusammenfassende Darstellung derartiger Operationsmethoden zu geben, die dadurch noch wesentlich mehr berechtigt wird, daß die meisten, auch modernsten Lehrbücher der Chirurgie die kosmetischen Operationen nicht berücksichtigen. Natürlich darf und soll in der chirurgischen Kosmetik nicht eine besondere Wissenschaft erblickt werden; sie muß ein Teil der Gesamtchirurgie bleiben, den Regeln und Gesetzen der Gesamtchirurgie unterworfen werden, um Gutes leisten zu können.

So ist es denn zu begrüßen, daß die chirurgische Kosmetik in dem vorliegenden Buche von einem Vollchirurgen geschrieben worden ist, der, mit der allgemeinen und speziellen Chirurgie vertraut, die kosmetischen Operationsmethoden kritisch betrachtet und mit vollem Verständnis zur Wiedergabe bringen kann.

Nachdem im allgemeinen Teil die wichtigsten Gesetze der allgemeinen Chirurgie, die besonders bei kosmetischen Operationen Berücksichtigung finden müssen, noch einmal hervorgehoben worden sind, ist es dem Verfasser gelungen, das schon fast übergroße Material übersichtlich zu ordnen, das wirklich Wertvolle in den Vordergrund zu stellen und zur Nachahmung zu empfehlen.

Ich wünsche der zusammenfassenden Darstellung die weite Verbreitung, die sie verdient.

E. Gohrbandt.

II. Chirurgische Kosmetik.

Von Dr. Werner Birkenfeld-Berlin.
Oberarzt der II. Chirurgischen Abteilung des Krankenhauses am Urban.
(Dirig. Arzt: Prof. E. Gohrbandt).

Wie im ersten Teile dieses Buches ausgeführt wurde, dient die Kosmetik nicht nur der Körperpflege zum Zwecke der Gesunderhaltung, sondern sie erstrebt auch die Beseitigung von angeborenen oder erworbenen, subjektiv oder objektiv unangenehmen und störenden Normabweichungen der äußeren Gestalt, die ihren Träger unter den Mitmenschen auffällig und in verschiedener Weise minderwertig erscheinen lassen. Ein großer Teil dieser Entstellungen kann, wie bereits gezeigt wurde, mit dermatologischen oder anderen konservativen Methoden erfolgreich behandelt werden; eine ganze Reihe weiterer, und zwar gerade der schwerwiegenderen, Entstellungen ist nun aber den konservativen Behandlungsweisen nicht zugänglich, so daß man in diesen Fällen auf einen chirurgischen Eingriff angewiesen ist, wenn man auch hier weitere Heilungsmöglichkeiten bieten will.

Geschichte der chirurgischen Kosmetik. Die operative Beseitigung von Entstellungen — die chirurgische Kosmetik — bildet das jüngste und verhältnismäßig schnell ausgebaute Betätigungsfeld der modernen Gesamtchirurgie. Von einer weitgreifenden historischen Entwickelung dieses Sondergebietes kann kaum gesprochen werden, obwohl einzelne Vorläufer, merkwürdigerweise in umgekehrter Richtung, festzustellen sind, indem bei einigen Völkern für schön angesehene Verunstaltungen geübt wurden, z. B. Schmucknarben bei einigen Naturvölkern Afrikas, die Verkrüppelung der Chinesinnenfüße u. a. m. Wohl haben in der allgemeinen Chirurgie schon seit langer Zeit kosmetische Gesichtspunkte Berücksichtigung gefunden (z. B. Operation der Hasenscharte u. a) und zahlreiche plastische Operationen sind zum Ersatz verlorener Glieder oder Körperteile angewendet worden (Ersatz der Nase bei den Indern vor mehreren Tausend Jahren und später vom Ende des 15. Jahrhunderts an in Italien durch Branca, Bojani, Tagliacozza u. a.), aber diese, an sich auch kosmetischen, Operationen werden in das umfassende Gebiet der »gesamten Wiederherstellungschirurgie« (Lexer) gerechnet. Von diesem z. T. alten Besitz der

Chirurgie soll in diesem Buche nicht die Rede sein, sondern wir wollen uns mit der eigentlichen chirurgischen Kosmetik, d. h. der Beseitigung von Entstellungen beschäftigen. Die Anfänge dieser Betätigung in Deutschland sind mit den hervorragendsten Namen der deutschen Chirurgie verknüpft; genannt seien: Dieffenbach, 1845, Verkleinerung der Nase und Plastik abstehender Ohren; Trendelenburg, 1889, Korrektur der Schiefnase, usw. Mit der letzten Jahrhundertwende setzt dann die hauptsächlichste Entwickelung der chirurgischen Kosmetik (Lexer, J. Joseph u. v. a.) ein, die aber erst unter den erschwerten Lebensbedingungen der Notjahre nach dem Weltkriege eine ungeahnte soziale Bedeutung und allgemeinere Verbreitung erlangt hat.

Indikationen der kosmetischen Operationen. Am häufigsten wird vom Arzte die Beseitigung solcher Entstellungen verlangt, die ihren Träger in seinem beruflichen Vorwärtskommen und in seiner Arbeitsfähigkeit behindern, z. B. Altersfalten in vielen weiblichen Berufen, hypertrophische Hängebrust bei Stenotypistinnen, Schauspielerinnen, Tänzerinnen usw. Andere Entstellungen rauben dem Träger jede Lebensfreude, indem sie eine sportliche Betätigung oder das Mitmachen der jeweiligen Kleidermoden unmöglich machen, z. B. Elephantiasis der unteren Extremitäten, ja sogar zu völliger gesellschaftlicher Isolierung und Vereinsamung führen. Manche Entstellungen sind im Volke in peinlicher Weise beleumundet, z. B. die Sattelnase, andere führen zu dauernden Witzeleien und Hänseleien durch die Mitmenschen, z. B. abstehende Ohren, deformierte Nasen usw. Eine weitere große Zahl von unscheinbareren Abnormitäten erfordern dringend eine Milderung oder Beseitigung, weil sie geeignet sind, ihren Träger in der Anbahnung und normalen Entwicklung von Liebesbeziehungen zu hemmen und dadurch auf Lebenszeit unglücklich zu machen. Solche Entstellungen, die mit psychischen Veränderungen des Patienten einhergehen, sind besonderer Beachtung wert. Gumpert unterscheidet in dieser Hinsicht vier Gruppen: 1. Psychische Veränderung (Minderwertigkeitsgefühle) durch die Entstellung; 2. Furcht vor Entstellung wegen ihrer sozialen Folgen; 3. Zusammentreffen von Entstellungen mit psychischen Veränderungen und deren Verschlimmerung durch die Entstellung (Steigerung von intellektuell begründetem Minderwertigkeitsgefühl) und 4. Entstellungsbewußtsein als Teil des psychotischen Wahnerlebens. Da für den Chirurgen die Beurteilung der gegenseitigen Bindung von tatsächlicher oder eingebildeter Entstellung und psychischem Zustand des Patienten Schwierigkeiten bereiten kann, ist es ratsam, in unklar und kompliziert liegenden Fällen die Hilfe eines Psychiaters in Anspruch zu nehmen, um den Patienten und auch sich selbst vor unerwünschten Folgen der Operation zu bewahren. Denn bei psychisch

Abnormen ist eine erfolgreiche Operation gegebenenfalls die Ursache ständiger neuer Operationswünsche, deren Berechtigung u. U. immer zweifelhafter wird; andererseits kann ein Mißerfolg der Operation zu schwerer Enttäuschung führen und somit sogar zur Verschlimmerung der Psychose beitragen. In den entsprechenden Fällen muß daher unter Mitwirkung eines Psychiaters die Indikation zu einer kosmetischen Operation mit besonderer Sorgfalt gestellt werden. Hierbei muß auch berücksichtigt werden, daß in einzelnen Fällen vielleicht auch die Ablehnung der Operation einen ungünstigen Einfluß auf den psychischen Zustand des Patienten ausüben kann.

Die Operation stellt also nicht nur die wirkungsvollste und radikalste, sondern andererseits auch die gefährlichste Waffe im Kampfe gegen die Entstellung dar. Es ist deshalb die Vornahme einer Operation nur dann erlaubt, wenn bei einer wirklich vorhandenen Entstellung nur auf diese Weise ein wesentlicher Erfolg zu erreichen ist und wenn das Operationsrisiko zu dem Werte des Erfolges in einem billigen Verhältnis steht. Unter gewissenhafter Prüfung dieser beiden Größen: Erfolgsicherheit und Operationsgefahr, soll die Sonderung der Fälle in operable und nicht operable vorgenommen werden.

1. Eine absolute Berechtigung zum chirurgischen Eingriff besteht, wenn eine offensichtliche Entstellung vorliegt, die durch eine ungefährliche Operation mit großer Sicherheit eines vollen Erfolges beseitigt werden kann.

2. Je nach Lage des Falles verschieden ist die Entscheidung, wenn eine offensichtliche Entstellung nur durch eine gewagte Operation und mit zweifelhaftem Erfolg behandelt werden kann.

3. Geringfügige Entstellungen sollen nur behandelt werden, wenn die Operation leicht und erfolgversprechend ist.

4. Wenn keine Entstellung vorliegt, muß selbstverständlich jeder operative Eingriff unterbleiben.

Verhältnismäßig einfach ist die Indikationsstellung bei 1, 3 und 4. Die größten Schwierigkeiten für eine richtige Beurteilung der Berechtigung und der Zweckmäßigkeit eines operativen Eingriffes bietet die Gruppe 2. Allgemeingültige Regeln lassen sich für diese Fälle kaum aufstellen, da viele sehr verschiedenartige Faktoren berücksichtigt werden müssen, wie Art der Entstellung, Art der erforderlichen Operation, Alter und soziale Stellung des Patienten sowie seine psychische Verfassung usw.

Gefahren der kosmetischen Operationen. Für den Entschluß zur operativen Behandlung einer Entstellung ist nun außer dem erreichbaren Erfolge noch die sorgfältige Abwägung der Gefahren der Operation von ausschlaggebender Bedeutung. Auf die richtige Einschätzung des psychischen Zustandes des Patienten wurde bereits hingewiesen. Eine weitere Gefahrenquelle liegt in der Person des Operateurs selbst beschlossen. Unbedingtes Erfordernis sollte sein, daß kein Arzt ohne gründliche chirurgische Ausbildung an kosmetische Operationen herantritt. Völlige Beherrschung der operativen Technik und unbedingte Vertrautheit mit den Regeln der Asepsis sollte selbstverständliche Vorbedingung sein. Aber nicht einmal jeder Vollchirurg darf sich ohne weiteres für befugt halten zur Ausführung von kosmetischen Operationen. Denn erst plastisches Verständnis und eine bestimmte künstlerische Begabung gepaart mit einer besonderen großen Spezialerfahrung geben die Gewähr für einen sicher und mit Regelmäßigkeit zu erwartenden Erfolg. Die Forderung von Passot ist daher durchaus beherzigenswert, daß die chirurgische Kosmetik, genau wie die Gynäkologie, Urologie und Orthopädie, als besonderes Spezialgebiet der Chirurgie anzuerkennen sei.

Als wichtigstes muß also festgehalten werden, daß falsche Technik des operativen Vorgehens die größte Gefahr für das Gelingen eines kosmetischen Eingriffes darstellt. Als weitere Gefahrenquelle ist die Möglichkeit einer Wundinfektion in Rechnung zu stellen, der zwar jede Operation in gleicher Weise ausgesetzt ist, die jedoch bei einer kosmetischen Operation, wo es auf eine primäre Wundheilung und spätere Unsichtbarkeit der Narben ankommt, von ganz besonders verhängnisvollen Folgen zu sein pflegt.

Alle weiteren Komplikationsmöglichkeiten einer kosmetischen Operation zu beschreiben, würde hier zu weit führen. Es sei daher nur noch auf einige wenige Punkte hingewiesen. Es ist wohl selbstverständlich, daß jeder Patient vor der Operation einer gründlichen allgemeinen Untersuchung unterzogen werden muß, um die Heilung gefährdende Leiden aufzufinden und vorher abzustellen, z. B. Hämophilie, Diabetes mellitus, Lues, ruhende Infektionsherde (bes. Mandelpfröpfe) usw. Falls eine Operation in Allgemeinnarkose notwendig ist, muß auf Leiden gefahndet werden, die eine postoperative Lungenkomplikation herbeiführen könnten, z. B. latente Lungentuberkulose, chronische Bronchitis usw. Die Mehrzahl der kosmetischen Operationen kann in örtlicher Betäubung ausgeführt werden. Zur Verminderung der Blutung bei der Operation wird dem Lokalanästhetikum gewöhnlich eine weitgehend wechselnde Menge Adrenalin oder Suprarenin zugesetzt. Die Menge des Adrenalins ist bei den kosmetischen Operationen möglichst zu beschränken, denn einerseits verhindert die Anämisierung der Gewebe einen sicheren Verschluß der kleinsten parenchymatösen Blutgefäße während der Operation und begünstigt dadurch nach Abklingen der Adrenalinwirkung die spätere Entstehung von Blutergüssen in der

Operationswunde. Andererseits schädigt bei empfindlichen Menschen ein stärkerer Adrenalinzusatz die Lebensfähigkeit der Gewebe so schwer, daß ausgedehnte Nekrosen auftreten und besonders Lappenplastiken zum Mißlingen gebracht werden (Halle, Gebele). Wir nehmen daher für plastische Operationen niemals mehr als 10 Tropfen einer 1‰igen Adrenalinlösung auf 100 ccm Anästhesielösung. Ferner soll man sich hüten, die Maximaldosen der erprobten Lokalanästhetika zu überschreiten oder neue, noch wenig bekannte Anästhetika für kosmetische Operationen heranzuziehen, da außer Gewebsschädigungen auch tödliche Allgemeinvergiftungen vorkommen können (Moser u. a.). Natürlich muß auch, wie in der Allgemeinchirurgie, vermieden werden, größere Anästhesiemengen fehlerhafterweise in ein größeres Blutgefäß gelangen zu lassen, wodurch gefährliche Vergiftungs- und Kollapserscheinungen hervorgerufen werden. Das wird dadurch verhütet, daß man die Injektionsspritze nur während des Spritzens im Gewebe vorschiebt, so daß die Gefäße durch die Flüssigkeit beiseitegedrängt werden.

Ferner sei darauf hingewiesen, daß nicht nur einzelne Menschen, sondern auch bestimmte Körperteile eine beträchtliche Disposition zur Bildung von Narbenkeloiden besitzen. Besonders gefährdet sind in dieser Beziehung: Kinn, die vordere Halspartie, die oberen Teile der Brust und der Oberarme. Soll in diesen Gegenden operiert werden, so ist es zweckmäßig zur Feststellung der Keloidneigung nach alten Narben zu suchen (Verletzungen, Furunkel u. dgl.) oder gegebenenfalls einen ganz kleinen Probeschnitt auszuführen (Passot). Ergibt sich bei dieser Prüfung eine besondere Keloidneigung, so soll die kosmetische Operation möglichst unterbleiben, oder zum mindesten muß der Bildung eines Narbenkeloids durch Radiumbestrahlung der frischen Wunde entgegengearbeitet werden (Dosierung s. Allgemeiner Teil Nr. 6).

Schließlich sei noch eindringlich vor der leichtfertigen Verwendung des Paraffins in der Kosmetik gewarnt. Nur die Anfangsresultate bei der Ausgleichung tiefer Falten und eingezogener Narben sind zufriedenstellend, später bilden sich häßliche bindegewebige knollige Tumoren, die Paraffinome, die nur sehr schwer beseitigt werden können. In der Mamma sind die Paraffinome nur auf operativem Wege von Karzinomknoten zu unterscheiden (Krohn). Nach der Behandlung der Sattelnase mit Paraffin wurde in zwei Fällen Erblindung gesehen (Körner, Joseph). Das Paraffin wird daher allgemein abgelehnt. Nur die Komplikationen nach Paraffinanwendung spielen noch in der Kosmetik eine Rolle (Passot). Ausnahmsweise kann in ganz besonderen Fällen die vorsichtige Verwendung kleiner Mengen Hartparaffin mit einem Schmelzpunkt von 65—70° (Eckstein) gerechtfertigt werden.

Unter genauer Berücksichtigung aller vorstehend aufgeführten Gesichtspunkte wird man nicht nur sich selbst in jedem einzelnen Falle einen genauen Operationsplan zurechtlegen, sondern auch dem Patienten, soweit angängig, Aufschluß geben über die Art des Eingriffes, die Art der Betäubung, den Umfang des voraussichtlichen Erfolges und vor allen Dingen über die etwa zurückbleibenden äußeren Narben. Besonders über den letzten Punkt ist eine Besprechung mit dem Patienten vor der Operation unerläßlich, da viele Patienten von den Operationsmöglichkeiten und -resultaten ganz phantastische Vorstellungen haben. Jedoch ist der Arzt nach Reichsgerichtsurteil nicht verpflichtet, den Kranken auf alle nachteiligen Folgen aufmerksam zu machen, die möglicherweise bei der angeratenen Operation entstehen könnten (Ebermayer). Am sichersten geht man, wenn man sich von dem Patienten einen Revers betreffs Einwilligung zur Operation und stattgehabte ausführliche Aufklärung über die geplante Operation unterschreiben läßt.

Allgemeiner Teil (Technik).

Die Technik einer kosmetischen Operation ruht auf den gleichen Grundlagen, wie sie aus der Allgemeinchirurgie allgemein bekannt sind. Nur das besondere Ziel einer kosmetischen Operation, eine Verbesserung der äußeren Körperform hervorzubringen, bedingt gewisse Abweichungen von unserem sonstigen operativen Vorgehen, die in dem besonderen Streben nach möglichst feinen und günstig liegenden und daher möglichst wenig auffallenden Narben begründet sind. Es soll daher im folgenden nur kurz auf die Besonderheiten der Technik bei einer kosmetischen Operation eingegangen werden.

1. Desinfektion. Wie bei jeder Operation, so muß auch für einen kosmetischen Eingriff eine sorgfältige Desinfektion und Säuberung des Operationsgebietes vorgenommen werden. Am besten nimmt der Kranke vor dem Eingriff ein Reinigungsbad, darauf werden an behaarten Körperteilen die Haare durch Rasieren entfernt; bei endonasalen Operationen werden die Vibrissae ganz kurz geschnitten. Die Entfernung von Komedonen ist nicht erforderlich. Dagegen dürfen Ekzeme intertriginöser und pustulöser Art in der Nähe des Operationsgebietes nicht vorhanden sein bzw. müssen vorher durch sorgfältige Behandlung zur Abheilung gebracht sein. Bei der Wahl des Desinfektionsmittels muß man darauf achten, daß man keinen Stoff nimmt, der eine besondere Tiefenwirkung in der Haut enftaltet oder empfindliche Haut zur Ekzembildung reizen könnte. Die offizinelle 10%ige Jodtinktur ist daher für kosmetische Operationen gänzlich ungeeignet; wenn man überhaupt Jodtinktur nehmen will, so darf die Lösung nur 1% oder höchsten 2% sein. Wir

begnügen uns im allgemeinen mit einer Waschung des Operationsgebietes mit 70%igem Alkohol und einer zweiten Waschung mit 1% Tanninspiritus oder 5% Thymolspiritus. Bei Epidermistransplantationen verzichten wir sogar noch auf die Alkoholanwendung und desinfizieren nur kurz durch Abwaschen mit 1‰iger Sublimatlösung oder auch nur mit einfacher Kochsalzlösung, um keine Schädigung der Lebensfähigkeit des Transplantates zu erzeugen. Die Desinfektion der Hände und die sterile Bekleidung des Operateurs sowie die Abdeckung des Operationsgebietes unterscheiden sich nicht von dem sonst üblichen Vorgehen.

2. Anästhesie. Für die meisten kosmetischen Eingriffe genügt örtliche Betäubung, die wir gewöhnlich mit ½% Novokainlösung ausführen. Zur Einschränkung der Blutung setzen wir aus den oben angeführten Gründen niemals mehr als 10 Tropfen der 1‰igen Adrenalinlösung auf 100 ccm Anästhesielösung zu. — Wenn für größere Operationen eine Allgemeinbetäubung erforderlich ist, wie bei der Operation der Hängebrust und des Hängebauches, so beginnen wir die Narkose gewöhnlich mit Chloräthyl und setzen mit Äther fort. Bei empfindlichen Patienten haben wir gute Erfahrungen mit der intravenösen Basisnarkose mittels Pernokton (Riedel) gemacht; wir injizieren ganz langsam bis zu höchstens 4 ccm der 10%igen Pernoktonlösung intravenös und erhalten damit in der Regel eine ausreichende Basisnarkose ohne jede Exzitation, die sich ohne jede Belästigung für den Patienten mit Äther vertiefen läßt.

3. Schnittechnik. Nächst der Wahl des für den jeweiligen Einzelfall günstigsten Operationsverfahrens ist die richtige Anlegung des Hautschnittes von ausschlaggebender Wichtigkeit für das Resultat der Operation. Mit Rücksicht auf die spätere Unsichtbarkeit der Operationsnarbe soll der Schnitt möglichst so angelegt werden, daß er in dem Verlaufe einer natürlichen Hautfalte oder in einer natürlichen Vertiefung liegt (z. B. hinter dem Ohre, in der submammären Falte); zweckmäßig ist es auch, den Schnitt in die Grenze zweier verschieden gestalteter oder verschieden gefärbter Hauptpartien zu legen (z. B. an die Haargrenze an Stirn oder Schläfe, an den Rand des Lippenrotes, an den Rand der Brustwarze). In manchen Fällen ist es auch möglich, einen äußeren Hautschnitt überhaupt zu vermeiden und den Eingriff von der Innenseite einer Körperhöhle aus vorzunehmen (z. B. vom Innern des Mundes oder der Nase aus). Wenn jedoch alle genannten Lokalisationen bei der Anlegung des Schnittes nicht berücksichtigt werden können, sondern wenn der Schnitt in eine glatte faltenlose Hautpartie gelegt werden muß, so ist es wichtig den Schnitt wenigstens in die Richtung der Langerschen Spannungslinien der Haut zu legen. Diese Linien

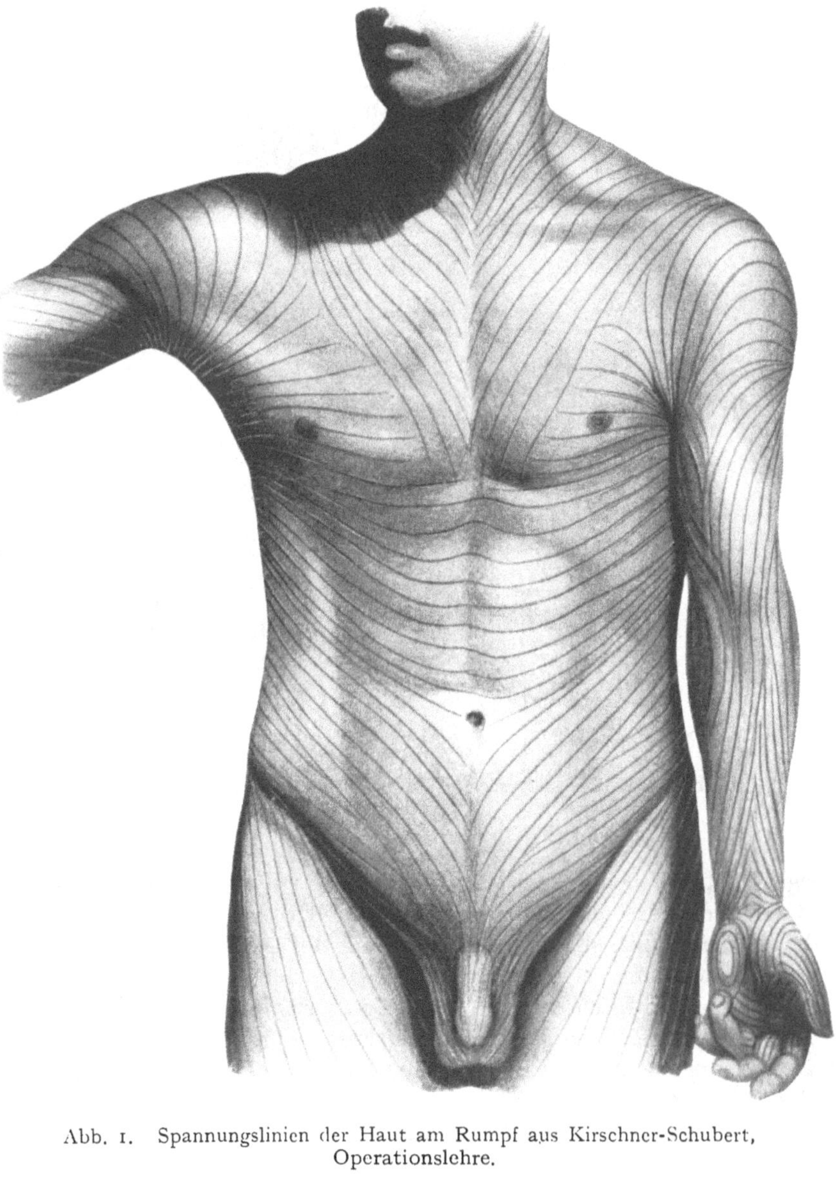

Abb. 1. Spannungslinien der Haut am Rumpf aus Kirschner-Schubert, Operationslehre.

zeigen an, in welcher Richtung die Haut an der betreffenden Stelle am stärksten gespannt ist (s. Abb. 1 und 2); liegt die Wunde in dieser Richtung, so haben die Wundränder die Neigung sich dicht aneinanderzu-

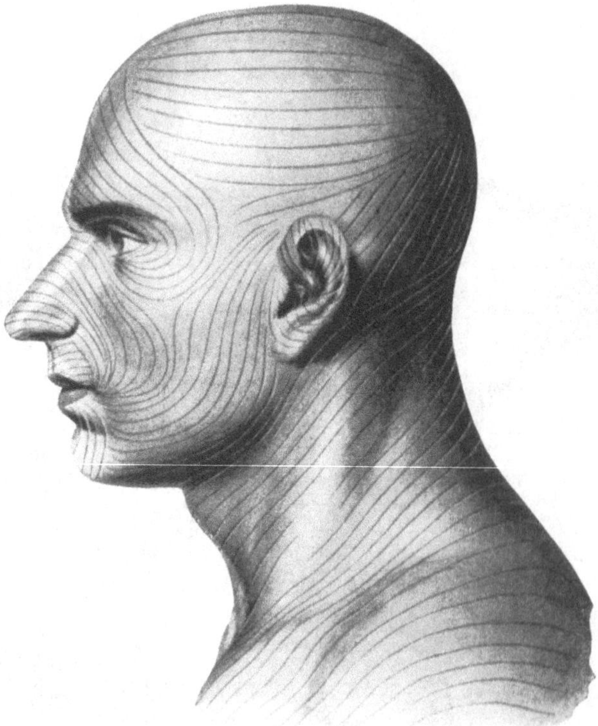

Abb. 2. Spannungslinien der Haut am Kopf aus Kirschner-Schubert, Operationslehre.

legen, während bei querem Verlaufe die Spannung der Haut die Wundränder breit auseinanderzuziehen trachtet. Falls der Operateur sich für die genaue Lokalisierung des Hautschnittes nicht allein auf seinen Orientierungssinn verlassen will oder darin durch die Abdeckung gestört zu werden fürchtet, ist es ihm erlaubt, sich die Schnittlinie vor der Operation mit einer unverwaschbaren Farblösung mittels Wattetrӓgers anzuzeichnen. Kirschner empfiehlt für diesen Zweck: ätherlöslichen Farbstoff violett (Höchster Farbwerke) 2,0, Benzol 100,0 Benzylharz 10,0; Gumpert bevorzugt den bräunlichen, ätherlöslichen Farbstoff Typophorbraun (I. G. Farbenindustrie).

Nach diesen Vorbereitungen wird der Hautschnitt ausgeführt. Während der Daumen und Zeigefinger der linken Hand die Haut etwas anspannen, führt die rechte Hand das scharfe Skalpell mit einem Zuge in der ganzen Länge des beabsichtigten Schnittes senkrecht durch die Haut; schiefe Messerhaltung und mehrmaliges Ansetzen bedingen Unregelmäßigkeiten der Wundränder und sind daher zu vermeiden. Auch die dicht unter der Haut liegenden Weichteile werden vorzugsweise mit dem Messer durchtrennt, da dies das gewebsschonendste Vorgehen darstellt. Die Schere ist hierzu ein weit weniger geeignetes Instrument, da sie selbst bei größter Schärfe die Gewebe stets mittels Durchquetschen trennt und daher weniger günstige Heilungsverhältnisse schafft. Völlig ungeeignet für die Verwendung bei kosmetischen Operationen ist die Ausführung des Hautschnittes mittels chirurgischer Diathermie, da hierdurch zu viele Gewebsnekrosen erzeugt werden, die eine strichförmige Vernarbung der Wunde verhindern. Dagegen ist die Diathermie ein ideales Mittel zur Entfernung kleiner Hautgeschwülste, besonders der malignen (s. den dermatologischen Abschnitt).

4. Nahttechnik. Für den Erfolg der kosmetischen Operation ist ferner von ausschlaggebender Bedeutung die zweckmäßige und sorgfältige Ausführung der Naht der Hautwunde. Wichtig ist schon die Wahl des richtigen Nahtmaterials. Für die Hautnaht wird in der Regel feinste Seide verwendet, für versenkte Nähte und Unterbindungen resorbierbares Material in Form von Catgut. Für die Hautnaht eignet sich das Catgut weniger, da die Fäden im Gewebe etwas quellen und dadurch breite Stichkanäle und außerdem durch vermehrte Kompression des Gewebes tief eingeschnittene Nahtspuren erzeugen. Dagegen verdient das Catgut den Vorzug der Naht von feuchten Hautstellen, z. B. in infiziertem Gebiet, und bei der Schleimhaut, weil sich das Catgut weniger als die Seide mit Flüssigkeit imbibiert und daher weniger zu Stichkanaleiterungen Anlaß gibt. Die gleichen Vorzüge besitzt auch das Pferdehaar, das daher zur Naht bei kosmetischen Operation bestens geeignet ist. Ganz feine Hautnähte, besonders an den Augenlidern, können auch mit Frauenhaar ausgeführt werden, das den Vorzug ganz besonderer Feinheit und ferner den der autoplastischen Verwendung besitzt. Zur Sterilisierung genügt 10 Minuten langes Kochen in einfachem Wasser (Gohrbandt). Die metallischen Wundrandklammern nach v. Herff und Michel sind weniger geeignet zur Wundvereinigung, da sie keine so sichere und genaue Adaptierung der Wundränder ermöglichen wie die Naht.

Den Ausschlag für das spätere Aussehen einer Hautnarbe gibt die angewendete Nahttechnik. Wichtig ist es, die Hautnaht durch versenkte Nähte des Unterhautfettgewebes so ausgibig zu entspannen, daß die Wundränder schon fast ohne Naht dicht aneinander liegen. Dann kann die Hautnaht ohne jede Spannung angelegt werden, und ohne das Gewebe wesentlich zu zerren und zu drücken. Eine gute Narbenbildung wird hierdurch ermöglicht. Eine zeitlang hat man versucht, eine äußere

Naht der Haut zu vermeiden, um bessere Narben zu erzielen. Diesem Zwecke dient die von Chassaignac und Halsted angegebene Intrakutannaht (s. Abb. 3). Bei dieser fortlaufenden Naht wird ein Faden, der am Ende einen Knoten trägt, am einen Ende der Wunde ein- und in der Wunde ausgestochen, bis der Knoten ein weiteres Durchziehen des Fadens verhindert; dann wird fortlaufend durch beide Wundränder

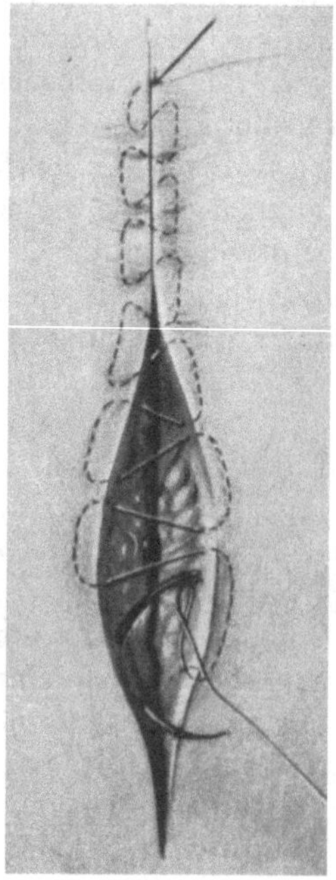

Abb. 3. Intrakutannaht nach Halsted aus Kirschner-Schubert, Operationslehre.

innerhalb der Kutis abwechselnd der Faden ein- und ausgestochen, bis die Wundränder in ganzer Ausdehnung aneinanderliegen; am Ende der Wunde wird der Faden nach der Hautoberfläche zu ausgestochen und mittels Mastisol auf der Haut befestigt. Nach etwa einer Woche kann der Faden herausgezogen werden. Das Verfahren gibt gute Wundnarben, wenn nicht die geringste Spannung der Wundränder besteht, wenn die Wunde in einer Ebene verläuft, also nicht gewölbt ist, wenn die Wunde nicht zu lang ist (nicht über 5 cm) und wenn völlig glatte Heilung erfolgt. Sind diese Bedingungen nicht alle erfüllt, so tritt leicht ein Auseinanderweichen der Wundränder ein und eine breite häßliche Narbe ist die Folge. Etwas größere Sicherheit des Erfolges soll die

Intrakutannaht mit zwei Fäden nach Passot geben (s. Abb. 4). Die größte Sicherheit und die universellste Anwendungsmöglichkeit besitzt jedoch die Knopfnaht der Haut. Für die verschiedenen Erfordernisse des Einzelfalles besitzen wir verschiedene Formen der Knopfnaht. Wenn gar keine Spannung der Wundränder vorhanden ist, mag die Naht nach

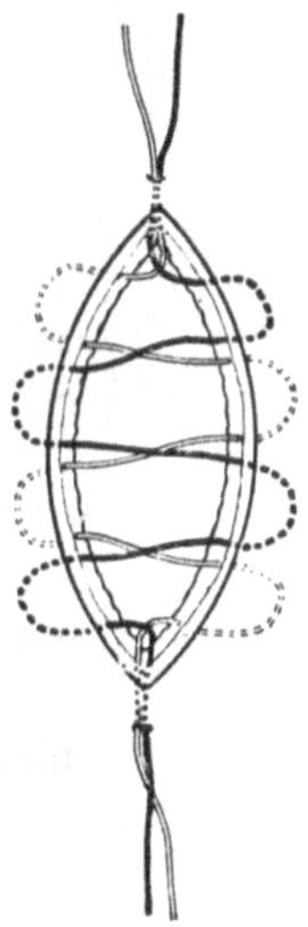

Abb. 4. Intrakutannaht mit zwei Fäden nach Passot, Chirurgie esthétique pure.

Gillies (s. Abb. 5a) genügen, bei der dicht an einem Wundrand eingestochen und weit im subkutanen Gewebe ausladend am anderen Wundrand wieder ausgestochen wird. Wir bevorzugen bei geringer Spannung die flache Knopfnaht (s. Abb. 5b) und bei größerer Spannung die aufgestellte Knopfnaht (Abb. 5c); zur besseren Adaptierung der Wundränder kann bei größeren Wunden zwischen zwei aufgestellten Nähten immer je eine flache Naht eingeschaltet werden. Nach der Entfernung der Fäden wird auch die aufgestellte Naht durch die Spannung der Wundränder völlig flach in das Hautniveau gezogen. Für besondere Zwecke, wenn die Anlegung einer besonders steil aufgestellten Naht erwünscht ist, sei die Naht von Schoemaker (Abb. 5d) angeführt.

Schließlich sei noch der Knüpftechnik ein Wort gewidmet. Wie in der Allgemeinchirurgie wird auch bei kosmetischen Operationen, besonders wenn die Naht einige Spannung aushalten soll, der absolut festhaltende Schifferknoten bei allen Nähten und Unterbindungen angewendet. Bei der Hautnaht soll der Knoten nicht mitten auf der Wundlinie, sondern unten dicht am einen Einstich liegen, um die Wundlinie

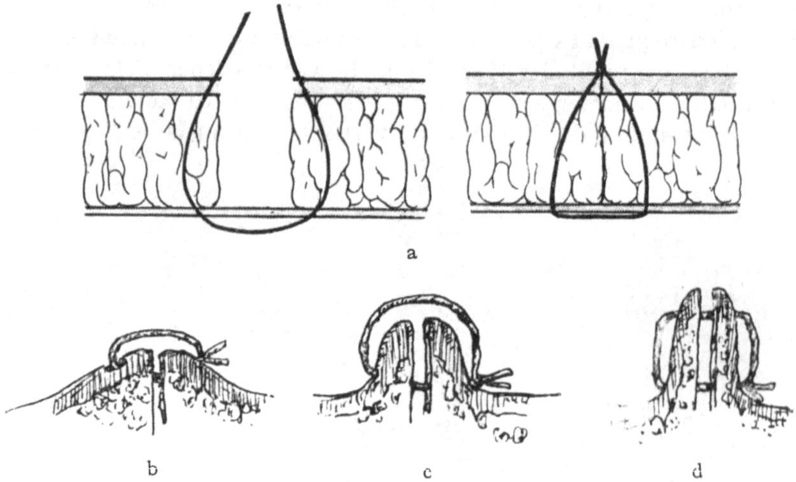

Abb. 5. Hautknopfnähte. a) Hautnaht nach Gillies aus Passot (l. c.); b) flache Knopfnaht; c) aufgestellte Knopfnaht; d) steil aufgestellte Naht nach Schoemaker.

möglichst wenig zu drücken. Die Adaptierung der Wundränder geschieht ohne jegliche Hilfe von Pinzetten, lediglich durch die Knüpftechnik, um die Gewebe möglichst wenig zu mißhandeln. Ermöglicht wird ein ungezwungenes Aneinanderliegen der Wundränder aber natürlich nur, wenn die Hautnaht richtig angelegt ist, d. h. wenn auf beiden Seiten genau gleichweit und gleichtief eingestochen worden ist, so daß gleiche Gewebsmengen aneinandergebracht werden. Niveaudifferenzen der Wundränder sollen ebenfalls nicht durch Pinzetten ausgeglichen werden, weil das zu späteren Verziehungen und Wulstbildungen an der Narbe führt, sondern durch die Anlegung der Naht selbst; von dem tieferen Wundrand soll mit der Naht mehr Gewebe gefaßt werden, um ihn zu heben, während von dem höheren Wundrand nur ganz wenig gefaßt wird, um ihn in die Tiefe zu ziehen.

5. Verbandstechnik. Der Verband hat den Zweck, die Operationswunde während der Heilung gegen Verunreinigung zu schützen, sie zu entlasten und ruhigzustellen. Der Wundverband nach einer kosmetischen Operation hat die Besonderheit, daß er möglichst klein und leicht und wenig auffällig sein soll, um den Patienten zu Hause und im Berufe möglichst wenig zu behindern. Bei ganz kleinen Hautoperationen, besonders im Gesicht, genügt es meist, die Wunde leicht mit Dermatol zu pudern und der offenen Heilung zu überlassen. An Stellen die leicht der Benetzung ausgesetzt sind, wie an den Lippen und am Naseneingang, wird die Wunde dick mit Airolpaste oder -kollodium

(10%) bestrichen und dadurch in völlig ausreichender Weise geschützt. Im übrigen ist es praktisch, ein Stück Flanell mittels Mastisol auf die Wunde zu kleben oder die Wunde mit einem Heftpflasterverband zu bedecken, der gleichzeitig die Wunde gut entspannt. Bei sehr großer Spannung ist die Verwendung eines Heftpflasterschnürverbandes sehr empfehlenswert (Herst, Beiersdorf, Hamburg). Einen sehr praktischen und wenig auffälligen Schnürverband gibt Passot an: es werden nach Bedeckung der Wunde mit Gaze mittels Mastisol durchsichtige Cellophanstreifen auf die Haut geklebt, die durch Nahtverschnürung die Wundnaht entlasten (Abb. 6). Auch Schmidt empfiehlt das Cellophan (Kalle & Co., Biebrich) als Verbandmaterial. Nach größeren Operationen sind

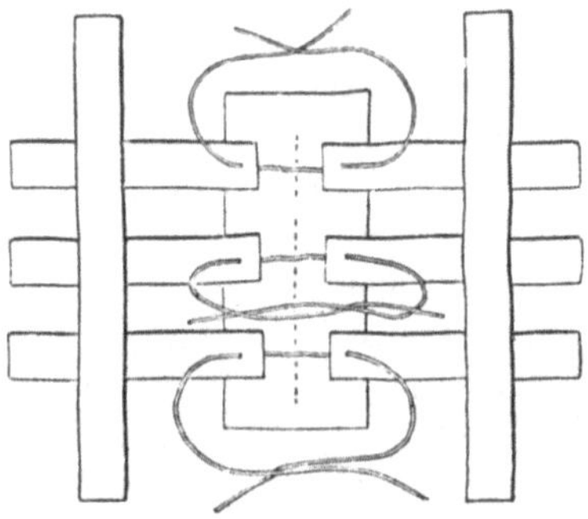

Abb. 6. Cellophanverband nach Passot (l. c.). Die Cellophanstreifen werden mit Mastisol auf die Haut geklebt und die Wunde durch Näht entspannt.

selbstverständlich größere Wickelverbände mit Gazebinden am Platze, die gleichzeitig durch leichte Kompression eine Nachblutung und Hämatombildung in der Operationswunde verhüten sollen. Wenn man das Anheilen von Transplantaten oder Lappenplastiken durch ganz leichten Druck des Verbandes begünstigen will, so ist es zweckmäßig, in den Verband einen dünnen Schwammgummi miteinzuwickeln. Mit diesem Hilfsmittel ist es uns wiederholt gelungen, ganz besonders gute Heilungen zu erzielen.

6. Nachbehandlung. Die Nachbehandlung bietet kaum Abweichungen von dem sonst üblichen Vorgehen. Die Wunden werden am besten möglichst trocken gehalten. Um eine gute Narbenbildung zu erzielen, ist darauf zu achten, daß die Fäden möglichst frühzeitig entfernt werden, und zwar bei geringer Spannung die Hälfte etwa am 3. Tage und der Rest am 5. Tage nach der Operation. Bei größerer Spannung müssen die Fäden bis zum 7.—10. oder gar 12. Tage liegen bleiben. Auch in den ersten Tagen nach der Entfernung der Fäden ist die Wunde sorgfältig durch den Verband zu entspannen. Bei Patienten,

die sehr zur Ekzembildung neigen, muß man u. U. mit der Verwendung von Heftpflaster vorsichtig sein. Bei bestehender Keloidneigung ist dem Auftreten dieser sehr unerwünschten Operationsfolge durch Radiumbestrahlung vor der Operation und der frischen Wunde entgegenzu arbeiten. Mátyás hat sich folgendes Vorgehen bewährt: es werden 2 mg Radium enthaltende, 1 mm platinfiltrierte Tuben vor der Operation für 1×24 Stunden, danach für 2×24 Stunden längs der Narbe eng aneinander schließend appliziert; die Tuben lagern in einer aus Wachs, Paraffin und Sägespänen hergestellten Platte, wobei der Abstand zwischen Haut und Radium 3 mm beträgt. Auf diese Weise werden pro qcm 133 mg/Stunden angewendet.

7. Haut- und Gewebsexzisionen. Einige kurze Bemerkungen seien noch gestattet über eine Reihe kleinerer Operationen, bei denen die Berücksichtigung kosmetischer Gesichtspunkte dringend erforderlich ist. Hierher gehört die in der kleinen Chirurgie häufig geübte Entfernung von Geschwülsten der Haut. Bei der Exstirpation von Atheromen war es früher der Stolz des Chirurgen, den Tumor geschlossen und unverletzt von einem verhältnismäßig großen Schnitt aus zu entfernen. Vom kosmetischen Standpunkte ist es besser, den Tumor durch eine kleine Stichinzision zu eröffnen, den Inhalt auszudrücken, den Balg mit Klemmen zu fassen und stumpf vollständig aus dem kleinen Loche herauszuziehen; der Vorteil ist eine minimale Inzision (Fischer). Die Behandlung der Hämangiome und Lymphangiome wird heutzutage häufig vom allgemeinen Praktiker oder vom Dermatologen mit unblutigen Methoden vorgenommen (s. den dermatologischen Teil); wenn diese Methoden jedoch versagen, kommt eine chirurgische Behandlung in Frage. Dies ist vor allen Dingen dann der Fall, wenn die Gefäßgeschwülste plötzlich und schnell an Größe zunehmen, so daß nur eine radikale Exzision und eine anschließende häufig recht schwierige Hautplastik zur Deckung des entstandenen Defektes zur Heilung führen können. Da die Hämangiome in der Regel kurz nach der Geburt klein und daher leicht heilbar sind, jedoch häufig infolge Nichtbeachtung durch die Eltern erst nach ausgedehntem Wachstum in schwer heilbarem Zustande in ärztliche Behandlung kommen, ist der Vorschlag von Heymann, eine staatliche Anzeigepflicht für Angiome in den ersten Lebenstagen einzuführen, durchaus zu begrüßen. Unregelmäßige Angiome werden in möglichst regelmäßiger Figur umschnitten, womöglich in Form einer Ellipse, wobei die Längsachse des Defektes tunlichst in die Richtung der Spannungslinien der Haut gelegt wird. Die Wundränder werden nach allen Seiten stwa 1 cm weit unterminiert, um an der breitesten Stelle des Defektes die Spannung möglichst zu vermindern. Die Nahtverbindung des Defektes erfolgt in Richtung der

kleinen Achse und der geringsten Spannung; um eine Bürzelbildung an den Wundwinkeln zu vermeiden, ist darauf zu achten, daß man in der Mitte weitgreifende, aufgestellte Nähte anlegt, während nach den Ecken hin immer flachere Nähte gelegt werden.

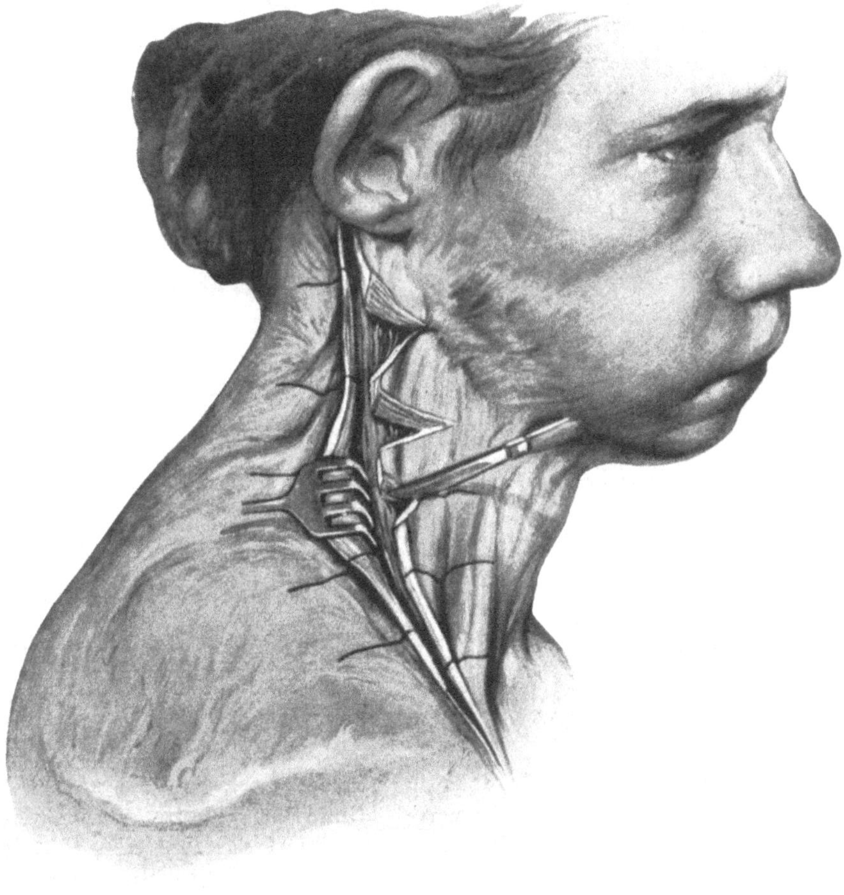

Abb. 7. Beseitigung von Narbenkontrakturen nach Morestin aus Kirschner-Schubert, Operationslehre.

Ein weiteres großes Gebiet der chirurgischen Kosmetik ist die Beseitigung unschöner Narben und ihrer Folgezustände, insbesondere der Narbenkontraktur. Ehe man an die operative Korrektur von Narben und Kontrakturen herantritt, ist es zweckmäßig, die Erweichung und Rückbildung der hypertrophischen und hyperämischen Narben abzuwarten, was bei kleinen Narben etwa 4 Wochen, bei ausgedehnten Verbrennungsnarben, die unter starker Eiterung geheilt sind, aber etwa ein Jahr in Anspruch zu nehmen pflegt. Beschleunigt wird die Rückbildung der Narbe durch kleine Dosen harter Röntgenstrahlen, die in Zwischenräumen von 3—4 Wochen angewendet werden (Lexer). Strangförmige, spannende Hautkontrakturen können in einfachster Weise dadurch entspannt werden, daß man durch den spannenden Strang einen Querschnitt legt, der dann in der Längsrichtung verzogen und vernäht wird. Eine andere Behandlungsmöglichkeit ist aus Abb. 7 ersichtlich. Nach Morestin wird die durch Längsspaltung des Narbenstranges und durch zahlreiche quere Einschnitte entstandene Gewebs-

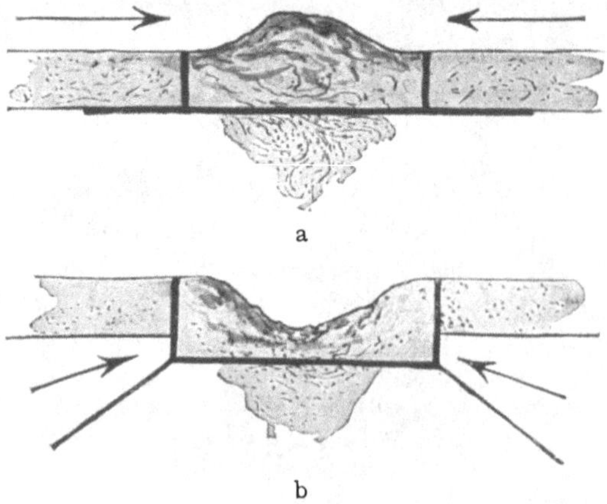

Abb. 8. Narbenexzision. a) Exzision einer hypertrophischen Narbe, horizontale Mobilisierung der Wundränder: b) Exzision einer eingezogenen Narbe, Mobilisierung der Hautränder schräg in die Tiefe, um die Narbe zu heben, aus Lexer, Wiederherstellungschirurgie.

lücke dadurch geschlossen, daß jedes Hautdreieck in die gegenüberliegende Hautlücke eingenäht wird. Große flächenhafte Narbenkontrakturen werden am besten im ganzen exstirpiert und der Defekt mittels einer der aus der allgemeinen Chirurgie bekannten gestielten Lappenplastiken oder durch freie Hauttransplantation (am besten nach der Methode von Gohrbandt; s. Abschnitt Transplantationen) gedeckt. — Für die Behandlung von unschönen Narben sind folgende Gesichtspunkte maßgebend. Flache oder hypertrophische Narben werden mittels senkrechten bis in die Subkutis reichenden Schnittes entfernt (s. Abb. 8a), die Hautränder werden auf 1 cm Entfernung horizontal unterminiert, um eine möglichst wenig gespannte Naht zu ermöglichen. Wenig eingezogene Narben werden in der gleichen Weise exzidiert, nur muß darauf geachtet werden, daß das tiefergelegene Narbengewebe als Stütze der neuen Narbe erhalten bleiben muß und daß die Mobilisierung der Wundränder schräg in die Tiefe vorgenommen werden soll, um die neue Narbe möglichst zu heben (s. Abb. 8b). Sehr tief eingezogene Narben können dadurch verbessert werden, daß nach der Exzision der Narbe die mobilisierten Wundränder mit einem aus dem Oberschenkel oder der Hüfte entnommenen und frei transplantierten Fettklumpen unterpolstert werden. Hierbei muß durch überreichliche Bemessung des transplantierten Fettes der später eintretenden Resorption und Schrumpfung des Transplantates Rechnung getragen werden, um ein gutes Dauerresultat zu erzielen.

8. Hautplastiken. Die gestielten Hautplastiken dienen zur Deckung von größeren Defekten nach Verletzungen oder Operationen.

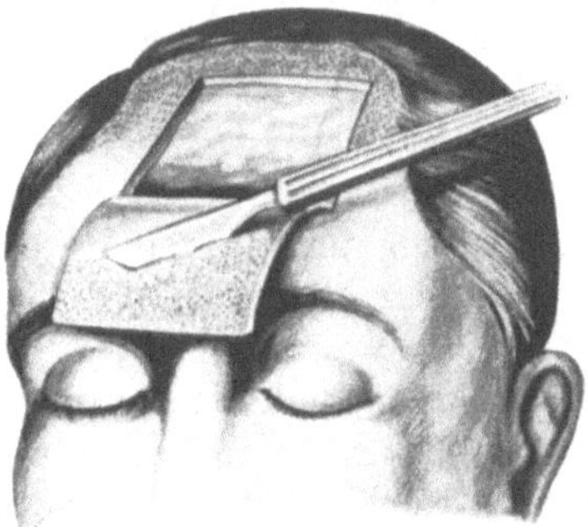

Abb. 9. Chirurgische Epilation nach Lexer durch subkutane Abtragung der Haarbalgschicht. (Abb. nach Réthi.)

Ihre Anwendungsgebiete und weitausgebaute Technik sind aus der allgemeinen Chirurgie gut bekannt und können daher übergangen werden, zumal sie in der chirurgischen Kosmetik eine erheblich kleinere Rolle spielen als in der Wiederherstellungschirurgie. Hier sei nur kurz auf die kosmetisch besonders wichtige Lappenplastik mit Arterienstiel nach Esser hingewiesen, die zum plastischen Ersatz der Augenbraue herangezogen werden kann (s. Spezieller Teil, Nr. 3). Ferner sei erwähnt, daß für Lappenplastiken, die von behaarten Körperstellen entnommen und in unbehaarte Gegend verpflanzt werden sollen, die störenden Haare nach Lexer durch chirurgische Epilation leicht entfernt werden können (s. Abb. 9), indem von der Unterhautschicht her die Haarbälge mit einem scharfen Skalpell entfernt werden (s. auch Réthi).

Wichtig für das Gelingen einer gestielten Plastik ist die richtige Anlegung des Lappens möglichst in der Richtung der Blutversorgung und ferner in der richtigen Größe. Um eine ausreichende Ernährung des Lappens zu erzielen, darf die größte Breite des Lappens nicht mehr als doppelt so groß sein als die schmalste Stelle des Stieles und die größte Länge des Lappens darf nicht mehr als das Dreifache der Breite des Stieles betragen. — Wenn eine Lappenplastik unter Blaufärbung des Lappens gangränös zu werden droht, so ist daran nicht ein mangelhaftes Einströmen ernährenden Blutes schuld, wie man früher angenommen hat, sondern im Gegenteil ein behindertes Abströmen des venösen Blutes. Durch Skarifizieren des gestielten Lappens oder noch besser durch Ansetzen von Blutegeln kann das überschüssige Blut entleert und eine Erholung des bedrohten Lappens häufig noch erreicht werden (de Quervain, Melchior).

9. Transplantationen. Eine große Rolle spielen in der chirurgischen Kosmetik die Transplantationen. Für die Transplantation von lebendem Gewebe gilt der Grundsatz, nur körpereigenes Gewebe zu verwenden (Autoplastik), da nur dieses die Gewähr sicherer und dauernder Einheilung bietet. Die Verwendung von Geweben anderer Menschen (Homoioplastik) sollte für kosmetische Zwecke wegen der meist nicht eintretenden Einheilung und späteren Abstoßung nicht in Erwägung gezogen werden. Von der freien Verpflanzung von Fett zur Hebung eingezogener Narben war bereits die Rede. Man entnimmt das erforderliche Fett in örtlicher Betäubung an einer wenig sichtbaren Körperstelle, wo ein reichliches Fettpolster vorhanden ist, z. B. am oberen Teile der Oberschenkel außen oder am Bauche.

Beruht die Einziehung der Narbe darauf, daß die normale knöcherne Unterlage der Narbe fehlt, z. B. fehlender Orbitalrand, so muß der Defekt durch eine Transplantation von Knorpel oder Knochen ausgeglichen werden. Größere Knorpelstücke werden in der Regel aus der Platte der verschmolzenen Knorpel der 7.—9. Rippe entnommen, wobei sorgfältig darauf zu achten ist, daß eine Verletzung der Pleura auf jeden Fall vermieden werden muß, da sonst ein Empyem häufig die unliebsame Folge ist. Kleine Knorpelstückchen für die Bedürfnisse mancher Nasenkorrekturen werden aus dem Nasenseptum oder dem Ohrknorpel entnommen. Die Verwendung von Knochen ist weniger empfehlenswert als die Knorpeltransplantation, denn frei transplantierter Knochen wird resorbiert, nur von dem mitverpflanzten Periost aus tritt eine gewisse Regeneration ein. Wenn man Knochen zur Plastik entnehmen will, so ist hierfür die vordere Tibiakante am geeignetsten, unbequemer und wegen der Möglichkeit einer Pleuraverletzung auch gefährlicher ist die Verwendung von Rippenstücken.

Ein sehr anspruchsloses und für die freie Verpflanzung daher sehr brauchbares Material stellt die Faszie dar, die besonders als Ersatz von Sehnen und gelähmten Muskeln in Anwendung gebracht wird, z. B.

zur Hebung des Mundwinkels bei der Fazialislähmung und zur Hebung des Oberlides bei Ptose. Ferner hat die Faszie den Vorteil, daß sie in großer Menge und leicht erreichbar zur Verfügung steht. Die benötigte Faszie wird am einfachsten in örtlicher Betäubung aus der Fascia lata der Außenseite des Oberschenkels entnommen; durch einen langen Schnitt wird die Faszie freigelegt und je nach Erfordernis ein beliebig breiter und langer Streifen herausgeschnitten. Der an der Entnahmestelle entstehende Defekt braucht nicht vernäht zu werden. Kosmetisch besser ist es jedoch einen längeren Schnitt am Oberschenkel zu vermeiden; es genügt, an den beabsichtigten beiden Enden des zu entnehmenden Faszienstreifens je einen kurzen Einschnitt zu machen; dann wird am einen Ende die Faszie in der erwünschten Breite quer durchschnitten, an den Ecken in der Faserrichtung gelöst, so daß man jetzt das eine Ende des Faszienstreifens frei hat und mit einem Seidenfaden anschlingen kann; dann wird mit einer Oersonde vom einen Einschnitt dicht auf der Faszie entlang bis zum anderen Einschnitt ein Kanal gebohrt, durch den man den Seidenfaden hindurchziehen kann. Mit einem leichten Ruck kann man dann an dem Seidenfaden den in der Faserrichtung sich leicht abspaltenden Faszienstreifen aus der zweiten Inzision herausziehen und abtrennen. Nach Versorgung der beiden Wunden wird zur Verhütung einer Nachblutung ein leichter Kompressionsverband angelegt.

Am häufigsten findet die freie Transplantation Verwendung bei der Deckung von Hautdefekten. Für die freie Verpflanzung der Haut stehen nun verschiedene Methoden zur Verfügung, von denen folgende kurz genannt seien: Reverdin hebt mit einer Pinzette an der Entnahmestelle die Haut an und schneidet eine kleine Hautinsel ab, die auf den Defekt transplantiert wird; da die Inseln in der Mitte dick und am Rande dünn sind, sieht ein Defekt, der mit mehreren solcher Inseln bedeckt ist, wie gepflastert aus und wirkt kosmetisch unschön. Thiersch trägt an der Entnahmestelle mit einem Rasiermesser in einem flachen Lappen die oberste Epidermisschicht ab und verpflanzt den Lappen auf den angefrischten Hautdefekt. Bei einiger Übung gelingt es, handtellergroße Lappen in einem Stück zu entnehmen; erleichtert wird die Entnahme größerer Epidermislappen durch das Vorgehen von Flick, der quer am Oberschenkel in gehöriger Entfernung zwei Drähte der Kirchnerschen Drahtextension subkutan durchbohrt und nach Einspannen der Drähte in den Bügeln zwischen diesen die Haut straff anzieht, so daß mit Hilfe des Schepelmannschen Messers die Entnahme beliebig großer Epidermislappen ohne große Schwierigkeiten gelingt. Bei kleineren Hautdefekten gibt die Epidermisierung nach Thiersch ideale Resultate, weniger gut ist der kosmetische Effekt bei größeren Flächen, weil sich hierbei auffällig zeigt, daß der transplantierte Lappen zu dünn ist, um eine normal struktierte Haut zu erzeugen, ferner liegt die neue Haut tiefer als das Hautniveau und fast unverschieblich auf der Unterlage, auch kommt hin und wieder ausgedehnte Keloidbildung vor. — Die gleichen Vorzüge und Nachteile besitzt die Modifikation der Thierschschen Epidermistransplantation von A. Köhler, der die Epidermisläppchen ohne Auffrischung der Wunde auf die unverletzten Granulationen transplantiert und damit ganz die gleichen Resultate erreicht wie Thiersch. — Für die Deckung sehr großer Hautdefekte, z. B. nach Verbrennungen oder großen Ablederungen reichen nun diese Methoden nicht aus, da für die Entnahme genügend großer und zahlreicher Hautlappen kein Material zur Verfügung steht. In solchen Fällen ergibt die Hauptpfropfung nach W. Braun die kosmetisch und funktionell besten Resultate. Bei dieser Methode schneidet man sich zunächst einen Epidermislappen nach Thiersch; dann entnimmt man von diesem Lappen etwa hirsekorngroße Stückchen und schiebt diese mit einer ganz feinen Pinzette in die Granulation des Defektes dicht unter die Oberfläche ein. Man fängt zweckmäßigerweise am tiefgelegenen Punkte des Defektes zu propfen an, damit das herablaufende Blut in den höheren Reihen nicht die Sicht stört. Reihenweise legt man mit etwa 1 cm Abstand die Pfröpflinge ein; für große Defekte werden daher einige Hundert Pfröpflinge gebraucht. Nach Beendigung der Pfropfung wird ein Borsalbenverband angelegt. Nach etwa 8 Tagen sprießen von den Pfröpflingen aus die ersten Epithelinseln aus den Granulationen heraus und breiten sich zunächst nur langsam aus, so daß es meist zweckmäßig ist, etwa 10 Tage nach der ersten Pfropfung noch eine weitere Serie von Pfröpflingen zwischen den Epithel-Inseln zu versenken. Als Endresultat ergibt die Braunsche Pfropfung eine verschiebliche, feste Narbenhaut, die die natürliche Hautzeichnung vermissen läßt. Für ganz große Defekte ist dieses Verfahren die Methode der Wahl. — Im Anschluß sollen noch kurz zwei weitere Methoden erwähnt werden: v. Mangold kratzt mit einem Skalpell an der Entnahmestelle die oberflächlichen Hautschichten ab, bis kleine Hautblutungen auftreten. Die erhaltenen kleinen Epidermisschollen werden nun auf den granulierenden Defekt aufgestreut, wo ein Teil von ihnen anheilt und zur Entwicklung von Epithelinseln führt; Pels Leusden verfährt so, daß er die abgekratzten Epidermisschollen in Kochsalzlösung aufschwemmt und mittels einer Spritze dicht unter die Oberfläche der Granulationen einspritzt. — Als weitere Methode freier Hautverpflanzung sei schließlich noch das Verfahren von Krause beschrieben, bei dem ein dicker Kutislappen, der sämtliche Schichten der Haut enthält, verwendet wird. Wichtig ist, daß von der Wundseite des Lappens sorgfältig alles Fett entfernt werden muß, da dieses die Anheilung sehr erschweren würde; der Krausesche

Lappen wird mit einigen Nähten an seinem neuen Mutterboden befestigt. Bei glatter Anheilung ergibt die Krausesche Plastik eine kosmetisch einwandfreie Deckung des Defektes mit normal gezeichneter Haut. Als Nachteile sind zu nennen, daß die Anheilung des dicken Kutislappens nicht so sicher ist wie bei den anderen Methoden, ferner daß der Lappen für manche Körperteile, wie z. B. Handrücken und Finger zu dick und wulstig ist. — Um die Nachteile sowohl der Thierschschen als auch der Krauseschen Methode zu vermeiden, aber die Vorteile beider zu vereinigen, hat Gohrbandt einen Mittelweg angegeben. Wie

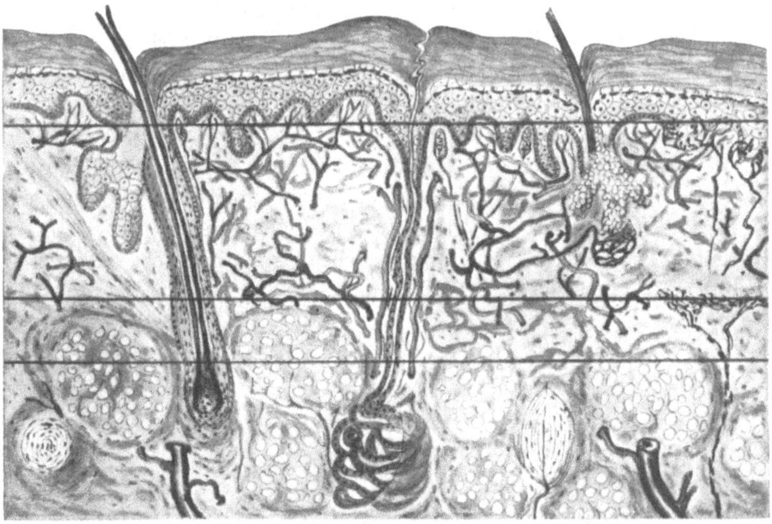

Abb. 10. Durchschnitt durch die Haut. a) Schicht der Epidermistransplantation nach Thiersch; b) Schicht der Kutislappen nach Krause; c) Schicht der Hauttransplantation nach Gohrbandt.

Gohrbandt an Hand der Abb. 10 erläutert, beruht die schlechte Anheilung des Krauseschen Lappens darauf, daß in der benutzten Schicht sich die Blutgefäße der Haut noch nicht in ihre Kapillarnetze aufgeteilt haben, so daß für die einschießenden Gefäße nur wenig vorgebildete Bluträume vorhanden sind (s. Abb. 10, Schicht b). Die Blutgefäße der Haut teilen sich in zwei getrennte Kapillarnetze auf, von denen das ganz oberflächliche von der Thierschschen Plastik benutzt wird (s. Abb. 10 Schicht a), während das in den tieferen Koriumschichten gelegene von Gohrbandt erfaßt wird. Auch Kirschner und Joseph haben die gleiche Methode angewendet; da uns jedoch das Vorgehen Gohrbandts aus eigener Anschauung besonders gut bekannt ist, sei dieses kurz beschrieben. Als Entnahmestelle dient der Bauch oder die Vorderseite des Oberschenkels. Um die Auffindung der richtigen Schicht zu erleichtern, ist es zweckmäßig, die Haut durch intrakutane Injektion aufzuquaddeln, da hierdurch eine beträchtliche Vermehrung der Dicke der Haut erzielt wird. Dann wird durch Ritzen der Haut mit einem sehr scharfen Skalpell ein etwas größerer Lappen als der Defekt und von dessen Form umschnitten; durch Schrägstellung des Skalpells arbeitet man sich dann langsam intrakutan vorwärts und schneidet auf diese Weise einen gleichmäßig starken, mitteldicken Epidermislappen von seiner Unterlage ab. Die richtige Schicht ist stets daran zu erkennen, daß die durchschnittenen Gewebe sowohl am Lappen als auch an der Unterlage weiß aussehen und einzelne runde Blutpunkte sichtbar werden, die den in der Mitte durchtrennten Gefäßpapillen entsprechen; sobald Fettgewebe sichtbar wird, befindet man sich in einer zu tiefen Schicht. Der entnommene Lappen wird in den zu deckenden Defekt mit ganz feinen Nähten eingenäht und durch einen Schwammgummi mittels eines mäßig fest angelegten Verbandes sanft angedrückt. Die Anheilung des Transplantates ist verhältnismäßig sicher. Die kosmetischen Ergebnisse sind denkbar gut, da man eine neue Haut mit normaler Struktur erhält.

Spezieller Teil.

Im Anschluß an die Ausführungen über die allgemeinen technischen Gesichtspunkte der kosmetischen Operationen wenden wir uns nunmehr der Besprechung der einzelnen an den verschiedenen Körperteilen angewendeten Operationsverfahren zu. Hierbei sei nochmals darauf hingewiesen, daß solche Methoden, die bereits in der Allgemeinchirurgie und in der Wiederherstellungschirurgie ausgedehnte Verwendung finden, nicht berücksichtigt werden können. Schließlich ist es bei dem beschränkten Umfange dieser Abhandlung auch nicht möglich, für die Behandlung eines Leidens nun alle angegebenen Methoden vollzählich zu beschreiben; aber es soll das Ziel sein, für die gebräuchlichsten Indikationen die zweckmäßigsten und allgemein anerkannten Operationsmethoden zusammenzustellen.

1. Schädel.

Auf operativem Wege eine Verbesserung der äußeren Form des Gehirnschädels vorzunehmen, dürfte wohl für einen verantwortungsbewußten Chirurgen kaum in Frage kommen. Einzelne exostosenartige Vorsprünge, wie sie besonders an den Stirnhöckern, den Scheitelbeinen (Naticephalie [Driak]) und über dem Hinterhauptshöcker vorkommen, können bei übermäßiger und besonders störender Entwicklung durch subperiostale flache Abmeißelung entfernt werden. Zu diesem Zwecke wird der Hautschnitt in den behaarten Teil der Kopfschwarte oder zum mindesten an die Haargrenze verlegt, damit die Narben später unsichtbar gehalten werden können.

Auf unblutigem Wege kann jedoch bei ganz kleinen Kindern in gewissen Grenzen Einfluß auf die Schädelform genommen werden, wie die durch Druckverbände im 1. Lebensjahre erzielten Schädelformen der Plattkopfindianer und einiger anderer Naturvölker erwiesen haben. Walcher hat Versuche zur willkürlichen Beeinflussung der Form des kindlichen Schädels unternommen und dabei festgestellt, daß der weiche, wachsende Schädel der neugeborenen Kinder bei konstanter Rückenlage brachyzephale, bei konstanter Seitenlage dolichozephale Form annimmt entsprechend den verschiedenen Druckverhältnissen des schweren Kopfes gegen seine Unterlage. Dabei scheint sich der Schädel um so schneller umzuformen, je schneller er gerade wächst. Die gewünschte konstante Lage des kindlichen Schädels läßt sich mit sehr einfachen Hilfsmitteln erreichen. Zur Erzielung einer konstanten Rückenlage erhält das Kind ein weiches Federkissen als Unterlage; das Kind hält nun das Gesichts vorzugsweise nach oben, um stets Nase und Mund frei zu haben. Außerdem werden die Seitenwände des Bettes abgedeckt, das Bett tief gestellt und zu Häupten des Kindes Spielzeug aufgehängt; alle diese Faktoren veranlassen das Kind den Kopf in Rückenlage zu halten. Zur Erzielung konstanter Seitenlage erhält das Kind eine harte Unterlage (Roßhaarpolster), auf der die Seitenlage des Kopfes bequem ist, während das Balanzieren auf dem spitzen Hinterkopf unbequem ist. Zur Unterstützung wird das Bett hochgestellt, so daß das Kind nur in Seitenlage des Kopfes die Vorgänge in seinem Zimmer verfolgen kann. Wie sich an Beobachtungen bei eineiigen Zwillingen, die verschieden behandelt wurden, gezeigt hat, ist die künstliche Veränderung des Schädelindexes recht beträchtlich und der in den ersten beiden Lebensjahren erzielte Index erhält sich nach Schluß der Fontanellen für das weitere Leben.

Häufig stören kleine Geschwülste des Schädels das Aussehen des Patienten, so daß deren Entfernung vom Arzte gefordert wird. Am häufigsten sind die Atherome, deren Behandlung bereits im allgemeinen Teil besprochen wurde. Für die Beseitigung von Hautkarzinomen eignet sich außer der Exzision, auch die chirurgische Diathermie sehr gut. Schließlich sei noch erwähnt, daß man bei der Operation von Blutgefäßgeschwülsten in der näheren Umgebung der Schädelnähte, wo man ein Hämongiom vor sich zu haben glaubt, auf einen Sinus pericranii (Stromeyer) gefaßt sein muß. Darunter versteht man einen subkutan gelegenen Blutsack der durch eine Knochenlücke mit einem Hirnhautsinus in Verbindung steht; wenn man nun dieses Verbindungsgefäß bei der Exstirpation des Blutsackes abreißt, so ereignet sich eine Blutung, deren man nur Herr wird, wenn man geeignete Blutstillungsmaterialien für Knochengefäße (Wachs, Holz- oder Elfenbeinstifte) zur Hand hat. Auch ein aufgelegtes Muskelstückchen kann zur Stillung der Blutung führen (Krecke).

Bisweilen tritt die Aufgabe an den Arzt heran, eine Skalpierung zu behandeln. Bier hat den Versuch gemacht, zur Deckung des großen Defektes das Skrotum einer großen Leistenhernie über das Schädeldach zu ziehen. Wenn der Skalp vorhanden ist, dürfte das Vorgehen von

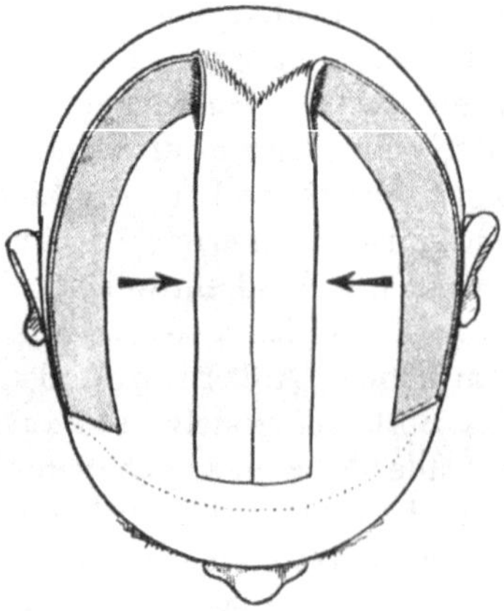

Abb. 11. Plastik bei Kahlköpfigkeit nach Passot (l. c.). Longitudinale Methode.

Klapp empfehlenswert sein: der Skalp wird in physiologischer Kochsalzlösung gereinigt und rasiert; auf der Wundseite werden lose Gewebsteile mit der Schere entfernt. Dann wird der Skalp in einzelnen Stücken auf den Schädeldefekt zurückverpflanzt. Die etwa nicht mehr anheilenden Hautstücke müssen durch Thierschsche Plastik ersetzt werden. Wenn größere Schädelpartien unbehaart bleiben, muß der Patient eine Perücke tragen.

Schließlich sei noch die originelle Operationsmethode von Passot zur Behandlung der Kahlköpfigkeit kurz erwähnt, obwohl wir ein solches Vorgehen für eine Überspannung des kosmetischen Heilbestrebens halten. Eine ausgedehntere Kahlköpfigkeit bildet sich stets in der Mitte des Schädeldaches und schreitet von dort langsam nach den Schläfen und den Schädelseiten herunter fort. Die Absicht von Passot geht nun dahin, von den tiefsten seitlichen Partien, die von

Haaren so gut wie nie völlig entblößt werden, behaarte Haut auf die Mitte des Schädeldaches zu verpflanzen. Bei einer hauptsächlich in die Breite gehenden Kahlköpfigkeit wird zunächst auf einer Seite in örtlicher Umspritzung, nicht Infiltrierung, des Operationsgebietes ein etwa 3 cm breiter, am Hinterkopf gestielter Lappen aus den tiefsten seitlichen, noch behaarten, Schädelpartien umschnitten, mobilisiert und dicht neben der Mittellinie des Scheitels in einen entsprechend ausgeschnittenen Defekt eingenäht (Abb. 11). Der Defekt an der Entnahmestelle wird durch Naht verschlossen. Der gestielte Lappen soll bis etwa 2—3 cm hinter die Stirnhöhe nach vorn reichen. Drei Wochen nach der ersten Operation folgt der gleiche Eingriff auf der anderen

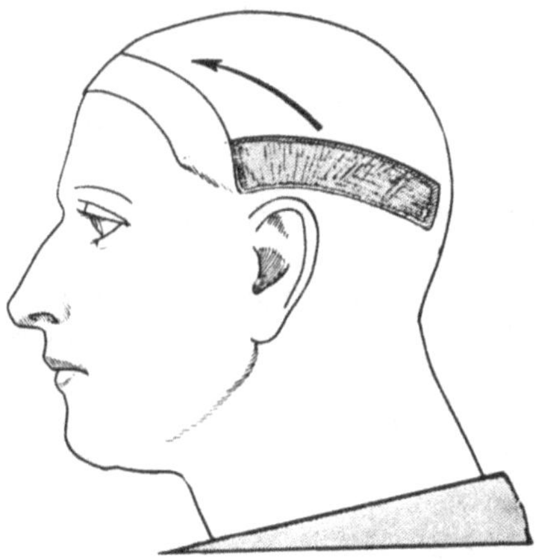

Abb. 12. Plastik bei Kahlköpfigkeit nach Passot (l. c.). Transversale Methode.

Kopfseite. Wenn die Haare der beiden transplantierten Lappen lang genug gewachsen sind, werden sie nach den Seiten heruntergekämmt und bedecken auf diese Weise den kahlen Kopf völlig. — Bei mehr in die Länge gehender Kahlköpfigkeit wird die auf Abb. 12 abgebildete transversale Plastik ausgeführt. Auch hier genügt zur Verpflanzung ein 2—3 cm breiter Lappen mit dem Stiel an der Schläfenseite; nach Möglichkeit soll ein Ast der Art. temporalis in dem Lappen verlaufen. Die Einpflanzung in einen entsprechend ausgeschnittenen Defekt erfolgt dicht hinter der Scheitelhöhe. Auch bei dieser Plastik wird zunächst auf einer Seite operiert und nach drei Wochen die Operation auf der anderen Kopfseite angeschlossen, so daß sich die Lappen in der Scheitelmitte treffen. Die Haare sind bei dieser Plastik natürlicherweise nach hinten gerichtet und werden nach hinten gekämmt getragen. Sollten die Haare zur völligen Bedeckung des kahlen Kopfes nicht ausreichen, so kann die Haut unter den Haaren braun tätowiert werden. Die Vitalität der Kopfhaut ist so groß, daß die Lappenplastik stets gelingt. Die Narben sollen fast unsichtbar und der kosmetische Effekt ausgezeichnet sein.

2. Gesicht.

Für das ästhetische Aussehen eines Menschen ist das Gesicht von allergrößter Bedeutung. Es ist daher nicht zu verwundern, daß sich die Mehrzahl der kosmetischen Operationen mit Verbesserungen des Gesichtes und seiner einzelnen Teile beschäftigt. Als unerwünscht werden alle Störungen der normalen runden Formen durch abnorme Vorragungen, Einsenkungen oder Faltenbildungen empfunden.

An abnorm hervorragenden Gesichtsteilen ist außer den schon erwähnten übertriebenen Stirnhöckern nur noch der abnorm stark vorspringende Jochbogen zu nennen, der sicher nur in ganz exzessiven Fällen einer Behandlung bedarf. Von einem Schnitt an der Schläfenhaargrenze oder im Bereiche der Augenbraue aus kann subperiostal die Verschmälerung der Jochbögen mittels Meißel oder Säge vorgenommen werden.

Abnorme Einsenkungen finden sich im Gesicht besonders in Form der eingefallenen Wange, die am besten von der Schläfe her mittels Fettunterpolsterung beseitigt wird (Lexer, Passot). Das gleiche Vorgehen der Fettunterpolsterung empfiehlt sich bei Atrophie einer ganzen Gesichtshälfte; hierbei muß beachtet werden, daß das Fettimplantat wegen der einsetzenden Resorption zunächst um $^1/_3$ größer gewählt werden muß, als es später erscheinen soll. Einsenkungen an den Orbitalrändern infolge von Knochendefekten werden durch Implantation von Knorpelstückchen ausgeglichen.

Das störendste und entstellendste kosmetische Leiden des Gesichtes bilden jedoch die mannigfachen Falten, die auf der Stirn, an der Nasenwurzel, um die Augen, um den Mund, an den Wangen und am Halse angeordnet sein können.

Die horizontalen Falten der Stirn werden in sehr einfacher Weise durch eine lange, schmale spindelförmige Hautexzision an der Haargrenze der Stirn mit anschließender Naht des erzeugten Defektes beseitigt (Abb. 13).

An der Nasenwurzel finden sich zwei verschiedene Arten von Falten. Ein häufiges Leiden sind die senkrechten parallel mit einem Abstande von etwa 1 cm zueinander verlaufenden Falten zwischen den Augenbrauen, die auf einer übermäßigen Wirkung des M.corrugator supercilii beruhen. Dieser Muskel entspringt an der Glabella dicht über dem medialen Ende der Augenbraue und strahlt nach lateral oben verlaufend in die Haut der Stirn aus; seine Wirkung beruht also darauf, daß er die untere Stirnhaut mit der Augenbraue nach medial und unten zusammenzieht, so daß die tiefen Falten an der Nasenwurzel entstehen. Fernoperationen durch Spannung der Haut von der Schläfenhaargrenze her haben bei diesen tiefen Falten keinen Erfolg, da ein Rezidiv sofort eintreten würde. Lexer empfiehlt, die Falten durch alle Hautschichten zu exzidieren und den Defekt sehr fein zu nähen. Gegebenen-

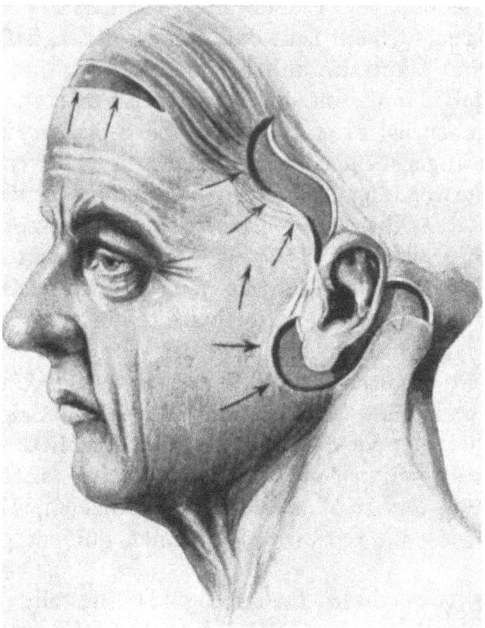

Abb. 13. Entfernung der Gesichtsfalten aus Lexer, Wiederherstellungschirurgie. Angegeben sind die Hautexzisionen für die Beseitigung der queren Stirnfalten, der Falten am äußeren Augenwinkel, der Wangenfalten und Halsfalten.

falls kann man die Naht durch Fettunterpolsterung heben. Passot sah guten Erfolg von der Lähmung des schuldigen Muskels durch mehrmalige Infiltration mit 70% Alkohol. Vor der Verwendung des Paraffins sei auch hier nochmals gewarnt, da mit Sicherheit später häßliche Paraffinome entstehen. — Ferner gibt es an der Nasenwurzel noch sehr viel weniger auffallende wagerechte Falten, die durch die Wirkung des M. procerus entstehen; dieser entspringt auf dem Nasenrücken und strahlt fächerförmig nach oben in die Haut der Stirn aus; auch diese Falten werden am besten ausgeschnitten und fein vernäht. U. U. kann auch der Muskel durchtrennt und die Narbe mit einem Fetträubchen unterpolstert werden.

Des weiteren finden sich sehr störende Falten fächerförmig ausstrahlend am äußeren Augenwinkel, die sog. »Krähenfüße«, die ein sehr häufig als Entstellung empfundenes Leiden darstellen. Die Beseitigung dieser Falten gelingt verhältnismäßig leicht durch eine Fernoperation, d. h. durch eine Spannung der Haut von der Schläfenhaargrenze her. Man exzidiert in örtlicher Betäubung an der Schläfenhaargrenze eine spindelige gekrümmte, schrägstehende Hautpartie (s. Abb. 13), deren Ausmaß man dadurch feststellt, daß man zwischen zwei Fingern eine Hautfalte anhebt und nun zusieht, ein wie breites Hautstück wegfallen muß, um die Falten zum Verschwinden zu bringen. Um sicher zu gehen, ist es erlaubt, sich die geplante Hautexzision mit einem der oben angegebenen Farbstoffe auf die Haut zu zeichnen. Dagegen ist die Verwendung feststehender Schablonen nicht empfehlenswert, da jeder Krankheitsfall verschieden ist und eine Hautexzision von verschieden großem Ausmaße erfordert. Nach flacher Entfernung der überschüssigen Haut werden die Wundränder nach beiden Seiten, vor allen Dingen aber nach der Gesichtsseite hin ausgibig unterminiert, um eine möglichst spannungslose Naht der Wunde zu ermöglichen. Zur Entspannung der Hautnaht wird eine sorgfältige Unterhautgewebsnaht angelegt und dann die Hautnaht mit feinen Seidenknopfnähten angeschlossen, wobei man darauf achtet, in der Mitte der Wunde gut aufgestellte Nähte und an den Wundenden flache Nähte anzulegen, um eine Bürzelbildung an den Wundenden zu vermeiden. Besonderer Wert ist im Anschluß an die Operation auf einen gut entspannenden Verband zu legen.

Die größte kosmetische Bedeutung als Entstellung besitzen nun die Faltenbildungen im Bereiche der Wange. In Betracht kommen hier die Falten um den Mund, besonders eine vertiefte Nasolabialfalte, ferner eine senkrechte Falte am vorderen Rande des M. Masseter. In anderen Fällen tritt ein störendes schlaffes Herabhängen der Wangen auf, die sog. Hängewangen. Die eben genannten Falten sind eine Folge der Tätigkeit der mimischen Muskulatur bei gleichzeitiger Erschlaffung der Haut, wie sie im Alter und bei starker Abmagerung aus anderen Gründen entsteht. Diese Falten werden ebenfalls durch eine Fernoperation beseitigt, indem die Gesichtshaut durch Hautexzisionen vor, unter und hinter dem Ohre nach hinten oben gespannt wird. Der Schnitt umkreist von vorn nach hinten den Ansatz des Ohrläppchens, geht in der Falte hinter dem Ohre bis etwa zur Mitte des Ohransatzes herauf und wendet sich dann an der Haargrenze oder innerhalb der behaarten Partie nach hinten; die untere Begrenzung der auszuschneidenden Hautpartie verläuft in S-förmig gebogener Kurve darunter und läßt soviel Haut fortfallen, wie zum Ausgleich der Falten erforderlich ist (s. Abb. 13). Die auf der Abb. eingezeichneten Pfeile geben die Richtung der erzielten Spannung an. Der untere Wundrand wird ausgibig subkutan mobilisiert. Zur Entspannung der Hautnaht wird eine Nahtreihe des Unterhautgewebes angelegt; die Hautnaht erfolgt mit feinsten Seidenknopfnähten. Bisweilen ist es nicht möglich, die senkrechte Falte vor dem Masseter auf diese Weise durch die Hautspannung auszugleichen, weil die Falte zu tief eingezogen ist. In solchen Fällen kann vom Munde aus eine Lösung der Falte und ihre Unterpolsterung mit einem Fettlappen vorgenommen werden; diese Methode schafft zwar keine äußeren Narben, ist jedoch

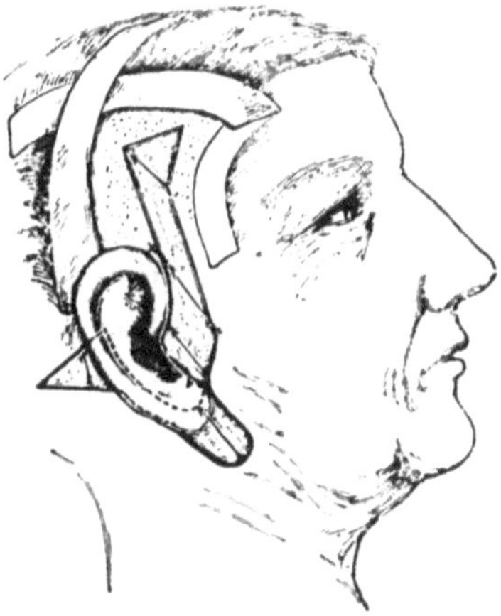

Abb. 14. Entfernung der Gesichtsfalten durch Gesichtsspannung mittels einer großen Hautexzision nach Joseph. Nasenplastik.

in ihrem Gelingen durch eine beträchtlich große Infektionsgefahr bedroht. Besser ist es daher, sich zu einem Eingriff von außen zu entschließen. Man macht an den beiden Enden der Falte je einen 1 cm langen Einschnitt in Richtung der Falte, unterminiert die eingezogene Haut zwischen den beiden Inzisionen und hebt die Falte durch Einschieben eines langen frei transplantierten Fettlappens.

Anschließend seien noch gleich die auf den Hals übergreifenden Falten angeführt. Man unterscheidet hier querverlaufende und längsverlaufende Falten. Zum Teil werden die Halsfalten schon durch die genannte Operation zur Hebung der Wange ausgeglichen (Abb. 13). Sollte diese Operation allein nicht ausreichen, oder falls allein am Halse sich die Falten finden, so kann durch eine lange spindelförmige Exzision am hinteren Rande des M.sternokleidomastoideus nach Kromayer (Abb. 15) und eine nachfolgende Naht des Defektes eine Spannung der Halshaut nach hinten erzielt werden. Der Nachteil dieser Methode ist, daß die Narbe am Halse nicht in allen Fällen unsichtbar gehalten werden kann.

Da nun erfahrungsgemäß die Falten nur selten isoliert an den einzelnen genannten Stellen: Augen, Wangen oder Hals, auftreten, sondern in den meisten Fällen gleichzeitig, so ist es nicht empfehlenswert, sich auf die getrennten kleinen Hautexzisionen an den verschiedenen Stellen zu beschränken, sondern für diese Fälle eignet sich die kombinierte Operation nach Joseph (Abb. 14) besser. Die Schnittführung entspricht

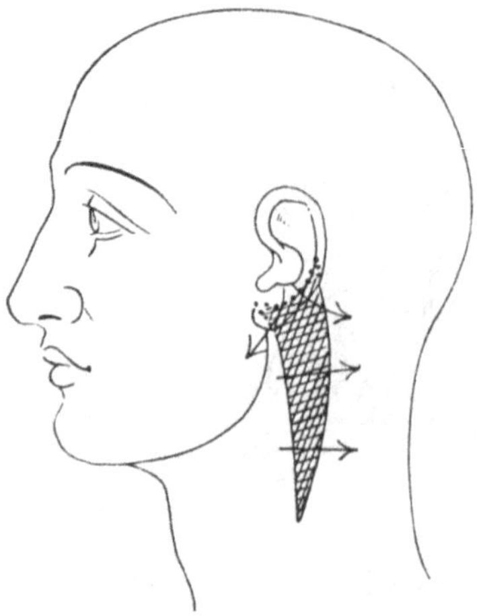

Abb. 15. Entfernung der Halsfalten nach Kromayer durch Hautexzision am hinteren Rande des M-sternocleidomastoideus.

einer Vereinigung der oben getrennt angegebenen Schnitte, wobei allerdings vor dem Ohre auch ein schmaler Hautstreifen in Fortfall kommt. Der vordere Wundrand muß sorgfältig subkutan unterminiert werden, um eine faltenlose Verschiebung der Haut zu ermöglichen. Die Richtung der Hautverschiebung ist durch die Pfeile auf Abb. 14 angedeutet. Eine Schädigung des Nervus fazialis ist bei dem Vorgehen in der richtigen subkutanen Schicht nicht zu befürchten. Die übrigbleibenden Narben sind im obersten Teil an der Schläfenhaargrenze und unten rund um das Ohrläppchen sowie hinter dem Ohre völlig unsichtbar. Zu sehen bleibt nur die kurze Strecke der Narbe vor dem Ohre; auch hier kann die Narbe in geschickter Weise verdeckt werden, wenn man den hinteren Schnitt nicht vor dem Tragus verlaufen läßt, sondern dicht hinter dem freien Rande des Tragus am Übergange in den äußeren Gehörgang (Joseph). — Noch eine Kleinigkeit soll erwähnt werden. Noel macht darauf aufmerksam, daß bei der großen Gesichtsspannung leicht eine häßliche Langziehung des Ohrläppchens auftritt, die leicht dadurch verhütet werden kann, indem man das Ohrläppchen anhebt, an seiner Ansatzstelle abtrennt und nach tiefer Ausschälung aus der Unterlage die freien medialen Ränder des Ohrläppchens vernäht, wobei die Nähte möglichst auf die Rückseite zu legen sind.

Über den kosmetischen Effekt der Faltenoperationen läßt sich zusammenfassend folgendes sagen: Der Erfolg ist sofort nach der Operation bei richtiger Ausführung stets gut; allmählich läßt jedoch die Spannung bei zunehmender Alterserschlaffung der Haut wieder etwas nach; dann soll die Operation erforderlichenfalls ruhig wiederholt werden, weil die Elastizität der Haut nur begrenzt ist und daher die Erfolge der späteren Operationen dauerhafter werden. Nach Passot gewinnt die Gesichtshaut nach der Faltenoperation ein frischeres Aussehen und einen besseren Turgor, was auf die Durchtrennung trophischer Nerven und die einsetzende Neubildung von Blutgefäßen zurückgeführt wird. Nach Halle ergibt die gleiche Operation auch gute Erfolge bei der Ausgleichung von tiefen und auffallenden Pockennarben der Wangen.

Wohl die schwerste Entstellung des Gesichtes wird durch die Fazialislähmung hervorgerufen. Am unangenehmsten macht sich das Herabhängen der gelähmten Gesichtsseite und die Verziehung des Mundes nach der gesunden Seite hin bemerkbar, die besonders bei mimischen Bewegungen der gesunden Seite hervortreten. Sehr störend ist ferner der Lagophthalmus, das Offenstehen der Lidspalte auf der gelähmten Seite, das zu hartnäckiger Bindehautentzündung führt. Weniger auffällig ist die Unfähigkeit, die Stirn zu runzeln, und das geringfügige Herabhängen der Augenbraue. Man unterscheidet je nach der Ursache eine kortikale, nukleäre, faszikuläre, basale oder periphere Fazialislähmung. Nur bei der ganz peripheren Lähmung kann der Versuch einer direkten Naht des geschädigten oder durchtrennten Nerven versucht werden (Neugebauer); die Schwierigkeiten dieser Operation sind jedoch recht beträchtlich, der Erfolg ist unsicher. — Eine andere Behandlungsmöglichkeit beruht darin, daß man eine Nervenpfropfung vornimmt, indem man einen Teil des N.hypoglossus oder des N.accessorius abspaltet und mit dem peripheren Stumpf des Fazialis in Verbindung bringt. Die Methode kann zu einem recht guten kosmetischen Resultat führen, hat jedoch den Nachteil, daß bei dem spendenden Nerven Funktionsausfälle erzeugt werden, was besonders störend beim N.hypoglossus zur Erschwerung des Schluckaktes führt;

außerdem ist bei Verwendung des Accessorius ein Minenspiel nur möglich, wenn durch gleichzeitige Innervierung erzeugte Mitbewegungen der Schulter in Kauf genommen werden.

In der Regel wird man wegen dieser Nachteile versuchen, mit anderen Hilfsmitteln die störenden Symptome der Fazialislähmung zu beheben. Das Hauptaugenmerk richtet sich hierbei naturgemäß auf das Herabhängen der gelähmten Gesichtsseite und die Verziehung des Mundes nach der gesunden Seite hin. Das primitivste Mittel besteht in der Anbringung eines kleinen Stützapparates. In Höhe des 2. Prämolaren wird ein kleiner Haken angebracht, auf den die Mundwinkel aufgeladen werden. Blume und Scholz berichten über zufrieden-

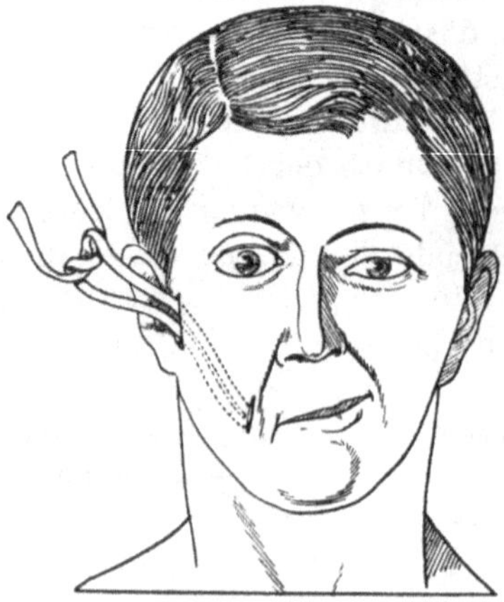

Abb. 16. Fazialislähmung: Hebung des herabhängenden Mundwinkels mittels Faszienstreifen, aus Passot (Chirurgie esthétique pure).

stellenden Erfolg in zwei Fällen. — Ein ebenfalls recht primitives und unzulängliches Hilfsmittel bildet die Exzision der Mundwinkel zwecks Vergrößerung des Mundes nach der gelähmten Seite hin. — Erheblich zweckmäßiger ist das Vorgehen von Busch und Momburg, die den herabhängenden Mundwinkel von der Schläfengegend her mittels versenkter Draht- oder Seidennähte anheben. — Das am häufigsten geübte Verfahren dürfte die Hebung des Mundwinkels mittels eines Faszienstreifens sein (Stein). Man entnimmt zu diesem Zwecke einen etwa 20 cm langen schmalen Faszienstreifen aus der fascia lata des Oberschenkels; dann macht man in örtlicher Betäubung einen kleinen Einschnitt am Rande des Lippenrots des entsprechenden Mundwinkels und einen zweiten etwas größeren Einschnitt an der Schläfenhaargrenze, von wo aus man die Haut zwischen den beiden Inzisionen mit einem Elevatorium leicht subkutan schmal untertunneln kann. Durch diesen Tunnel zieht man mit einer schlanken Kornzange den Faszienstreifen hindurch, dessen unteres Ende an der Kommissur des M. orbicularis oris angenäht wird, während das obere Ende nach genügendem Anziehen des Faszienstreifens bis zu leichter Überkorrektur des schiefen Mundes an der fascia temporalis durch Nähte befestigt wird (Abb. 16). Auch für die Korrektur des Lagophthalmus kann mit Vorteil ein Faszienstreifen implantiert werden (Abb. 17). Man entnimmt dem Oberschenkel einen etwa 20 cm langen Faszienstreifen. Ferner legt man in örtlicher Betäubung einen kleinen senkrechten Schnitt am inneren Lidwinkel an, der die Freilegung des Ligamentum palpebrale mediale gestattet. Eine weitere senkrechte kleine Inzision wird dicht hinter dem temporalen Orbitalrande angelegt, von

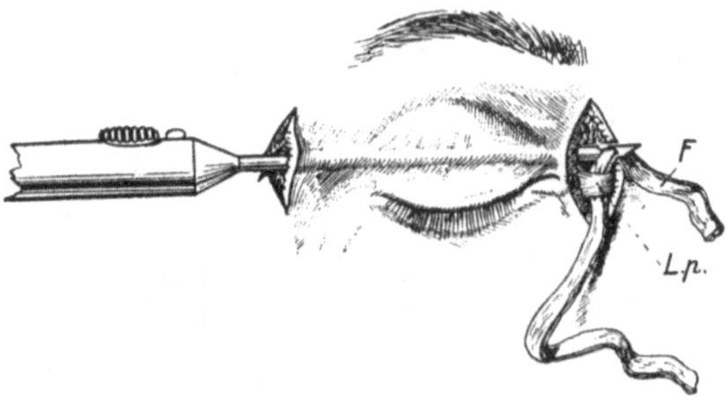

Abb. 17. Fazialislähmung. Beseitigung des Lagophthalmus durch Faszienstreifen aus Passot (l. c.). f = Faszienstreifen, Lp = Ligamentum palpebrale mediale.

dem aus der vordere Rand des M. temporalis freigelegt werden kann. Jetzt wird eine Oersonde von dem temporalen Einschnitt aus subkutan unter dem Oberlid hindurchgeführt bis zu dem Einschnitt am medialen Augenwinkel und mit dem einen Ende der fascia lata zurückgezogen. Das andere Ende der fascia lata wird jetzt unter dem ligamentum palpebrale nach unten durchgeführt und mittels der Oersonde subkutan durch das Unterlid zum temporalen Einschnitt herausgeleitet. Beide Enden des Faszienstreifens werden jetzt von lateral soweit erforderlich angezogen und in dieser Spannung an den M.Temporalis angenäht. Auf diese Weise wird der Lagophthalmus mit Erfolg beseitigt (Passot). Die eben beschriebene Methode der Behandlung der Fazialislähmung mittels Faszienstreifens ergibt recht gute kosmetische Resultate. Aber es wird dieser Methode doch der Vorwurf gemacht, daß sie wohl ein symmetrisches, aber doch starres Gesicht schafft, das an den mimischen Ausdrucksbewegungen nicht teilnehmen kann. Um diesen Nachteil zu vermeiden, wird eine verhältnismäßig komplizierte gestielte Verpflanzung von Muskelteilen vorgenommen, teils um kontraktile Zügel an Stelle des gelähmten Muskels zu setzen (Lexer, Krause, Jianu), teils um von dem verpflanzten Muskel aus eine neue Innervierung der gelähmten Muskeln zu erreichen die sog. muskuläre Neurotisation (Rosenthal). Das operative Vorgehen ist aus Abb. 18 ersichtlich. Die erforderlichen Schnitte werden möglichst an unauffällige Stellen verlegt, oben an die Schläfenhaargrenze, unten in die Nasolabialfalte; am Auge liegt der Schnitt entweder im Be-

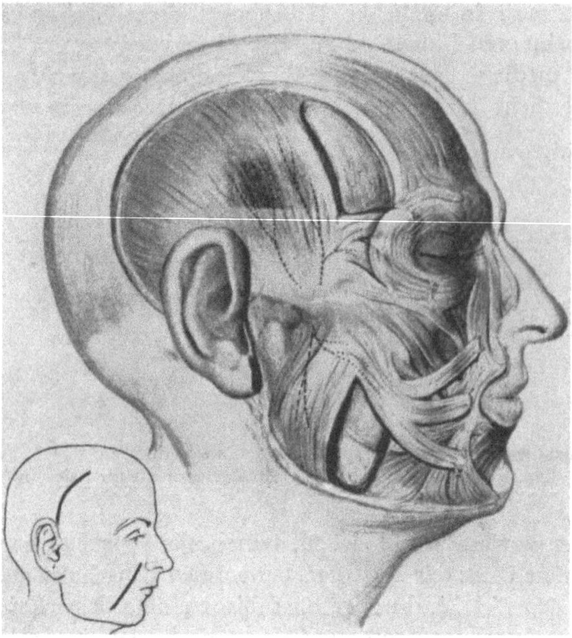

Abb. 18. Fazialislähmung. Muskelplastik aus Lexer, Wiederherstellungschirurgie. Abspaltung aus dem M. temporalis für den M. orbicularis oculi: Abspaltung aus dem M. masseter für den M. quadratus labii sup., den orbicularis oris und den M. triangularis.

reiche der Augenbraue oder in den Unterlidfalten. Vom M. temporalis wird zur Beseitigung des Lagophthalmus ein breiter Streifen oben abgetrennt und abgespalten unter möglichster Erhaltung seiner Nevenversorgung; dieser abgespaltene Muskellappen wird an seinem Ende geteilt und sowohl im Bereiche des Ober- wie des Unterlides breit an den M. orbicularis oculi angelegt und am Rande mit einigen Nähten befestigt. Zur Hebung des herabhängenden Mundwinkels wird von einem Schnitt in der Nasolabialfalte aus ein breiter Streifen aus dem vorderen Rande des M. masseter abgespalten und unter Erhaltung seiner nervösen Versorgung am Unterkiefer abgetrennt (s. Abb. 18). Das freie Ende des Muskellappens wird in drei Teile aufgeteilt, von denen der oberste an den M. quadratus labii sup. mit seinem Querschnitt breit angelegt und mit einigen Nähten fixiert wird. Auf die gleiche Weise werden der mittlere und untere Zipfel des Muskellappens mit dem M. orbicularis oris in Verbindung gebracht. Das kosmetische Resultat soll meist gut sein; Rosenthal sah unter 12 Fällen von muskulärer Neurotisation drei Fälle mit guter willkürlicher Beweglichkeit der mimischen Muskulatur.

Weiterhin sollen noch zwei Leiden kurz erwähnt werden, die den ästhetischen Eindruck des Gesichtes bisweilen stören. Das eine sind die Wangen- und Kinnfisteln dentalen Ursprungs. Sie kommen dadurch zustande, daß sich um die Wurzel eines pulpalosen Zahnes Granulationsgewebe bildet, das in mehreren Schüben den Knochen und das Periost durchbricht, so daß es in die Weichteile gelangt. Hier wölbt das Granulom die Haut vor (subkutanes Granulom) und durchbricht schließlich auch die Haut, so daß eine Hautfistel entsteht, die durch narbige Einziehung der Weichteile und ständige Sekretion lästig fällt. Das Leiden findet sich seltener am Oberkiefer, meist am Unterkiefer an typischer Stelle: entweder in der Mitte des Unterkiefers über dem sog. Sechsjahrmolaren oder am Kinn ausgehend von den mittleren Schneidezähnen. Finden sich bei demselben Patienten mehrere Fisteln, so ist der Verdacht auf Aktinomykose gegeben. Die Behandlung besteht in Zusammenarbeit mit dem Zahnarzt in Versorgung des kariösen Zahnes und Auslöffelung der Fistel. Andere Chirurgen extrahieren den kranken Zahn, exzidieren die Fistel, vernähen die Wunde und erhalten auf diese Weise ein gutes kosmetisches Resultat.

Als weiteres kosmetisches Leiden des Gesichtes sei die lokale Gesichtshyperhidrosis genannt, die als Folge einer Verletzung oder eiterigen Entzündung der Parotis hin und wieder beobachtet wird. Hyperämie und Schweißausbruch treten vorzugsweise während des Essens auf, so daß gemeinsame Mahlzeiten mit anderen Menschen den Patienten zur Qual werden. Betroffen sind vor allen Dingen die Gegend vor dem Ohre bis zur Schläfengegend herauf und bis zum Mundwinkel herunter, entsprechend dem Ausbreitungsgebiet des N. auricularis magnus und des N. auriculotemporalis. An der Stelle, wo die genannten Nerven das Narbengewebe innerhalb der Parotis passieren, findet eine Reizung der sekretorischen Fasern statt. Das Schweißzentrum für die Kopf- und Gesichtshaut befindet sich in den Vorderhörnern des 2.—4. Brustsegments, die sekretorischen Fasern verlaufen durch die Rami communicantes albi in den zervikalen Grenzstrang des Sympathikus und gesellen sich mit einzelnen Verästelungen den N.trigeminus, fazialis, auricularis magnus und auriculo-temporalis bei. Da eine Neurolyse innerhalb der Parotis nicht in Frage kommt, empfiehlt sich die Resektion der betreffenden Nerven (Dobrotworski). In örtlicher Betäubung wird am Hinterrande des Kopfnickers der Ramus ant. und post. des N. auricularis magnus reseziert und außerdem der N. occipitalis minor wegen der Möglichkeit von Anastomosen. Den N.auriculotemporalis erreicht man durch einen queren Schnitt am oberen Rande des Jochbogens, von dem aus man stumpf nach oben und unten die Gewebe von der Fascia temporalis ablöst und alle Nervenäste durchtrennt.

3. Augen.

Die Lähmungen des Augapfels, die zu dem sehr entstellenden Schielen führen, gehören in das Gebiet der Augenheilkunde und werden daher an dieser Stelle übergangen. Uns sollen hier nur die äußeren Entstellungen beschäftigen, die vor allem durch Stellungsfehler der Augenlider oder abnorme Faltenbildungen bedingt sind. Unter den Faltenbildungen sei zunächst der besonders bei Kindern häufig zu beobachtende Epikanthus besprochen. Diese Mißbildung, auch Epiblepharon genannt, besteht aus einer halbmondförmigen, vom Oberlid zum Unterlid ziehenden und den inneren Augenwinkel überdeckenden Hautfalte, die dadurch so häßlich wirkt, daß sie die Nasenwurzel ganz breit und die Augen abnorm weit auseinanderstehend erscheinen läßt. Die operative Beseitigung dieser Hautfalte ist sehr einfach. Es genügt, auf dem Nasenrücken eine längsovale Hautexzision vorzunehmen und den Defekt in der Längsrichtung des Nasenrückens mit feinen Nähten zu vernähen (v. Ammon, Lexer); auf diese Weise verschwindet der Epikanthus. Sollte gleichzeitig eine Sattelnase vorhanden sein, so ist es beser, an Stelle der Exzision eine Hebung des Nasenrückens durch Einpflanzung eines Spanes nach einer der weiter unten beschriebenen Methoden vorzunehmen (s. Abschnitt 4, Sattelnase); hiermit erzielt man gleichzeitig die Besserung der Sattelnase und die Beseitigung des Epikanthus.

Die Lidfalten am äußeren Augenwinkel, die sog. Krähenfüße, werden, wie bereits oben besprochen wurde, durch die Gesichtsspannung beseitigt, besonders wenn man die Exzision der Haut von der Schläfenhaargrenze etwas auf die Stirn übergreifen läßt (s. den vorhergehenden Abschnitt). Im übrigen können Lidfalten am Oberlid oder am Unterlid lokalisiert sein.

Die Oberlidfalten verursachen verhältnismäßig selten Entstellungen. Ihre operative Beseitigung stellt einen sehr einfachen und überaus dankbaren Eingriff dar. Es wird in örtlicher Betäubung mit besonders geringem Adrenalinzusatz, da die Lider eine Ischämie des Gewebes besonders schlecht vertragen, eine einfache spindelige, parallel der Augenbraue leicht gekrümmte Hautexzision vorgenommen und der entstandene Defekt mit feinen Nähten vereinigt (s. Abb. 19 a). Zu diesen feinen Nähten ist die autoplastische Verwendung von Frauenhaar

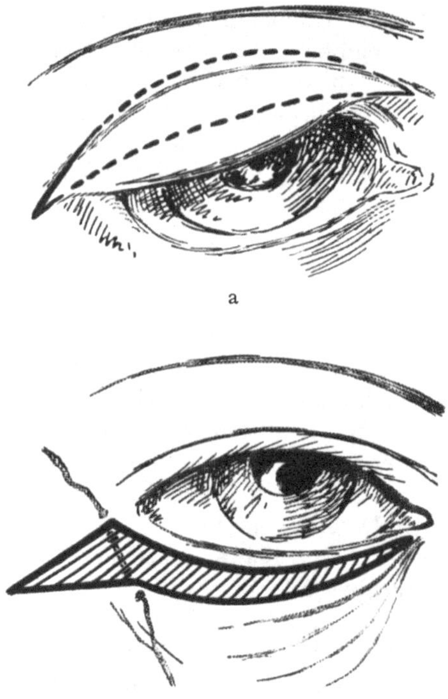

a

b

Abb. 19. Lidfaltenentfernung. a) aus dem Oberlid: b) aus dem Unterlid (die Hautexzision wird über den äußeren Lidwinkel nach lateral ausgedehnt, um die Erzeugung eines Ektropium zu vermeiden) aus Joseph, Nasenplastik.

wegen seiner ganz besonderen Feinheit recht empfehlenswert. Der kosmetische Erfolg dieser kleinen Operation ist stets gut, da die Narbe in die tiefe Oberlidfalte zu liegen kommt und da eine Verziehung oder Ektropionierung des Oberlides fast nie zustandekommt.

Um so heikeler ist die operative Beseitigung der Unterlidfalten. Auf zweierlei ist ganz besonders zu achten: man erhält häßliche und später sehr störend sichtbare Narben, wenn man die Hautexzision zu tief nach dem unteren Orbitalrand hin anlegt und zweitens besteht die große Gefahr, ein Ektropium des Unterlides zu erzeugen, wenn man mit der Hautexzision zu dicht an den Lidrand herangeht. Man soll sich daher mit dem oberen Schnitt etwa 2 mm vom Lidrand entfernt halten und außerdem, wie aus Abb. 19 b erkennbar ist, den Schnitt nach lateral über den äußeren Lidwinkel hinaus fortführen, damit hier durch die Naht des Hautdefekts der Bildung eines Unterlidektropiums entgegengewirkt wird. Da es bisweilen schwer ist, die Ausdehnung der erforderlichen und auch tragbaren Hautexzision aus dem Unterlide richtig abzuschätzen, empfiehlt Passot folgendes Vorgehen: vor Ausführung der Anästhesie hebt man mit einer Pinzette die Haut in eine Falte an, um die erforderliche Ausdehnung der Hautexzision festzustellen; während nun die linke Hand die Falte weiter anhebt, wird erst jetzt die Lokalanästhesie ausgeführt, auch wieder mit sehr geringem Adrenalinzusatz wegen der Empfindlichkeit der Gewebe; dann wird die angehobene Hautfalte unter Schonung des Knorpels und des M.orbicularis exzidiert und der Defekt sehr fein genäht, ev. mit Frauenhaar. Ein Verband erübrigt sich nach der Operation, die Wunde wird lediglich eingepudert. Dieses Vorgehen erzielt bei gewöhnlichen Unterlidfalten ein gutes kosmetisches Resultat. Handelt es sich jedoch um eine erhebliche Erschlaffung der Lidhaut mit »Säckchenbildung«, eine eigentliche Blepharochalasis, so ist es ratsam, nach der eben beschriebenen Hautexzision den unteren Wundrand durch feine Nähte an den konvexen Rand des Tarsus und die davon abgehende fascia tarso-orbitalis zu befestigen (Fuchs). Dadurch entsteht eine Art Deckfalte, so daß die Unterlidhaut nicht mehr als schlaffer Beutel herabhängen kann und die Ausbildung eines Rezidivs sehr erschwert ist.

Schließlich erfordern noch die halonierten Augen Berücksichtigung, die durch zu straffe Fixation des Unterlides am unteren Orbitalrand entstehen und ihren Trägern ein auffallend elendes und altes Aussehen geben. Die Beseitigung dieses Leidens ist verhältnismäßig leicht und sehr dankbar. Von einem bogenförmigen Schnitt entsprechend der Unterlidfalte aus werden die Hautränder etwas mobilisiert, mit einem Fetträubchen unterpolstert und wieder vernäht.

Eine weitere sehr gewichtige Gruppe von Entstellungen im Bereiche des Auges werden durch Stellungsfehler der Augenlider hervorgerufen. Zu nennen ist zunächst die Ptose oder Senkung des Oberlides, die in der Regel auf einer Lähmung des vom N.oculomotorius versorgten M.levator palpebrae beruht; nur geringe Grade von Ptose zusammen mit Miosis beruhen auf einer Lähmung des vom Sympathicus innervierten glatten Müller schen Muskels. Meist wird nur die angeborene Form der Ptosis auf operativem Wege behandelt, da die erworbene Form häufig spontan zurückgeht oder mit noch anderen Augenmuskellähmungen vergesellschaftet ist. Zur Behandlung der Ptosis kommt zunächst orthopädische Beseitigung in Frage durch Anwendung einer Art Monokel mit einer federnden Vorrichtung, die das Oberlid hebt, aber auch den Lidschluß gestattet (s. Axenfeld und Brons).

Die operative Behandlung der Ptosis kann auf zwei verschiedenen Wegen vorgehen. 1. Die Wirkung des M.levator palpebrae wird auf andere Muskeln übertragen, z. B. auf den M.frontalis (die Übertragung auf den M. rectus sup. oculi nach Motais hat sich nicht eingebürgert, da nach der Operation häufig Doppelbilder entstehen). Die Übertragung der ausgefallenen Levatorwirkung auf den M.frontalis geschieht nach Lexer mit Hilfe von zwei Faszienzügeln (ein einzelner Faszienzügel ist nicht ausreichend) nach folgendem Vorgehen: es wird je ein 1 cm langer Hautschnitt am oberen Rande der Augenbraue angelegt und zwar nahe ihrem medialen und ihrem lateralen Ende, mit der geschlossenen Schere wird nach unten die Haut des Oberlides unterminiert bis zum Lidrand nahe dem medialen und dem lateralen Lidwinkel, wo ebenfalls eine ganz kleine Inzision gemacht wird. Dann wird in die vorgebildeten Tunnels ein schmaler Faszienstreifen eingeführt, der etwas mit Fett bedeckt sein muß, damit keine festen Verwachsungen entstehen. Am unteren Ende wird der Faszienstreifen mit in die Hautnaht der kleinen Inzision gefaßt. Dann wird der Faszienstreifen nach oben angezogen, jedoch mit Rückisicht auf seine spätere Schrumpfung nur so weit, daß das Oberlid in die gewöhnliche müde Lidstellung gehoben wird, und in dieser Spannung an den M. frontalis angenäht. Mit diesem Verfahren wird eine gute tiefe Oberlidfalte erzeugt, was mit nur einem in der Mitte verlaufenden Faszienstreifen ganz unmöglich ist.

2. Gegenüber dieser meist angewendeten Methode seien die weiteren operativen Behandlungsmöglichkeiten der Ptosis nur kurz erwähnt: die Verkürzung des M. levator Palpebrae und die Sehnenvorlagerung nach Eversbusch, bei der Vorsicht am Platze ist, wenn der Bulbus nicht nach oben bewegt werden kann.

Weitere Entstellungen, die auf Stellungsfehlern der Augenlider beruhen, stellen das Ektropium und das Entropium der Lider dar. Das Ektropium kommt besonders am Unterlide nach Verletzungen und Verbrennungen durch Narbenzug oder im höheren Alter zustande. Für die allerleichtesten Formen von Ektropium genügt zur Beseitigung schon die Naht nach Snellen, die am besten in folgender Weise ausgeführt wird: man armiert einen dünnen Catgutfaden an seinen beiden Enden mit je einer Nadel und sticht nun auf der Höhe der ektropionierten Bindehaut die beiden Nadeln im Abstande von etwa 3 mm ein und sticht durch die Haut am unteren Orbitalrand wieder aus; zwischen die beiden Ausstichstellen am unteren Orbitalrand legt man einen erbsengroßen Gazetupfer, über den man die beiden Fadenenden fest miteinander verknotet; auf diese Weise entsteht eine U-förmige oder Matratzennaht, die, wenn zwei oder drei solche Nähte nebeneinander angelegt werden, imstande ist, leichtere Formen von Ektropium auszugleichen. Für die schwereren Formen kommt nur eine operative Behand-

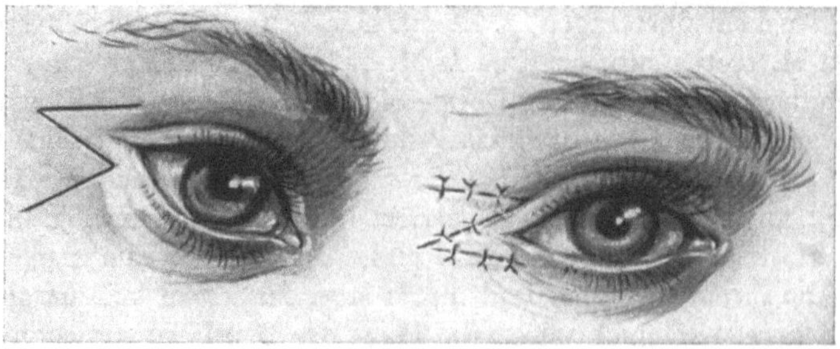

Abb. 20. Schiefstand der Lidspalte. Beseitigung durch N-förmige Schnittführung am äußeren Lidwinkel und Lappenvertauschung, aus Lexer, Wiederherstellungschirurgie.

lung in Frage. Von den verschiedenen Operationsmethoden sei hier kurz auf die Operation nach Kuhnt und Dieffenbach hingewiesen, deren Schnittführung aus der Abb. 28 ersichtlich ist. Von der Mitte bis zum lateralen Lidwinkel wird das Unterlid durch einen intermarginalen Schnitt vorsichtig gespalten; aus Tarsus und Conjunctiva wird nun in der Lidmitte ein Dreieck herausgeschnitten, dessen Basis am Lidrand

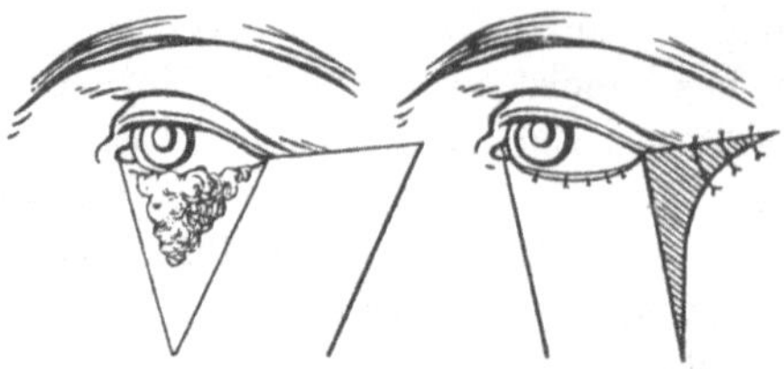

Abb. 21. Lidplastik nach Dieffenbach aus Lexer, Wiederherstellungschirurgie.

und dessen Spitze an der Umschlagsfalte der Bindehaut gelegen ist; darauf wird der Schnitt am äußeren Lidwinkel nach lateral verlängert und nach unten gerichtet ein Dreieck aus der Haut herausgeschnitten, dessen Basis in der Verlängerung der Lidspalte liegt. Durch Verziehung der Bindehaut nach medial und des Hautlappens nach lateral wird der entstandene Defekt durch feine Knopfnähte so geschlossen, wie aus Abb. 28 b zu ersehen ist. — Bei den ganz schweren Formen von Narbenektropium, bei denen u. U. der Tarsus verloren gegangen ist, müssen kompliziertere plastische Operationen angewendet werden, um eine Heilung herbeizuführen. Die sowieso schon zu knappe und außerdem auch noch narbig veränderte Haut des Unterlides wird zunächst exzidiert und der entstehende Defekt durch eine der zahlreichen Lappenplastiken aus der Umgebung gedeckt. Nach Imre (Abb. 23) z. B. wird

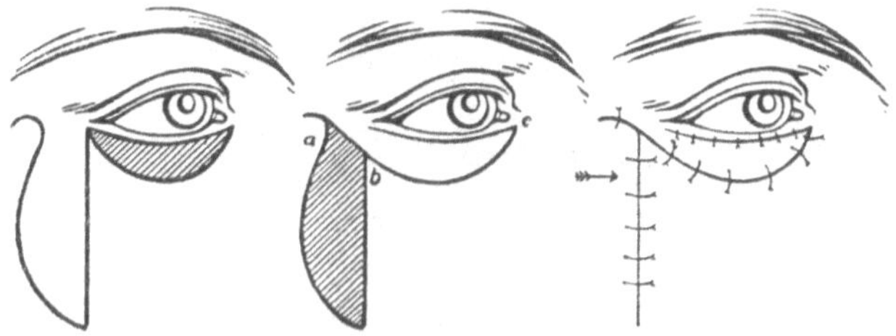

Abb. 22. Lidplastik nach v. Langenbeck aus Lexer, Wiederherstellungschirurgie.

der Defekt durch die in breit gestieltem Lappen hochgeschlagene Wangenhaut gedeckt; Fricke entnimmt die für das Unterlid oder auch für das Oberlid erforderliche Haut aus der Hautpartie oberhalb der Augenbraue mittels eines temporalgestielten Lappens (Abb. 24), die Entnahmestelle kann durch Naht geschlossen oder auch durch einen Thierschschen Epidermislappen gedeckt werden. v. Langenbeck

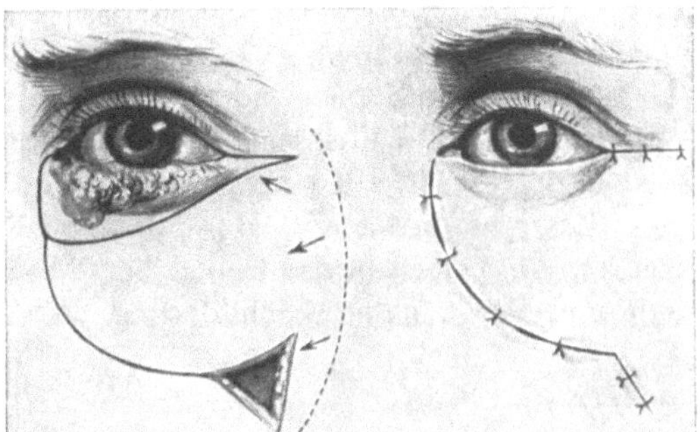

Abb. 23. Lidplastik nach Imre aus Lexer, Wiederherstellungschirurgie.

verwendet, wie die Abb. 22 zeigt, die Haut unterhalb des lateralen Lidwinkels zum Ersatz der fehlenden Unterlidhaut, während Büdinger (Abb. 25) die Entnahmestelle an die Schläfe dicht hinter den lateralen Orbitalrand verlegt. Außerdem ist auf dieser Abbildung gezeigt, wie ein kleiner aus der Ohrmuschel frei verpflanzter Knorpelkeil als Ersatz des fehlenden Tarsus verwendet werden kann. — Sollte wegen aus-

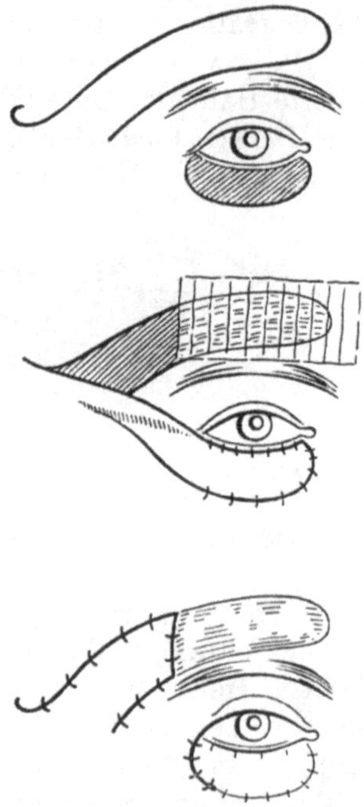

Abb. 24. Lidplastik nach Fricke aus Lexer, Wiederherstellungschirurgie. Die Entnahmestelle oberhalb der Augenbraue wird durch Thierschläppchen überhäutet.

gedehnter Narbenbildungen an allen genannten Stellen und im ganzen Gesichte keine dieser genannten kleinen Lappenplastiken möglich sein oder sollten Ober- und Unterlid auf einem oder gar auf beiden Augen gleichzeitig eines Ersatzes bedürfen, so sind kompliziertere Fernplastiken erforderlich, die jedoch in das Gebiet der Wiederherstellungschirurgie gehören und deren nähere Schilderung daher hier zu weit führen würde.

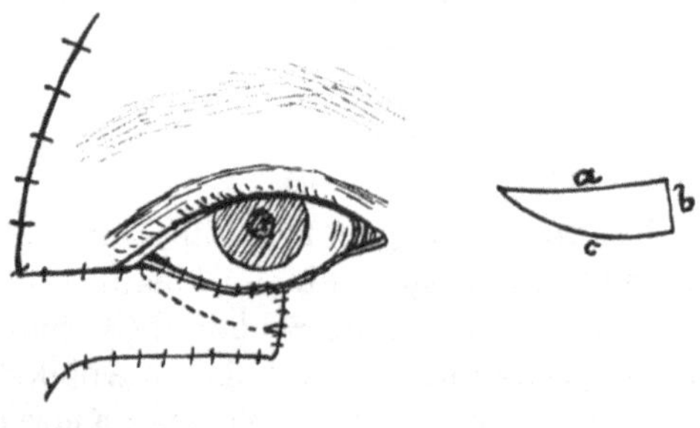

Abb. 25. Lidplastik nach Büdinger. a—b—c das frei transplantierte Knorpelstück aus der Ohrmuschel als Ersatz des fehlenden Tarsus.

Das Entropium, die Einwärtsrollung, der Augenlider kommt hauptsächlich als spasticum senile oder nach Verletzungen oder narbenbildenden Entzündungen der Bindehaut vor. Die Behandlung der leichteren Fälle geschieht durch die einfache Gaillard sche Naht: es werden von der Hauthöhe der Einrollung aus doppelt mit Nadeln armierte Fäden dicht unter der Haut durchgestochen und durch die Haut am Orbitalrand ausgestochen, auch diese Nähte werden wieder über einem kleinen Gazetupfer geknotet, so daß eine Matratzennaht entsteht, die die Höhe der Einrollung nach unten gegen den unteren Orbitalrand zu verzieht. Für schwerere Fälle kommt die Operation nach Graefe in Frage, die darin besteht, daß man parallel zum Rand des Unterlides einen Schnitt legt und von diesem Schnitt aus nach unten ein Hautdreieck mit nach unten gerichteter Spitze in der Mitte des Lides ausschneidet; der Defekt wird in wagerechter Richtung auseinandergezogen und durch feinste Knopfnähte vereinigt.

Noch einige weitere Entstellungen der Augenlider sollen kurz angeführt werden. Über den Lagophthalmus wurde bereits oben bei der Behandlung der Fazialislähmung berichtet (s. vorhergehenden Abschnitt). Die abnorme Enge der Lidspalte, die Blepharophimose, findet sich besonders als Folge von Skrophulose und Narbentrachom. Die Beseitigung ist sehr leicht durch eine einfache Inzision des äußeren Lidwinkels und Nahtvereinigung von Haut mit Konjunktiva. U. U. kann man vom Hautrande einen ganz schmalen Streifen entfernen, damit bei der Naht die Konjunktiva ganz leicht nach außen herausgenäht wird. Die kleine Operation ist nicht nur aus kosmetischen Gründen erforderlich, sondern auch zur Druckentlastung des Bulbus. Die noch schwereren Deformierungen der Lider, wie Verwachsungen der Lidränder (Ankyloblepharon) mit Kryptophthalmus als Folge von Lupus, Diphtherie, Verbrennung, Verätzung oder auch als angeborene Mißbildung erfordern größere plastische Operationen und Ersatz der fehlenden Konjunktiva durch frei verpflanzte Lippenschleimhaut. Diese Operationen bedingen große Spezialerfahrung und sollten daher dem Ophthalmologen überlassen werden. Die abnorme Vergrößerung der Lidspalte kann durch einfache Tarsorrhaphie beseitigt werden oder durch die Operation nach Kuhnt-Dieffenbach (Abb. 28). Schließlich sei noch die Schiefstellung der Lidspalte genannt, die dadurch beseitigt wird, daß man den äußeren Lidwinkel dem Niveau des inneren durch eine kleine plastische Operation anpaßt (s. Abb. 20). Am äußeren Lidwinkel wird eine kleine N-förmige Inzision geführt, die Wundränder etwas unterminiert und durch Lappenvertauschung eine Geraderichtung der Lidspalte erreicht. Die Hautnähte müssen hier auch wieder ganz besonders fein und exakt angelegt werden, u. U. mit Frauenhaar.

Geschwülste der Augenlider (bes. Xanthelasma, Carcinom u. a.) werden z. T. mit dermatologischen Methoden behandelt, wie Diathermie usw. (s. Dermatologischen Teil); bei größerer Ausdehnung und bei nahem Sitz an der Lidspalte tritt jedoch die Operation in den Vordergrund mit plastischer Deckung des Liddefektes. Hierfür stehen die auf Abb. 21—25 abgebildeten Verfahren zur Verfügung.

Zum Schlusse erfordern noch die Augenbrauen und die Wimpern eine kurze Berücksichtigung. Übermäßig stark entwickelte Augenbrauen werden dadurch verbessert, daß man aus der Mitte der Augenbraue einen länglichen Streifen herausschneidet und den Defekt durch feine Naht schließt (Joseph). Schwieriger zu behandeln ist das Fehlen

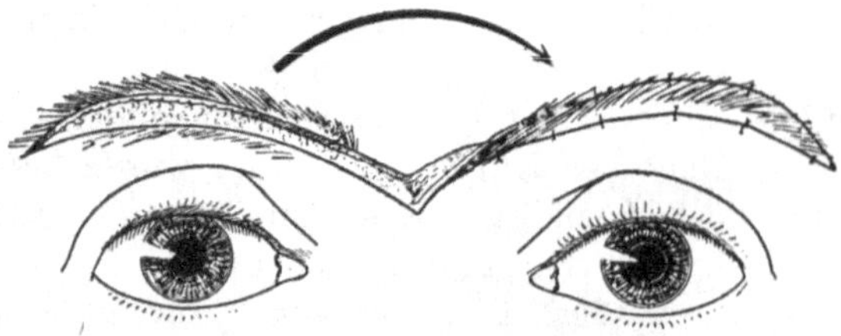

Abb. 26. Ersatz einer fehlenden Augenbraue durch gestielte Plastik aus der anderen Augenbraue aus Passot, Chirurgie esthétique pure.

einer oder beider Augenbrauen. Wenn nur eine Augenbraue fehlt und die andere kräftig entwickelt ist, kann man nach Passot so vorgehen, daß man aus der erhaltenen Augenbraue einen länglichen Lappen herausschneidet und zwar mehr aus der unteren Hälfte, weil dann die Narbe weniger zu sehen ist; den so gewonnenen haartragenden Lappen kann man entweder frei auf die defekte Seite verpflanzen oder durch gestielte Plastik (s. Abb. 26). Die gestielte Plastik hat den großen Vorteil der gesicherteren Anheilung, dafür aber den Nachteil, daß an der Nasenwurzel eine kleine Narbe entsteht. Am 10. Tage nach der Lappenplastik kann der Stiel durchtrennt und die Narbe an der Nasenwurzel etwas verbessert werden. Bei Fehlen beider Augenbrauen gibt die besten Resultate die gestielte Lappenplastik mit arteriellem Stiel nach Esser; diese Methode besteht darin, daß man innerhalb der Schläfenhaare einen länglichen, leicht gekrümmten Lappen umschneidet von der Form der späteren Augenbraue und zwar so daß dieser Lappen von einem Aste der Art. temporalis ernährt ist. Diesen ernährenden Arterienast präpariert man soweit frei, daß er lang genug wird, um bis zum oberen Orbitalrand zu reichen. Dann untertunnelt man von dem

Schläfenschnitt aus die Haut bis zum oberen Orbitalrand, wo man die Haut in Ausdehnung der gewünschten Augenbraue ausschneidet; dann zieht man den haartragenden, an seinem arteriellen Stiel hängenden Hautlappen subkutan durch den Tunnel und näht die neue Augenbraue in den Hautdefekt am oberen Orbitalrand ein. Die Situation ist also am

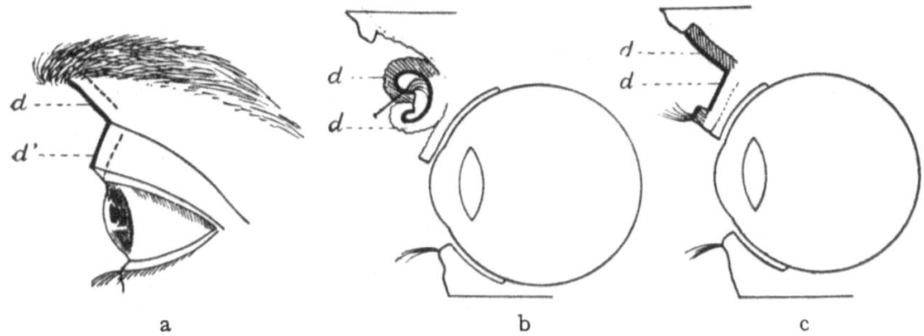

Abb. 27. Ersatz der Wimpern des Oberlides aus der Augenbraue durch gestielte Plastik nach Esser aus Passot (l. c.).

Schluß der Operation so, daß man die Augenbraue von einer feinen Narbe umsäumt hat, die fast unsichtbar ist; subkutan verläuft der ernährende Arterienstiel bis in die behaarte Schläfengegend, wo der kleine Entnahmedefekt zu einer völlig unsichtbaren Narbe vereinigt werden kann. Auf der anderen Kopfseite erfolgt der Ersatz der anderen Augenbraue in genau gleicher Weise.

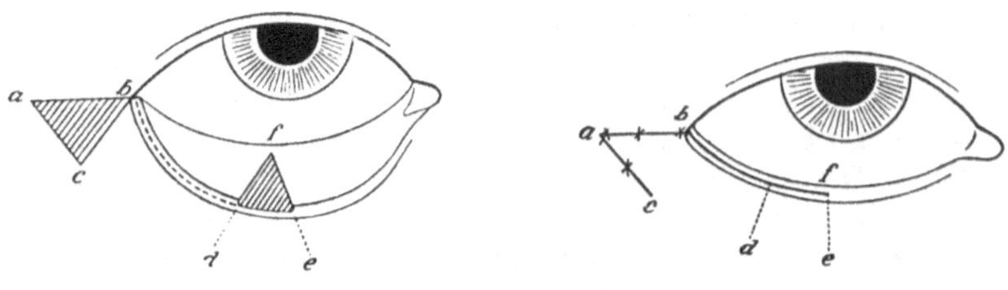

Abb. 28. Ektropium des Unterlides. Operative Beseitigung nach Kuhnt und Dieffenbach aus Römer, Lehrbuch der Augenheilkunde. (In der Mitte des Lides keilförmige Resektion aus Tarsus und Konjunktiva: am äußeren Lidwinkel dreieckige Hautresektion.)

Der plastische Ersatz fehlender Wimpern kann ebenfalls kosmetisches Erfordernis sein. Als Behandlungsmethode kommt die freie Verpflanzung einzelner Haare einschließlich follikeltragender Haut in den intermarginal gespaltenen Lidrand in Frage (Bock, Kromeyer, Krusius); aber die Methode ist mühselig und im Erfolg unsicher, da eine genügende Ernährung der Haarfollikel nicht gewährleistet ist.

Einfacher ist die Methode von Lexer, der aus der Nackenhaargrenze, wo die Haare nicht so stark sind, einen ganz schmalen haartragenden Hautstreifen entnimmt, wobei darauf zu achten ist, daß das Skalpell beim Schneiden schräg nach oben gerichtet sein muß, weil die Haarbälge schräg in der Haut sitzen. Das Lid wird durch intermarginalen Schnitt längs gespalten, die Wundränder durch feine Seidenfäden auseinandergehalten; der haartragende Hautstreifen aus dem Nacken wird jetzt frei in den Lidrand transplantiert und die Seidenfäden über dem Transplantat verknüpft. — Die fehlenden Wimpern des Oberlides kann man ferner durch gestielte Plastik aus der Augenbraue nach Esser ersetzen (Abb. 27). Durch je einen Längsschnitt werden Lidrand und ein schmaler haartragender Strich der Augenbraue so weit mobilisiert, daß sie aneinandergelegt und miteinander vernäht werden können; nach 10 Tagen erfolgt die Trennung des ernährenden Stieles so, daß der schmale Strich von Augenbrauenhaaren am Lidrand hängen bleibt und fortan als Wimpern dient (Abb. 27 b und c), während der Oberlidlappen nach oben zurückgeschlagen und wieder mit dem Augenbrauenrand vernäht wird.

4. Nase.

Für den Ausdruck und die ästhetische Wirkung eines Gesichtes ist die Beschaffenheit der Nase von allergrößter Bedeutung. Es ist daher verständlich, daß auf den verschiedensten Wegen versucht wird, die Form der Nase zu verbessern oder Defekte zu beseitigen. Eine besonders große Rolle spielen die Deformierungen der Nase, deren Beseitigung vielfach auf unblutigem Wege durch die Anwendung von Druckverbänden oder Druckapparaten versucht wird. Aber diese Methoden allein sind wenig wirksam und versprechen einen Erfolg höchstens im Wachstumsalter und bei sehr geringfügigen Deformierungen; dagegen sind diese Druckapparate sehr brauchbar, um im Anschluß an die operative Mobilisierung der deformierten Teile die erwünschte gute Form der Nase zu erhalten. Über Operationen an der Nase ist im allgemeinen folgendes zu sagen: vor der Operation soll sich der Arzt vergewissern, daß kein Schnupfen und kein akuter Katarrh der Nase und ihrer Nebenhöhlen besteht; auch dem Zustande der Tonsillen ist einige Aufmerksamkeit zu schenken. Ferner soll nicht während und 2—3 Tage vor und nach den Menses operiert werden. Schließlich ist es, wie bei allen Kopfoperationen sehr zweckmäßig, in den Tagen vor der Operation keine Antineuralgica und andere koffeinhaltigen Medikamente, sowie keinen Kaffee zu verabfolgen, um Kongestionen nach dem Kopfe und damit die Gefahr vermehrter Nachblutung zu vermeiden.

Es muß darauf hingewiesen werden, daß einzelne Chirurgen (z. B.

Lexer) an der Nase prinzipiell nur von außen operieren und jede endonasale Operation wegen der erhöhten Infektionsgefahr ablehnen. Andererseits werden die endonasalen Operationsmethoden schon so allgemein und mit so vielfachen Erfolgen angewendet, daß im folgenden die Besprechung der extranasalen und intranasalen Operationsmethoden nebeneinander gerechtfertigt sein dürfte. Die Desinfektion des Operationsfeldes darf auch bei Nasenoperationen nicht vernachlässigt werden. Der Naseneingang ist sorgfätig mit Alkohol abzuwaschen, die Haare im Nasenloche werden kurz geschnitten. Die gesamten Nasenoperationen lassen sich in örtlicher Betäubung ausführen. Gewebsschonendes Operieren ist zur Vermeidung besonderer Infektionsgefahr sehr wichtig; vor allen Dingen sind Knochennekrosen nach Möglichkeit zu vermeiden. Elektrische Fräsinstrumente schädigen den Knochen durch Hitze und sollen daher bei endonasalen Operationen, ebenso wie die chirurgische Diathermie, nicht verwendet werden. Der Patient soll schon vor der Operation darauf vorbereitet werden, daß in den ersten Wochen nach der Operation eine beträchtliche reaktive Schwellung der Nase und ihrer näheren Umgebung aufzutreten pflegt. Nach jeder Nasenoperation ist der Patient zu schonender Behandlung seiner Nase, besonders zur Vorsicht beim Schnauben anzuhalten.

Nach Joseph setzt sich das Profil der Nase aus drei Komponenten zusammen: 1. Nasenbeinkomponente, 2. Septumknorpelkomponente und 3. Spitzenknorpelkomponente. Eine ideale und normale Form der Nase ist vorhanden, wenn keine dieser drei Komponenten in auffälliger Weise vor- oder zurücktritt. Ferner soll der ästhetische Profilwinkel, d. h. der Winkel zwischen Hauptprofillinie der Nase und der Stirn-Kinnlinie, zwischen 22° bis 38° betragen. Für eine operative Inangriffnahme kommt in Betracht: eine Korrektur der Größe der Nase oder einzelner Teile, eine Korrektur der Stellungsfehler und schließlich die Beseitigung von Defekten.

Sattelnase. Wir gehen zunächst zur Besprechung der Nasendeformitäten über, die durch ein Zurücktreten oder Vorspringen einzelner oder mehrerer Profilkomponenten der Nase bedingt sind. Zu nennen ist hier zunächst die Sattelnase, die entweder angeboren, meist auf luischer Grundlage, oder erworben, z. B. bei Boxern, vorkommt. Von der Einsenkung betroffen ist entweder nur der knöcherne Nasenbeinabschnitt oder auch noch der Septumknorpelabschnitt. Die gebräuchlichste Behandlungsmethode der Sattelnase besteht darin, daß ein Span unter die Haut des Nasenrückens eingepflanzt wird, der den Nasenrücken in der gewünschten Weise hebt (Abb. 29). Verschiedene Möglichkeiten bestehen in der Wahl des Implantates und in dem Wege der Einbringung. Das ideale Material für das Transplantat stellt ohne Zweifel das körpereigene Gewebe dar. In Frage kommt ein Knochenspan, der aus der Schienbeinkante oder von der Crista iliaca ent nommen wird. Der Knochen muß in diesem Falle ohne Periost verpflanzt werden, da am Nasenrücken spätere periostale Wucherungen stören würden. Dafür muß man den Nachteil in Kauf nehmen, daß der Knochen allmählich rarefiziert wird. Es ist daher mehr zu empfehlen, einen Knorpelspan zu verwenden, der in geringer Menge aus den Nasenmuscheln oder der Ohrmuschel, in größerer Menge aus den Rippenknorpeln 6—8 entnommen werden kann. Nebenverletzungen von

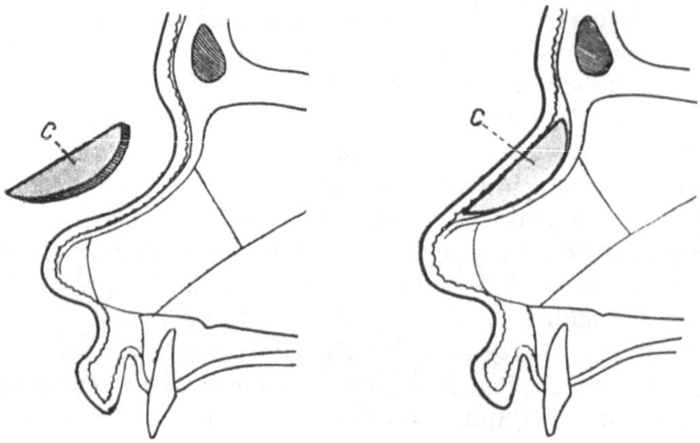

Abb. 29. Sattelnase. Behebung durch einen vorher nach Maß zurechtgeschnittenen und implantierten Span. Aus Passot (Chirurgie esthétique pure).

Pleura, Zwerchfell oder M.rectus sind bei der Entnahme stengstens zu meiden. Der Knorpel ist ein sehr brauchbares Material, weil er leicht schneidbar und im Körper unbegrenzt haltbar ist. Um ein leicht erreichbares autoplastisches Material zu nehmen, das einer Infektion möglichst wenig zugänglich ist, verwendet Linberg die periostbedeckten Phalangen der 4. Zehe an Stelle eines Spanes. — Da jedoch die Entnahme von autoplastischem Material eine zweite Operation bedingt und auch sonst manche Unbequemlichkeiten und Gefahren mit sich bringt, wird wohl von der Mehrzahl der Operateure der Verwendung von hetero- oder alloplastischem Material der Vorzug gegeben. Als heteroplastisches Material für das Implantat empfiehlt Passot die Verwendung von tierischem Knorpel, der wochenlang in 10% Formol konserviert wird. Vor der Verwendung muß das Antisepticum mit physiol. Kochsalzlösung oder mit Serum abgewaschen werden. Der tierische Knorpel ist ebenfalls gut schneidbar, man kann sich mehrere

Modelle in verschiedener Größe herstellen; auch wirkt der tierische Knorpelspan nicht als eigentliche Heteroplastik, sondern, da der Knorpel tot ist, als einfache Prothese. — Ein weiteres heteroplastisches Material stellt der wohl am meisten gebrauchte Elfenbeinspan dar, der als reizloses Implantat hervorragend geeignet ist; als Nachteile hat er nur seine große Härte und infolgedessen schwere Formbarkeit und seine Glätte; um dem Elfenbeinspan im Gewebe Halt zu geben, ist es daher ratsam, an seiner Unterfläche eine Anzahl tiefer Rinnen einzuschneiden, in die das Bindegewebe einwachsen kann. Als alloplastisches Material sei noch schließlich erwähnt, daß Dahmann Korkspäne an Stelle des Elfenbeins verwendet. — Die Implantation des Spanes kann auf extranasalem oder endonasalem Wege erfolgen. Der extranasale Weg erzeugt eine kleine, kaum sichtbare Narbe und bietet wenig Infektionsgefahr, während das endonasale Vorgehen keine äußere Narbe hinterläßt, dafür aber mit erhöhter Infektionsgefahr rechnen muß. Extranasales Vorgehen: in örtlicher Betäubung wird an der Nasenwurzel im Verlaufe einer senkrechten oder wagerechten Falte ein Hautschnitt angelegt; falls keine Falte vorhanden ist, wird der Schnitt am besten in den medialen Teil einer Augenbraue verlegt. Von dieser etwa 1 cm langen Inzision aus tunneliert man sich mit einem stumpfen Instrument (Elevatorium oder geschlossene Schere) einen subperiostalen Weg auf dem Nasenrücken bis an die Nasenspitze, wobei eine Verletzung der äußeren Haut ebenso vermieden werden soll, wie ein Eindringen in die Nasenhöhle; dann wird der Span unter strengsten aseptischen Kautelen in den Tunnel eingeführt, die Inzision durch feinste Kopfnaht verschlossen und der Span in der richtigen Lage durch einen kleinen fixierenden Heftpflasterverband festgehalten (s. Abb. 29). Die Anlegung der Inzision an der Nasenspitze zur Spaneinpflanzung empfiehlt sich nicht, da hier die Infektionsgefahr größer ist als an der Nasenwurzel und außerdem der Span die Neigung hat, durch den vorgebildeten Tunnel nach unten abzurutschen. Endonasales Vorgehen: Der Einschnitt wird in den Naseneingang an die Spitze des Nasendaches verlegt; von hier aus erfolgt die Unterminierung und Abhebung der Weichteile des Nasenrückens, sowie die Einführung des Implantates (Die genaue endonasale Technik s. u.)

Höckernase. Das Gegenteil der Sattelnase, die Höckernase entsteht durch abnormes Hervortreten des Nasenbein- oder auch noch des Septumanteiles des Nasenprofils. Geringe Grade von Höckernase können sehr gebessert werden, indem man die zurückstehende Nasenspitze nach einer der weiter unten beschriebenen Methoden etwas vorsetzt. Stärkere Grade von Höckerbidung können operativ angegangen werden. Extranasal: Lexer macht einen Längsschnitt auf dem

Nasenrücken und entfernt den Überschuß der vorragenden Nasenbeine und medianen Knorpel, wobei eine Verletzung der Nasenschleimhaut streng vermieden werden soll. Periostfetzen dürfen wegen der Gefahr späterer störender Osteopyhtenbildung nicht stehen gelassen werden. Wenn die Nasenwurzel zu tief eingedrückt erscheint, kann sie von einem kleinen Querschnitt an der Nasenwurzel aus durch Knorpeleinlage gehoben werden. Intranasal: die endonasale Abtragung der Höckernase

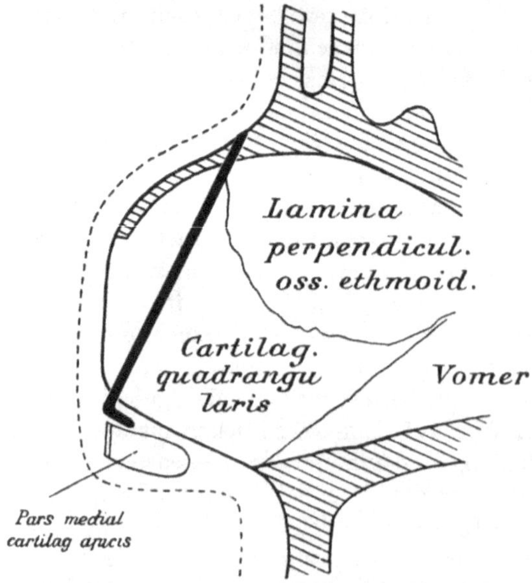

Abb. 30. Höckernase. Endonasale Abtragung in der markierten Profillinie nach Joseph, Nasenplastik.

ist von Joseph ausgearbeitet und in seinem Buche ausführlich beschrieben worden. Da die Kenntnis der genauen Operationstechnik für diesen Abschnitt von großer Wichtigkeit ist, möchte ich mir erlauben, die Beschreibung Josephs an dieser Stelle wortgetreu wiederzugeben.

»...durchsticht man mit dem in das Nasenloch eingeführten Plastikmesser die Schleimhaut dicht über dem unteren Rande des dreieckigen Knorpels (s. Abb. 31 zunächst auf der linken Seite. Um sich die Einstichstelle bequem zugänglich zu machen, drückt man die Nasenspitze mit dem Daumen der linken Hand nach oben während man zugleich mit dem linken Zeigefinger das Vordringen der Spitze des Messers kontrolliert in der Absicht, ein Durchspießen der äußeren Haut zu vermeiden. Man geht dann mit der Spitze des Plastikmessers zwischen dem dreieckigen oder Seitenknorpel nach oben vor, um auf die Seitenfläche des Nasenbeins zu gelangen, durchschneidet, daselbst angelangt das Periost und löst es zugleich ein wenig ab. Dann zieht man das Plastikmesser aus der Wunde heraus und führt auf demselben Wege das etwas um die Fläche gebogene Raspatorium ein. Mit diesem löst man das Periost von dem Knochenhöcker nach oben bis zur Nasenwurzel und so weit seitlich ab, daß man Platz für die seitlich anzusetzende Säge hat. Hierauf wird dasselbe Vorgehen vom Einstich in die Schleimhaut bis zur Periostablösung auf der anderen, der rechten, Seite wiederholt. Dann wird die vordere Spitze des Septumknorpels am besten mit einem quer durch beide Schleimhautöffnungen geführten, geknöpften Messer umschnitten. Damit ist der 1. Akt der Höckerabtragung vollendet.

Es folgt als zweiter Akt die eigentliche Abtragung. Man führt durch die eine Einstichöffnung der Schleimhaut (meist wähle ich die linksseitige) die gerade Höckersäge in den Höcker ein. Man setzt sie unter gleichzeitiger kontrollierender

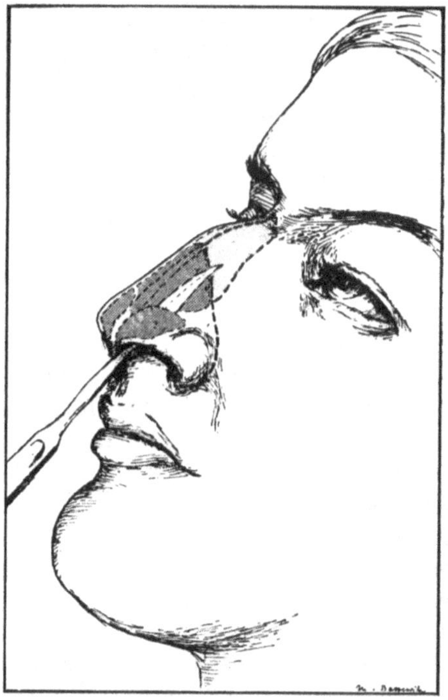

Abb. 31. Höckernase. Das endonasale Eingehen mit dem Plastikmesser soll veranschaulicht werden. Nach Joseph, Nasenplastik.

Palpation des linken Zeigefingers in der Richtung der projektierten Profillinie an (s. Abb. 30) und sägt unter Führung des linken Zeigefingers mit kräftigen Zügen zunächst die eine Seite und das Septum und dann auch die andere Seite durch.

Ist der knöcherne Anteil des Höckers abgetrennt, so merkt man diese Tatsache sofort an seiner plötzlich eintretenden Verschieblichkeit. Der Höcker hängt aber in dieser Phase der Operation meist noch mit seiner Nachbarschaft durch einen Teil des Septums und Partieen des dreieckigen Knorpels zusammen. Diese Verbindungen werden am besten mittels eines geknöpften, in den Spalt hinter dem Höcker eingeführten Messers mit glatten, in der Richtung des neuen Profils geführten Schnitten durchtrennt. Damit ist der Höcker völlig abgetrennt und man braucht ihn dann nur noch mit einer Pinzette zu fassen und aus einem der beiden Nasenlöcher herauszuziehen. — Gelingt es, wie häufig, den Höcker in einem Stück abzutragen, so hat er auf seiner Außenseite natürlich die Höckerform; auf der Innenseite aber die Gestalt eines in der Mitte längsgeteilten Kahnes. Die Teilung in die beiden Abschnitte wird durch das Septum bewirkt. Ist der Höcker oder sind größere Teile desselben auf diese Weise entfernt, so paßt sich die Haut infolge ihrer Elastizität dem verkleinerten Nasengerüst an und bildet, von der Seite betrachtet, die neue Profillinie. Man sieht nun sofort und kann durch Betastung feststellen, ob noch Unebenheiten vorhanden sind. Sind sie in störendem Maße zu konstatieren, so werden sie mit der Knochenfeile, soweit sie den Knochen betreffen, soweit sie noch dem Knorpel anhaften, mit dem sichelartigen Messer oder dem winkligen Zugmesser entfernt... Ist dies geschehen, so ist die Höckerabtragung vollendet, die ganze Operation nur dann, wenn der Nasenrücken durch die Höckerabtragung nicht zu breit geworden ist.«

Soweit folgen wir wörtlich der Beschreibung von Joseph.

Es mag jedoch darauf hingewiesen werden, daß es durchaus nicht in allen Fällen notwendig ist, den Nasenhöcker in ausgedehntem Maße mittels der Säge zu entfernen; in der Mehrzahl der weniger hochgradigen Fälle genügt es vollkommen, wenn man durch die intranasale Einstichöffnung eine Kochenfeile einführt und den Knochenhöcker durch Abfeilen verkleinert.

Abnorme Breite der knöchernen Nase. Die im Anschluß an die soeben beschriebene Abtragung der Höckernase häufig in störender Weise übrigbleibende abnorme Breite der knöchernen Nase wird meist in derselben Operationssitzung ausgeglichen, indem die jetzt fehlende Verbindung der Stirnfortsätze des Oberkiefers mit dem Nasenseptum wiederhergestellt wird. Zu diesem Zwecke geht man mit dem Plastikmesser im lateralen Rezessus des Naseneinganges, direkt unter der Nasobuccalfalte ein und führt den Schnitt auf die äußere Fläche des os maxillare fort, wo das Periost inzidiert wird. Entsprechend der geplanten Durchtrennungslinie wird das Periost mit einem seitlich abgewinkelten Raspatorium abgehoben und der Processus frontalis nach Einführung eines besonderen Führungsinstrumentes mit der seitlichen Nasensäge in einer Linie durchsägt, die dem Übergang der seitlichen Nasenwände auf die Wangenpartie des Gesichts entspricht (Moncorps). Nach ähnlichem Vorgehen auf der anderen Seite lassen sich die beiden Stirnfortsätze des Oberkiefers nach innen einbrechen und dem Nasenrückenrand des Nasenseptums anlegen. Durch einen einfachen Druckapparat wird mittels Pelotten die Nase in ihrer gewünschten Form gehalten. »Handelt es sich um eine isolierte, abnorme Breite der knöchernen Nase ohne Höckerbildung, so muß auf jeder Seite dicht neben der Mittellinie ein zweiter Sägeschnitt gleichfalls intranasal ausgeführt werden, da die knöchernen Seitenwände sich zwar auf einen Moment nach der Mitte verlagern lassen, aber sofort in die alte fehlerhafte Stellung zurückfedern« (Joseph). Die Verschmälerung der zu breiten Nase erfolgt also nicht durch Wegnahme von Knochenstücken, wie sonst bei Verkleinerungen, sondern durch Verlagerung der knöchernen Seitenwände nach der Mitte hin. Die Nachbehandlung erfolgt mit der Josephschen Nasenklammer; diese besteht aus einem Kopfband, an dem mit Leder überzogene Metallpelotten angebracht sind, die durch Schraubenwirkung einen seitlichen Druck auf die Nase auszuüben gestatten. Diese Klammer muß für etwa 6 Wochen abends eine Stunde lang getragen werden; die Abschwellung nach der Operation wird durch diese Nachbehandlung verzögert, tritt jedoch nach Weglassen der Klammer schnell ein.

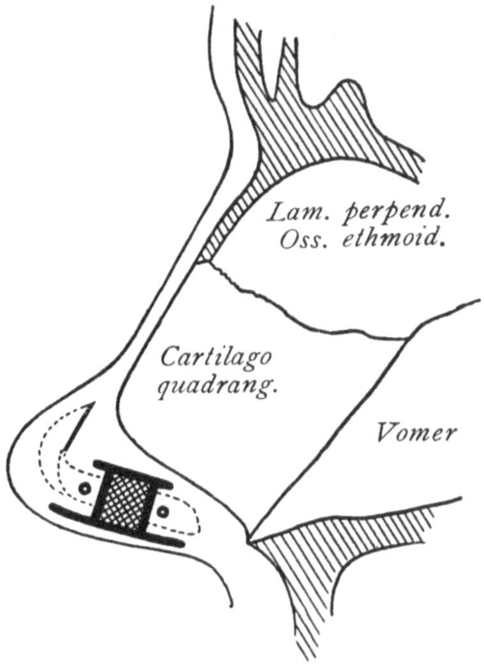

Abb. 32. Zurücksetzung der vorspringenden Nasenspitze nach Joseph, Nasenplastik, durch Resektion eines rechteckigen Stückes aus dem medialen Teile des Spitzenknorpels.

Abnorm vorspringende Nasenspitze. Auch das übertriebene Vorragen oder Zurückstehen des untersten Profilanteiles, der Nasenspitzenknorpelkomponente, wirkt entstellend und bedarf daher operativer Beseitigung. Extranasal: nach Lexer wird eine durch alle Schichten gehende Keilresektion aus der Nasenscheidewand vorgenommen (s. Abb. 35); die Basis des Keiles liegt am freien Rande des Nasenseptum, die Spitze hoch oben am knorpeligen Septum. Der Defekt in Knorpel und Schleimhaut wird durch feine Knopfnähte vereinigt. Gleichzeitig wird eine halbmondförmige Haut-Knorpelexzision aus dem hinteren Rande der beiden Nasenflügel vorgenommen und der Defekt fein vernäht (Abb. 35). Intranasal: wie Abb. 32 zeigt, wird nach Joseph eine rechteckige Exzision aus dem Septum nahe dem häutigen Rande vorgenommen, aber unter Schonung der äußeren Haut; die senkrechten Wundränder werden mit einander vernäht. Bei der Exzision muß darauf geachtet werden, daß das entfernte Septumstück

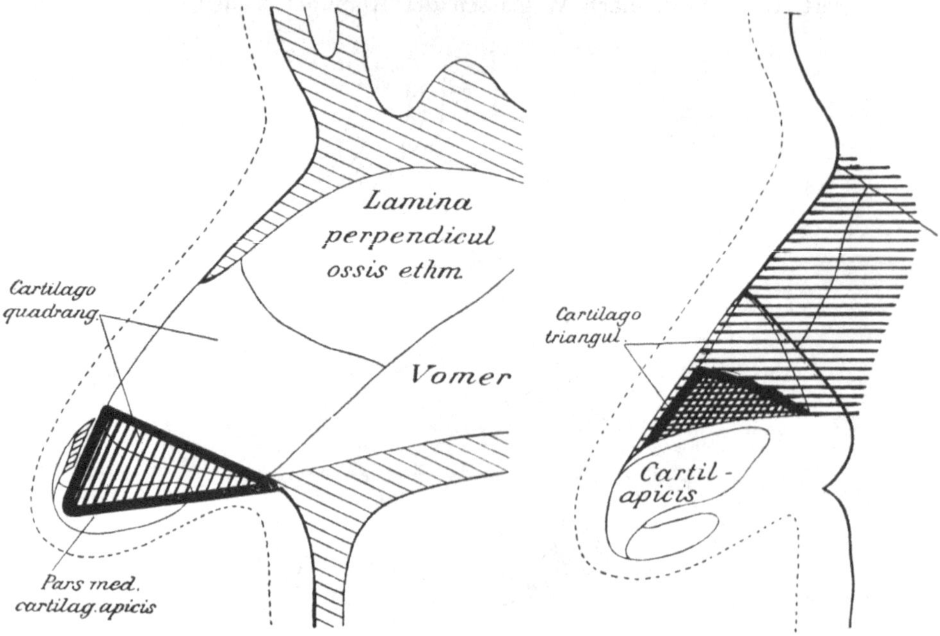

Abb. 33 und 34. Totale intranasale Verkürzung der abnorm langen Nase nach Joseph, Nasenplastik.
Abb. 33. Verkürzung des Nasenseptum. Abb. 34. Verkürzung der Seitenwände der Nase. Die Schraffierung zeigt die Ausdehnung der intranasalen Hautmobilisierung an.

in horizontaler Richtung größer sein muß als die Strecke der beabsichtigten Zurücksetzung der Nasenspitze, da sich nicht nur der vordere Wundrand bei der Naht nach hinten, sondern auch der hintere nach vorn verzieht. Der untere horizontale Schnitt muß, wie aus der Abb. 32 ersichtlich ist, über den Defekt nach vorn und hinten hinausgehen, damit sich die Haut der Nasenscheidewand glatt und faltenlos anlegen kann.

Abnorm zurückstehende Nasenspitze. Eine abnorm zurückstehende Nasenspitze findet sich besonders häufig bei Hasenscharten; das Septum erscheint verkürzt, was darauf beruht, daß das Crus mediale des Spitzenknorpels vom Septumknorpel nach hinten abgerutscht ist. Auf diese Weise erscheint die Nasenspitze platt, die Nasenflügel nach den Seiten verbreitert (s. Abb. 39). Nach Passot läßt sich diese Deformität beheben, indem man am Nasenseptum dicht hinter der Nasenspitze einen Querschnitt in Höhe des vorderen Randes der Nasenlöcher anlegt und den Schnitt auf der Schleimhaut dicht hinter dem Rande der Nasenlöcher noch ein Stück weiter nach lateral fortsetzt. Dann wird das Crus mediale beiderseits mit einer Fadenschlinge nach vorn gezogen und die beiderseitigen Knorpel durch einige Nähte einander genähert. Auf diese Weise gewinnt das Nasenseptum an Höhe und die Nasenflügel werden schmäler (Abb. 39). Die Haut und Schleimhaut wird mit feinen Nähten vereinigt und ergibt eine fast unsichtbare Narbe. Joseph gibt zur Behebung einer abnorm zurückstehenden

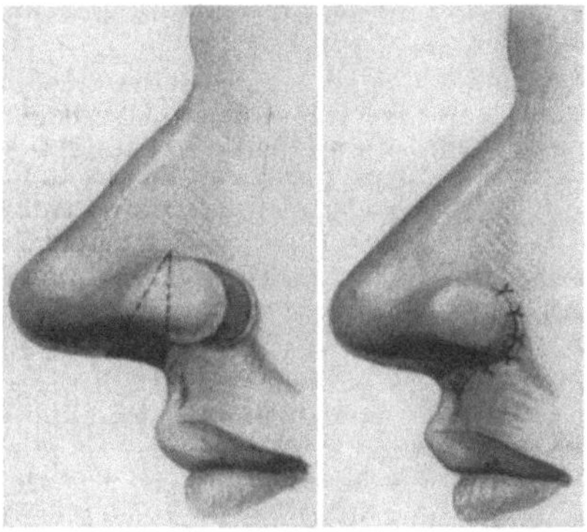

Abb. 35. Zurücksetzung der vorstehenden Nasenspitze durch Keilresektion aus dem Septum und halbmondförmige Abtragung des hinteren Randes der Nasenflügel nach Lexer, Wiederherstellungschirurgie.

Nasenspitze prinzipiell zwei Möglichkeiten an, die Abflachung des Nasenrückens oder die Vorsetzung der Nasenspitze. Beide Operationen werden intranasal ausgeführt, die letztere wird als rationeller angesehen. »Man trägt das septum membranaceum mitsamt den Randpartien des viereckigen Knorpels und der septalen Partien der Spitzenknorpel ab, zieht den unteren Rand des Septums mit den eingelagerten medialen Partien der Spitzenknorpel stark nach vorn und näht ihn in dieser Stellung an den viereckigen Knorpel an. Dadurch entsteht bei vorgerückter Stellung der Nasenspitze eine feste narbige Verbindung zwischen der unteren Randzone des Septums und seinem darüberliegenden Hauptabschnitt« (Joseph). Mit Rücksicht auf den später einsetzenden Narbenzug muß die Korrektur etwa doppelt überdosiert werden, um später einen vollen Erfolg zu erhalten.

Verbreiterung der Nasenspitze. Eine Verbreiterung der Nasenspitze kommt durch das Auseinanderstehen der Spitzenknorpel zustande; in hochgradigen Fällen kann die Diastase der Knorpel so stark sein, daß sich zwischen ihnen eine tiefe Einziehung der Haut findet, die sog. Gesäßnase. Die Beseitigung geschieht extranasal, indem über der Furche ein schmaler Hautstreifen exzidiert wird; die auseinanderstehenden Knorpelränder werden freigelegt und durch einige Catgutnähte zusammengezogen; wenn die Ränder ungebührlich weit vorstehen sollten, so werden sie mit der Schere etwas abgetragen. Darüber wird die Haut vernäht; bei ungenügendem Erfolge kann man auch ein kleines Knorpelstückchen in die Einziehung einpflanzen (Lexer). Joseph operiert auch die Verbreiterung der Nasenspitze intranasal. Die Beschreibung der Josephschen Operationstechnik lautet wörtlich:

»Ich mache mit dem Plastikmesser beiderseits, nahe dem Septum, an der Innenseite der Nasenflügel resp. der knorpelig-häutigen Seitenwand, parallel zu ihrem Rande und etwa 3 mm von diesem entfernt einen 5—6 mm langen Einschnitt und suche mit der Messerspitze auf die Oberfläche des Spitzenknorpels zu gelangen. Dann führe ich ein zweites doppelschneidiges, aber an der Spitze abgestumpftes, ein wenig um die Fläche gebogenes Messer in die Öffnung ein, schiebe es möglichst subperichondral nach oben über den Spitzenknorpel hinweg und erweitere die subkutane Wunde mittels der scharfen Seitenränder des Messers nach beiden Seiten um etwa 2 mm. In diesem Raum führt man eine Branche einer geraden Schere ein, während die andere Branche im Vestibulum Platz findet, und schneidet damit einen 2—4 mm breiten Streifen aus dem Spitzenknorpel und der bedeckenden Schleimhaut aus. Dasselbe geschieht auf der anderen Seite der Nase d. h. am anderen Spitzenknorpel. Sofort nach der Exzision tritt die entsprechende Hälfte der Nasenspitze in der Regel etwas zurück. Es fallen nämlich die beiden nunmehr getrennten Hälften des Spitzenknorpels, nachdem sein Spannungszustand infolge der Durchschneidung aufgehoben ist, nach der Mitte des betreffenden Nasenloches um und die Schnittränder der beiden Hälften des durchtrennten Spitzenknorpels stoßen entweder aufeinander oder sie bedecken sich teilweise, meist liegt dann der mediale Abschnitt des Spitzenknorpels etwas unterhalb des lateralen. In diesem Falle muß der tieferstehende Abschnitt des Spitzenknorpels durch nicht zu feste Tamponade auf das Niveau des höherstehenden Wundrandes gehoben werden.«

Übergroße Länge der Nase. Die abnorme Verlängerung der Nase betrifft das Septum und die Seitenwände oder das Septum allein. Bei extranasalem Vorgehen zwecks Verkürzung der ganzen Nase macht Lexer eine durchgehende quergestellte Keilresektion des Nasendaches von einem Flügelansatz zum andern (Abb. 36); eine mäßig feste Tamponade sichert die Stellung der Nase. Zur Unterstützung der Stellung wird die Nasenspitze mittels Heftpflaster leicht angehoben. Die intranasale totale Verkürzung der Nase nach Joseph gliedert sich in zwei Telle, die Verkürzung des Septums und gegebenenfalls die Verkürzung der Seitenwände. Zur Verkürzung des Septums geht man zunächst genau so vor, wie bei der Höckerabtragung. Man löst die Haut über dem Nasenrücken intranasal subkutan ab und ebenso die Haut über den Seitenwänden der Nase. Dann wird mit einem geknöpften Messer mit einem hakenförmigen Schnitt der Septumknorpel vorne umschnitten und darauf mit starker gerader Schere der unterste Teil des Septumknorpels in Form eines Dreiecks reseziert. Den zweiten Akt der Operation bildet die intranasale Verkürzung der Seitenwände der Nase (Abb. 34), indem mit einer stark gekrümmten Schere der untere Abschnitt der dreieckigen Knorpel mitsamt der bedeckenden Schleimhaut abgetragen wird. Es folgt dann die Nahtvereinigung der horizontalen Wundränder des Septums mit dem viereckigen Knorpel

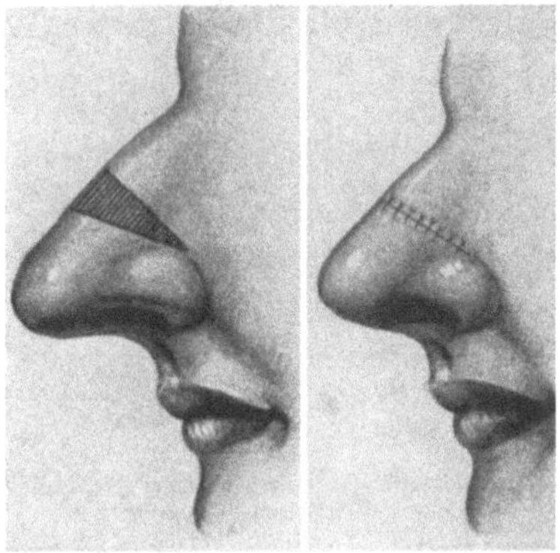

Abb. 36. Verkürzung der abnorm langen Nase durch durchgehende Keilresektion aus dem Nasenrücken nach Lexer, Wiederherstellungschirurgie.

mit starker durch Knorpel und Schleimhaut geführter Naht unter Vorziehen der Nasenspitze. Erforderlichenfalls muß eine Resektion der Ränder der Nasenflügel hinzugefügt werden.

Isolierte abnorme Länge des Septums. Besonders störend macht sich ein weit nach unten vorstehender Septumrand bemerkbar. Die Behandlung ist sehr einfach. Dicht oberhalb des Septumrandes wird beiderseits eine spindelförmige Resektion von Knorpel und Schleimhaut vorgenommen, so daß sich der untere Septumrand in der gewünschten Weise hochnähen läßt (Lexer).

Abnorme Kürze der Nase. Die operative Verlängerung der Nase gelingt nicht leicht und nur in bescheidenen Grenzen. Nach Lexer wird in den Nasenrücken eine Knorpelspange eingepflanzt, die sich an der Glabella anstemmt und die Nasenspitze nach unten drückt. Außerdem kann unten in den Septumrand eine Knochen- oder Knorpelspange eingepflanzt werden, die sich am Oberkiefer anstemmt und die Nasenspitze vordrückt.

Im folgenden soll anschließend über die Möglichkeiten der Formverbesserung der Nasenflügel berichtet werden.

Abnorme Breite und seitliche Vorwölbung des Nasenflügels. Diese Deformität kommt im Verein mit einem verkürzten Septum angeboren und einseitig am meisten auffallend bei einseitiger Hasenscharte vor. Wenn die Verkürzung des Septum im Vordergrund steht, kann wie oben angegeben nach Passot verfahren werden. Falls jedoch die Verbreiterung der Nasenflügel das auffallendste Merkmal darstellt, wobei die Nasenflügel bisweilen seitlich weit überhängen, so empfiehlt Joseph das Vorgehen von Weir, der eine stark gebogene Schere mit der einen Branche in das Vestibulum nasi einführt, während die untere Branche außen genau in die Nasobuccalfalte gelegt wird. Mit

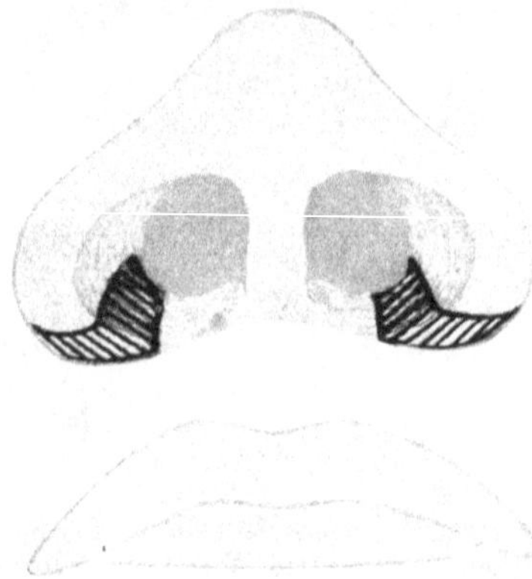

Abb. 37. Verschmälerung der unteren Nasenpartie durch keilförmige Resektion aus den unteren und seitlichen Teilen der Nasenflügel nach Joseph und Weir (Nasenplastik).

einem Scherenschnitt wird nun der Nasenflügel von seiner Verbindung mit der Wange abgetrennt. Ein zweiter Scherenschnitt wird dann durch den Nasenflügel in der Weise geführt, daß er unten von dem ersten Schnitt 4—5 mm entfernt, anfangs parallel mit ihm verläuft und dann den ersten Schnitt an seinem oberen Ende trifft. Hierauf wird die Wunde mit feinsten Nähten vereinigt. Abb. 37 zeigt hauptsächlich die Verschmälerung der unteren Nasenpartie.

Flachheit des Nasenflügels. Auch diese Deformität kommt mit den anderen, eben genannten, Kürze des Septums und Verbreiterung der Nasenflügel gemeinsam als Folgeerscheinung der einseitigen Hasenscharte vor. Zur Behebung der Abflachung des Nasenflügels wird nach Joseph durch parallele Schnitte ein Stück des Nasenbodens und der Oberlippe, unter eventueller Mitnahme der alten Operationsnarbe der Hasenscharte, exstirpiert und der Defekt durch Nähte vereinigt; hierdurch kommt eine Verschmälerung des Nasenloches an seiner Basis und damit eine Konvexkrümmung des Nasenflügels zustande.

Hochstand eines Nasenflügels. Diese Entstellung, rät Joseph, durch intranasale Verkleinerung der ganzen Nase und Verkürzung des Septums auszugleichen.

Tiefstand eines Nasenflügels wird nach Joseph durch eine myrthenblattartige Exzision durch alle Schichten, Haut, Knorpel und Schleimhaut, oberhalb des betreffenden Nasenflügels und feine Naht des Defektes beseitigt. In hochgradigen Fällen empfiehlt es sich, den Nasenflügel in der Naso-buccalfalte abzutrennen und höher zu setzen.

Tiefstand beider Nasenflügel wird zugleich mit der zu langen hängenden Nase durch intranasale Verkürzung der Nase nach Joseph beseitigt.

Anschließend sollen einige Entstellungen der Nase durch Anomalien der Nasenlöcher kurz besprochen werden. Fehlen der Nasenlöcher kommt angeboren oder erworben durch narbigen Verschluß infolge Verletzung, Verbrennung oder Lupus vor. Die Herstellung eines Nasenloches geschieht dadurch, daß man die verschließende Hautplatte oder Narbe ausschneidet, so daß die geschaffene Öffnung die Form eines Nasenloches bekommt und die Verbindung mit der Nasenhöhle hergestellt ist. Das neugeschaffene Nasenloch wird mit einer Hautdecke versehen, indem man in das Nasenloch eine passende Prothese einführt, auf der ein genügend großer Thierschscher Epidermislappen mit der Wundfläche nach außen befestigt ist, so daß der Epidermislappen an die Wundfläche des Nasenloches sanft angedrückt wird und dort anheilen kann. Als Prothese empfiehlt Lexer einen kleinen runden Korkkeil, während Kirschner-Schubert aus einer in warmem Wasser knetbaren, in kaltem sofort erhärtenden Gummimasse, der Stents Composition, eine durchbohrte Prothese formen, die die Nasenatmung nicht behindert.

Zu kleine und runde Nasenlöcher werden nach Lexer dadurch vergrößert, daß man nach der Richtung der Verkleinerung, also meist nach der Spitze der Nase hin in der Weise einen Keil aus Haut und Knorpel ausschneidet, daß ein schmaler Hautsaum rund um das Nasenloch stehen bleibt, der dann in den winkligen Defekt vorgenäht werden kann (s. Abb. 40).

Zu breite Nasenlöcher werden durch die oben angegebenen Methoden der operativen Beseitigung verbreiterter Nasenflügel ebenfalls verschmälert. Passot gibt außerdem zur Verschmälerung der Nasenlöcher eine längliche Keilexzision aus Haut und Knorpel am freien Rande des Nasenflügels an (Abb. 38), durch deren Vernähung ebenfalls das gewünschte Resultat erreicht werden kann.

Auch Anomalien des Nasenseptums können Entstellungen der Nase herbeiführen. Die Behandlung des verlängerten und herabhängen-

Septums wurde bereits oben besprochen. Ferner befinden sich häufig in das Nasenloch vorspringende Leisten am Nasenseptum, die sog. Septumleisten, die das Septum in unschöner Weise breit erscheinen lassen und außerdem die Nasenatmung behindern können. Die Be-

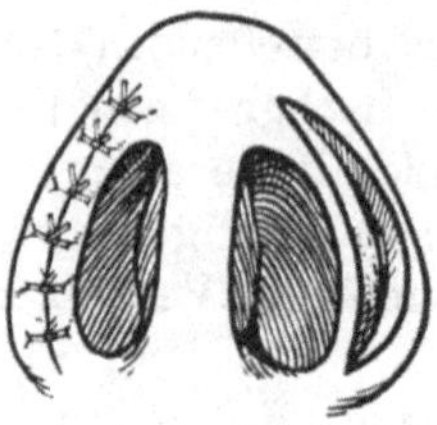

Abb. 38. Verschmälerung der Nasenlöcher durch keilförmige Resektion aus dem unteren Rande der Nasenflügel aus Passot (Chirurgie esthétique pure).

seitigung der Septumleisten geschieht sehr leicht durch submuköse Abtragung von einem kleinen Schnitt dicht hinter der Haut-Schleimhautgrenze aus.

Schiefstand des Nasenseptums findet sich angeboren, z. B. bei Hasenscharte, und erworben nach Verletzungen und narbigen Verziehungen. Die Geradrichtung des schiefen Septums nach Lexer ist aus Abb. 41 a und b ersichtlich. Man löst das schiefstehende Septum durch einen V-förmigen Schnitt aus seiner Unterlage ab, legt in der

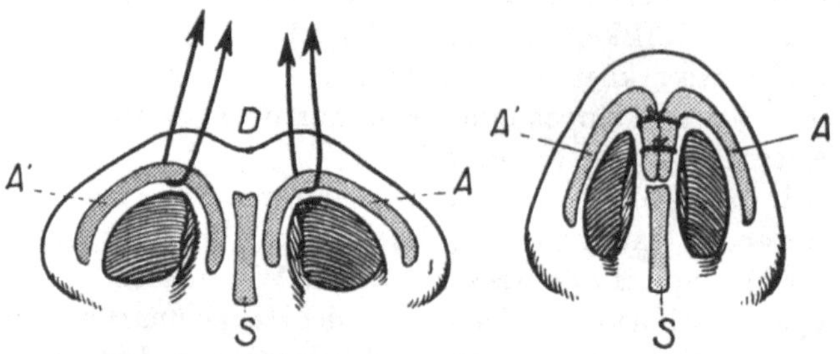

Abb. 39. Verbreiterung der Nasenflügel bei Hasenscharte. Beseitigung durch Vorziehen der Spitzenknopel und Nahtvereinigung ihrer medialen Anteile nach Passot (Chirurgie esthétique pure).

Mitte des Philtrums einen kleinen senkrechten Hautschnitt an, in den man den vorspringenden Zipfel des Septumansatzes einpflanzt. Die Vernähung der Schnittlinien ergibt eine kaum sichtbare Narbe.

Eine weitere sehr gewichtige Entstellung stellt die Schiefnase dar, wobei der Schiefstand den knorpeligen Teil oder den knöchernen Teil der Nase betreffen kann. Bei Schiefstand der knorpeligen

Nase genügt in geringgradigen Fällen die Wegnahme eines Stückes des Septums nach Küster (1889); bei Kindern reicht in der Regel eine submuköse Streifenresektion aus dem knorpeligen Septum nach Boenninghaus aus, um die Geraderichtung der Nase zu erreichen. In hochgradigen Fällen wird der Nasenflügel der breiten und flachen Seite an seinem Ansatz in der Naso-buccalfalte abgetrennt, von dem Knorpelrand ein schmaler Streifen reseziert und wieder vernäht.

Für die Behandlung des Schiefstandes der knöchernen Nase hat Trendelenburg 1899 folgendes Operationsverfahren angegeben: man schiebt in das eine Nasenloch einen kleinen feinen Meißel ein, setzt

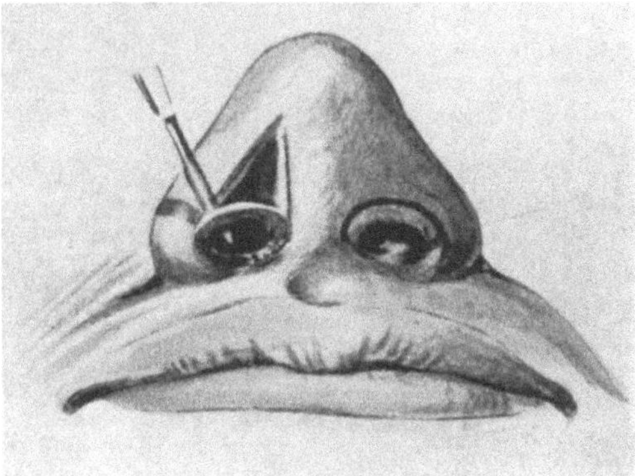

Abb. 40. Erweiterung des zu engen und runden Nasenloches aus Lexer, Wiederherstellungschirurgie.

ihn unten am Seitenrand der Apertura piriformis auf und meißelt den Knochen vorsichtig submukös in der Richtung auf den Rand der Augenhöhle ein. Auf der anderen Seite verfährt man ebenso; dann werden von einer kleinen Inzision an der Nasenwurzel aus die beiden Nasenbeine abgemeißelt und u. U. noch ein sehr stark verbogenes Septum an seinem Ansatz abgetrennt. Darauf läßt sich die Nase durch manuellen Druck in gerade Stellung drücken, die durch einen Flaschenkork, der mittels Heftpflaster auf die Schmalseite der Schiefnase geklebt wird, beibehalten wird. Lexer gibt dem extranasalen Vorgehen bei der Beseitigung der Schiefnase den Vorzug: Schnitt wie zur Oberkieferresektion nach Weber, aber ohne die Oberlippe mit einzubeziehen, auf der breiten Seite der Schiefnase; der Nasenflügelansatz wird in seiner Furche abgelöst, die apertura piriformis freigelegt und aus dem Knochen der seitlichen Nasenwand ein schmaler Keil reseziert; um das Septum beweglich zu machen, wird die Crista incisiva abgemeißelt. Dann läßt sich durch Fingerdruck unter Einknicken der schmalen Seite die Nase gerade richten. Joseph behandelt die knöcherne Schiefnase auf intranasalem Weg, und zwar unterscheidet er folgende Formen der Schiefnase: 1. den seitlichen Nasenhöcker, einen Knochenvorsprung auf einer Seite der Nase bei normaler Beschaffenheit der anderen. Durch die intranasale Einstichöffnung wird eine Knochenfeile eingeführt und die vorstehende Kante abgefeilt. In hochgradigeren Fällen muß evtl. das ganze os nasale, gegebenenfalls mit dem processus nasalis des Oberkiefers mittels Feile oder Säge abgetragen werden. 2. Seitliche Einsattelung der knöchernen Nase findet sich selten. Wie bei der intranasalen Nasenverschmälerung wird dicht neben dem Septum und lateral entsprechend der Nasobuc-

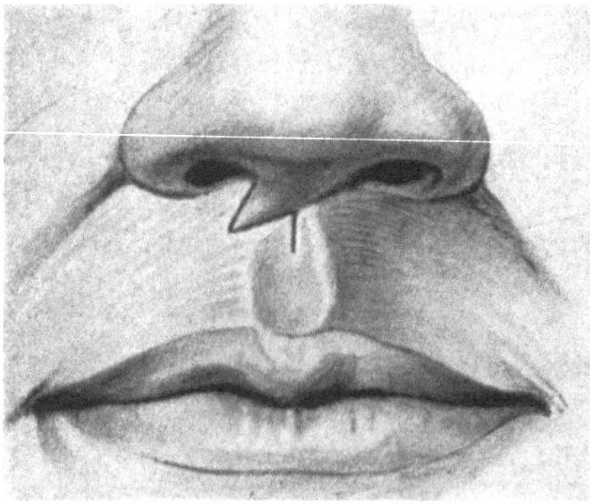

a

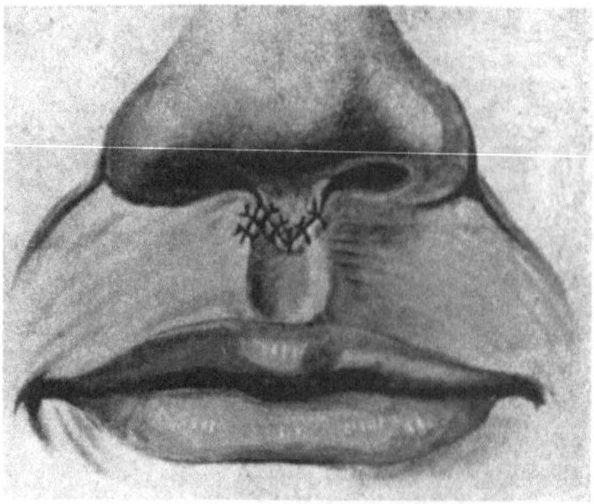

b

Abb. 41 a und b. Schiefstand des Nasenseptums. Beseitigung durch Verpflanzung der Septumbasis in die Mitte des Philtrums nach Lexer, Wiederherstellungschirurgie.

calfalte der Knochen durchtrennt und nach außen gedrückt. Um die gewünschte Stellung zu erhalten, ist eine lange Nachbehandlung mittels Tamponade der Nase erforderlich. 3. Totale Schiefheit der knöchernen Nase wird intranasal operiert, indem auf der breiten Seite aus dem processus nasalis des Oberkiefers ein Knochenkeil reseziert wird; auf der schmalen Seite wird der gleiche Knochen linear durchtrennt; dann läßt sich die Nase durch Fingerdruck unter Einbruch der Verbindung mit dem Stirnbein geraderichten; Die Nachbehandlung wird mit dem Schiefnasenapparat nach Joseph durchgeführt; dieser besteht aus einem Stirnband, von dem parallel zur Nase eine Schiene herunterläuft, die mittels einer gepolsterten Pelotte einen seitlichen Druck auf die Nase auszuüben gestattet. 4. Schiefheit der Nasenwurzel kann nur bei ganz frischer Verletzung durch unblutige Redression behoben werden. Ältere Fälle werden intranasal entsprechend der totalen Schiefheit operiert. Der Schiefstand des knorpeligen Nasenrückens verschwindet mit der Geraderichtung der knöchernen Nase in der Regel gleichzeitig. Zum Schluß sei noch die orale Operationsmethode der knöchernen Schiefnase von Lautenschläger angeführt. Hierbei erfolgt der Einschnitt an der Umschlagfalte der Schleimhaut des Vestibulum oris auf der Breitseite der Schiefnase; mit einem breiten Raspatorium werden die Weichteile einschließlich des Periostes bis zum Orbitalrand und zum Nasenrücken abgehebelt und mit Haken hochgehalten. Ohne die Nasenhöhle zu eröffnen, wird mit einem Flachmeißel ein Knochenkeil aus der seitlichen Nasenwand reseziert und die Nasenbein-Stirnbeinverbindung eingemeißelt. Die Schmalseite der Schiefnase wird auf dem gleichen Wege freigelegt und hier die seitliche Nasenwand linear eingemeißelt. Wird jetzt die Schiefnase redressiert, so läßt sich der auf der Breitseite entnommene Knochenkeil in den auf der Schmalseite entstehenden Spalt einschieben, wodurch die Nase in ihrer geraden Stellung unterstützt wird. Leichte nach abwärts gerichtete Massage der Weichteile soll die Entstehung eines Hämatoms verhüten helfen. Zum Schluß wird die orale Eingangspforte durch Naht verschlossen.

Eine weitere recht häufige Entstellung der Nase bildet ein verstrichener Septo-Labialwinkel (Schwimmhaut zwischen Septum und Oberlippe), der sich dadurch beseitigen läßt, daß man von der Seitenwand des Septums aus ein dreieckiges Stück von Haut und Unterhautgewebe entfernt, worauf sich die Schwimmhaut durch eine Naht in die nach oben gerichtete Ecke des Dreiecks hinaufziehen läßt (Joseph).

Die entgegengesetzte Mißbildung wirkt ebenfalls recht störend, nämlich ein abnorm kurzes Nasenseptum, so daß das Septum mit der Oberlippe einen spitzen Winkel bildet. Diese Entstellung wird beseitigt, wenn man an der seitlichen Haut-Schleimhautgrenze des Septum am Übergang in die Oberlippe einen kleinen Schnitt anlegt, das Septum durch Einlegen einer kleinen Knorpelspange heruntersetzt und die kleine Wunde wieder vernäht.

Entstellungen durch Geschwülste der Nase kommen ebenfalls recht häufig vor. Zu nennen ist hier vor allem das Rhinophym, auch Pfundnase oder Kartoffelnase genannt. Das Leiden beginnt häufig mit Hyperämie und Kapillarerweiterung der Nase, zu der Talgüberproduktion und Entzündung der Follikel hinzutritt; bisweilen schließt sich eine ausgedehnte bindegewebige Hyperplasie an, die zu der Verunstaltung der Nase führt. In mäßig schweren Fällen genügt es, die hervorstehenden Hypertrophien mit einem Rasiermesser flach abzutragen; der Defekt überhäutet sich schnell wieder spontan von den Epitheleinsenkungen der Talgdrüsenausführungsgänge aus In schweren Fällen muß die ganze

Geschwulst unter sorgfältiger Schonung des Knorpelgerüstes abgetragen und der entstehende Hautdefekt durch Thierschsche Epidermistransplantation gedeckt werden.

An weiteren Geschwülsten kommen die Hautkarzinome der Nase in Frage, die entweder mit der Diathermieschlinge abgetragen werden, worauf man den Defekt der Heilung per granulationem überläßt; oder man entfernt die Geschwülste radikal mit dem Skalpell und deckt den Defekt nach Thiersch oder Gohrbandt (s. Allgemeiner Teil).

Die größten und schwersten Entstellungen der Nase werden bedingt durch Defekte der ganzen Nase oder einzelner Teile. Die Totaldefekte der Nase werden durch die großen und allgemein bekannten plastischen Methoden der Wiederherstellungschirurgie behandelt, deren ausführliche Darstellung den Rahmen dieser kurzen, kosmetischen Abhandlung sprengen würde. Es soll daher nur in einer kurzen Übersichtstabelle die plastische Ersatzmöglichkeit der Nase angeführt werden:

1. aus dem Arm (italienische Methode)
   Oberarm Beugeseite: Branca, Tagliacozza; Streckseite: Joseph
   Unterarm: Israel und Habs, Fabrizius;
2. aus der Stirn (indische Methode) Carpue, Dieffenbach;
3. aus der Wange (französische Methode) Serre, Joseph;
4. aus der Lippe Maisonneuve;
5. aus der Brust: Holländer, Steinthal, Rosenstein;
6. aus der Clavikulargegend: Mandry.

Auf den plastischen Ersatz einzelner Teildefekte der Nase sei noch kurz eingegangen. Die Hauptrolle spielt der Ersatz der Nasenspitze, die durch eine Verletzung oder durch Lupus am häufigsten in Verlust gerät. Bei frischem Verluste der Nasenspitze ist es wichtig, das abgetrennte Gewebsstück feucht und körperwarm, z. B. im Munde aufzuheben; dann kann der Versuch, die Nasenspitze nach Reinigung in physiol. Kochsalzlösung wieder anzunähen und am Leben zu erhalten mit bester Aussicht auf Erfolg gewagt werden. Ist bei einem frischen Verlust der Nasenspitze das verlorene Stück nicht mehr zur Verfügung, so sei das Vorgehen von Klapp empfohlen, der durch einen Querschnitt über den Nasenrücken einen beiderseitig gestielten Hautlappen nach unten herunterzieht und dadurch eine neue Nasenspitze bildet; den sekundären Defekt auf dem Nasenrücken kann man der Heilung per granulationem überlassen. Das Resultat wird erstaunlich gut. Man kann die verlorene Nasenspitze auch durch eine freie Verpflanzung einer Zehenbeere ersetzen; diese Methode wurde anscheinend von Hueter angewendet, aber erst 1918 von Voelcker näher beschrieben (Kurtzahn). Melchior empfiehlt zu dem gleichen Zwecke die freie Verpflanzung eines geeigneten Stückes aus der Ohrmuschel nach König, nach welcher Methode er mehrere Fälle dieser Art erfolgreich behandelt hat.

Der plastische Ersatz eines Nasenflügeldefektes geschieht in einfachster Weise durch eine gestielte Lappenplastik aus der Gegend der Nasolabialfalte (Abb. 42). Auch hier kommt eine freie Verpflan-

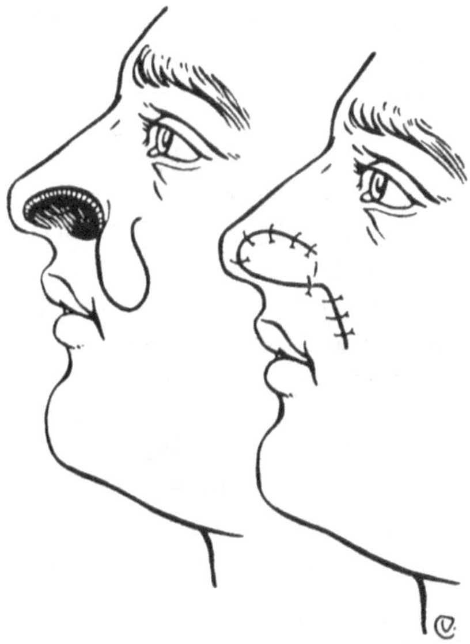

Abb. 42. Nasenflügeldefekt. Plastischer Ersatz durch gestielte Lappenplastik aus der Gegend der Nasolabialfalte aus Lexer, Wiederherstellungschirurgie.

zung aus der Ohrmuschel nach Fritz König in Frage. Wetschtomow (zit. nach Lexer) hat mittels gestielter Lappenplastik mit rundem Stiel ein Stück der Ohrmuschel in einen Nasenflügeldefekt überpflanzt.

Größere Schwierigkeiten macht gewöhnlich der Ersatz des verloren gegangenen Nasenseptums. Lexer bildet hierfür einen Lappen aus der Oberlippenschleimhaut, der in der Mittellinie an der Umschlagsfalte gestielt ist. Die Längsränder des Lappens werden durch einige Nähte vereinigt, so daß ein allseitig mit Schleimhaut bedeckter Lappen entsteht, der durch eine Stichinzision durch die Oberlippe in in der Gegend der Septumbasis nach außen durchgezogen und an der angefrischten Innenseite der Nasenspitze angenäht wird. Frangenheim umschneidet den vernarbten Rand des knorpeligen Septums lappenförmig und näht diesen herunter an die Septumbasis und Labot verpflanzt ein gestieltes Läppchen aus der Hautfalte zwischen Daumen und Zeigefinger.

Anhangsweise mag noch darauf hingewiesen werden, daß es möglich ist, größere Nasendefekte durch eine Prothese in durchaus kosmetisch befriedigender Weise zu versorgen. Die Indikation zur Anfertigung einer Prothese ist dann gegeben, wenn der dem Defekt etwa zugrundeliegende Lupus noch nicht abgeheilt ist oder die luische Erkrankung noch nicht behoben ist, so daß für eine längere Zeit auf eine operative Inangriffnahme des Leidens verzichtet werden muß. Schließlich kann der Grund zur Verwendung einer Prothese auch darin liegen, daß man dem Patienten einen vorläufigen oder dauernden erträglichen Zustand schaffen will, wenn schon vergebliche Operationsversuche vorangegangen sind oder wenn eine operative Behebung der Entstellung nicht mehr möglich erscheinen sollte. Da das gleiche Verfahren auch bei den ausgedehnteren Ohrdefekten, die auf operativem Wege häufig nur sehr unvollkommen zu bessern sind, Anwendung finden kann, soll auch gleichzeitig auf die Verhältnisse bei der prothetischen Versorgung des Ohres eingegangen werden. Das Verfahren besteht darin, daß für jeden Patienten eine für ihn passende Hohlform hergestellt wird, mit deren Hilfe er sich die aus einem Gelatinegemisch bestehende Prothese selbst für wenig Geld herstellen kann. Dörffel beschreibt die Herstellung der Prothese in der Universitäts-Hautklinik Köln nach Hennig-Zinsser für den Nasenersatz bei Lupus in folgender Weise:

»Zuerst wird ein Gipsabdruck der defekten Nase und Umgebung abgenommen nach derselben Technik wie bei der Anfertigung von Moulagen (dieser Gipsabdruck ist der Kölner Klinik einzusenden). Aus diesem leicht eingefetteten Negativ wird durch Eingießen von Gips das Positiv hergestellt, wodurch man ein Modell der verstümmelten Nase des Patienten erhält. An dieses Modell wird mit einer plastischen Masse eine passende Nasenspitze angesetzt. Von dem hier durch Gips und Wachs rekonstruierten Gesicht wird erneut ein Negativ in Gips gemacht. So erhalten wir eine Hohlform, auf die die verstümmelte Nasenform als Deckel aufgesetzt werden kann. Der Hohlraum zwischen den beiden Formen ergibt, mit einer Gelatine-Glyzerinmasse ausgegossen, die künftige Prothese. Da die Gipsform zerbrechlich ist, hat Zinsser empfohlen, sie in Messing nachzugießen. Aus dieser Messingform gießt sich der Patient mit der schon erwähnten, im Hautton gefärbten Gelatinemasse die Nasenform, die mit ihren sehr fein auslaufenden Rändern mittels Mastisol im Gesicht befestigt wird.«

In der gleichen Weise stellt Klocke in der Universitäts-Hals-Nasen-Ohrenklinik der Charité in Berlin Nasenprothesen und Ohrprothesen her, deren Anfertigung infolge der räumlichen Ausdehnung des Organes etwas umständlicher ist. Klocke macht zunächst einen Negativgipsabdruck des defekten Ohres und danach ein Positivmodell; dann wird von dem gesunden Ohre ein mehrteiliger Negativabdruck und danach ein Positivmodell des gesunden Ohres hergestellt. Nun wird nach dem Modell des gesunden Ohres auf das Positivmodell des defekten Ohres ein Modell des gewünschten neuen Ohres aufmodelliert und nach diesem Modell ein Negativ gegossen, das nun die Hohlform zum Gießen der Prothese bildet und zu dem das Positivmodell des defekten Ohres als Deckel paßt. Zwischen diesen beiden Formen wird zunächst ein Probeguß der Prothese angefertigt und falls er befriedigend ausfällt, eine Härtung der Form vorgenommen, um sie möglichst dauerhaft zu machen. Zu diesem Zwecke läßt man die Form an der Luft etwa 8 bis 14 Tage trocknen, dann legt man sie für eine Stunde in siedendes Stearin. Eine Metallform wäre unbegrenzt haltbar, ist jedoch schwerer herzustellen und teurer. Klocke gibt für die Masse zum Selbstgießen der Prothese folgendes Rezept an:

1. 50 g gebleichte Gelatine kurz in 50—60° heißes Wasser tauchen, dann fest auswringen.
2. 20 ccm reines Glyzerin zu 1 zusetzen, beides gut im Wasserbad unter mehrmaligem Umrühren aufkochen.
3. Zinkoxyd in Glyzerin auflösen, zu 1 und 2 soviel zusetzen, bis die Masse hellgrau ist.
4. Krapplackzinnober in Glyzerin auflösen.
5. Ocker in Glyzerin auflösen.
6. Von 4 und 5 der Masse soviel zusetzen, bis ein passender Fleischton erreicht ist.
7. Der ganzen Masse noch 25 ccm Glyzerin unter Umrühren zusetzen und dann die Prothese gießen.
8. Vor dem Gießen das Innere der Form mit Lysoform auspinseln, damit sich die Prothese leicht von der Form löst und später Puder gut annimmt.
9. Nach dem Gießen die Form mit der Masse 15—20 Minuten stehen lassen, dann die Prothese herausnehmen.
10. Die Ansatzränder gut mit einer dünnen Schicht Mastix in Äther pur. gelöst bestreichen. Nun kann die Prothese angesetzt werden.

Der Farbton kann ev. mit Puder korrigiert werden. Beim Gießen von Ohrprothesen wird die Form an den Stellen, wo das gesunde Ohr sehr bluthaltig ist, dünn mit gelöstem Krapplackzinnober ausgepinselt, wodurch die Prothese eine lebhafte naturgetreue Farbe bekommt. Die Prothese kann etwa 14 Tage lang getragen werden; um sie gegen Schweiß und Hitze unempfindlich zu machen, kann man sie für 1—2 Minuten in 20% Formalinlösung einlegen. Die Kosten für jede einzelne Prothese wurden im Jahre 1916 mit 10—20 Pfennigen pro Stück angegeben. Die Herstellungskosten der Nasenform betragen nach Dörffel etwa 20.— M.

5. Ohr.

Beim weiblichen Geschlecht können Entstellungen des Ohres verhältnismäßig leicht unter der Haartracht verborgen werden; bei Männern ist das nicht so leicht möglich. Daher spielen Entstellungen des Ohres bei Männern eine größere Rolle und ihre Beseitigung wird häufiger gefordert als beim weiblichen Geschlecht.

Die beträchtlichste Entstellung bildet das völlige Fehlen des äußeren Ohres oder eine rudimentäre Ausbildung der Ohrmuschel. Der operative Ersatz der fehlenden Ohrmuschel ist eine schwierige und meist nur sehr unvollkommen lösbare Aufgabe. Auf die Hörfähigkeit hat die Operation keinen wesentlichen Einfluß, da meist auch die Öffnung des Gehörganges und ein knöcherner Gehörgang fehlt. Die Bildung eines neuen Ohrläppchens ist verhältnismäßig leicht; man schneidet einen entsprechend geformten Lappen aus der Wange (s. Abb. 43), dessen Hinterseite mit einem Thiersch-Läppchen überhäutet wird. Der Defekt in der Wange wird durch Naht geschlossen.

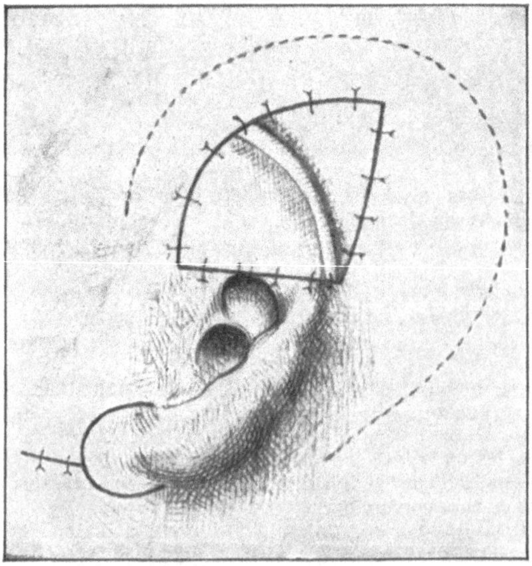

Abb. 43. Ohrdefekt. Bildung des Ohrläppchens durch Lappenschnitt an der Wange. Ersatz der Ohrsmuchel durch einen entfalteten frei transplantierten Sektor aus der gesunden Ohrmuschel, der in eine angefrischte Wundfläche eingenäht wird. die punktierte Linie gibt die Schnittführung zur späteren Aufstellung der Ohrmuschel an. Nach Lexer, Wiederherstellungschirurgie.

Schwierig dagegen ist die Schaffung einer einigermaßen formvollendeten Ohrmuschel. Grundsätzlich ist zu sagen, daß die Inder die Haut vor dem Ohre, die Italiener vorzugsweise die Haut hinter dem Ohre zur Bildung der Ohrmuschel verwendet haben; Tagliacozza z. B. umschnitt einen großen Lappen hinter dem Ohre und stellte durch Faltung die Überhäutung seiner Vorder- und Hinterfläche her. Die plastische Aufstellung einer Hautfalte allein schafft nun niemals einen befriedigenden Ersatz der Ohrmuschel, da die feine Knorpelfaltung niemals nachgeahmt werden kann und ferner die elastische Konsistenz stets fehlt. Bessere Resultate ergibt der Vorschlag von Lexer, der zunächst eine gebogene Knorpelspange unter die Armhaut verpflanzt und nach ihrer Einheilung eine gestielte Plastik der mit Haut gedeckten Knorpelspange vornimmt. Wenn ein kleines Ohrrudiment vorhanden ist, kann das auf Abb. 43 dargestellte Vorgehen von Lexer angewendet werden, das ein verhältnismäßig günstiges Resultat erreichen läßt. Oberhalb des defekten Ohres wird durch Hautausschneidung eine Wundfläche geschaffen, auf die ein aus der gesunden Ohrmuschel entnommenes keilförmiges Stück nach seiner Entfaltung frei verpflanzt wird (Abb. 43). Die hinter dem Ohre sichtbare punktierte Linie gibt den in der zweiten Operationssitzung zur Aufstellung der Ohrmuschel ausgeführten Hautschnitt an. Der Defekt in der gesunden Ohrmuschel wird durch einfache Hautnaht auf der Vorder- und Rückseite geschlossen.

Auf die weiteren, der Wiederherstellungschirurgie angehörigen Methoden zum plastischen Ersatz der völlig fehlenden Ohrmuschel kann hier nicht weiter eingegangen werden. Die zeitweise oder auch dauernde Versorgung von inoperablen oder aussichtsarmen Ohrdefekten mit einer Prothese wurde im vorhergehenden Abschnitt eingehend dargestellt.

Kleinere Defekte der Ohrmuschel, besonders ihres oberen Randes, die durch Verletzungen oder bei der erforderlichen Exstirpation maligner Tumoren bisweilen beobachtet werden, können mit Aussicht auf guten Erfolg durch freie Transplantation eines keilförmigen aus der gesunden Ohrmuschel entnommenen Stückes gedeckt werden; das Transplantat wird an seinem neuen Mutterboden durch einige feine Hautnähte befestigt; der Defekt in der gesunden Ohrmuschel wird ebenfalls durch Naht der Haut an der Vorder- und Rückseite geschlossen. Durch richtige Bemessung der Größe der transplantierten Sektors kann eine beiderseits verkleinerte, aber symmetrische Ohrform erreicht werden,

Aurikularanhänge in Form kleiner zapfenartiger Hautvorsprünge an der Ohrmuschel entstehen durch eine Entwicklungsstörung der primären Ohrknorpelanlage (Seifert). Sie können durch einfache Exzision und Naht der Wunde beseitigt werden.

Eine weitere Entwicklungsstörung bilden die im Bereiche der Ohrmuschel vorkommenden Fistelbildungen, die sog. Fistula auris congenita, die auf mangelhafter Verschmelzung der primären Ohrhöcker zur Ohrmuschel beruhen. Von der äußeren Mündung am Rande des Helix führt die Fistel in der Regel subkutan in einigen Zentimetern Länge nach vorn, wo sie vor der Spina helicis endigt. Durch Retention von Sekret und Entzündung der Umgebung fallen diese Fisteln häufig sehr lästig. Eine Verbindung der Fistel mit dem äußeren Gehörgang und dem Mittelohr pflegt nicht zu bestehen. Die Behandlung besteht in radikaler Exstirpation der Fistel (Seifert).

Ein erworbener Verschluß des äußeren Gehörganges kommt

infolge Narbenbildung nach Verletzungen und Verbrennungen vor. Die Beseitigung dieser Entstellung besteht in Exzision der Narben; zur Deckung der entstehenden Wundfläche genügt ein Pfropf mit einem Thierschschen Epidermisläppchen in der Regel nicht, da sich durch Schrumpfung später eine Stenose des Gehörganges auszubilden pflegt. Lexer empfiehlt daher einen kleinen Hautlappen spiralig in den Gehörgang einzuschlagen und einzunähen, der vor dem Tragus ent-

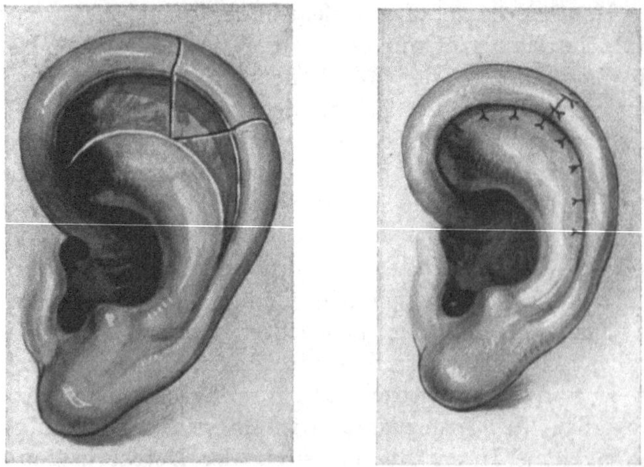

a b

Abb. 44. Abnorm große Ohrmuschel. Verkleinerung durch keilförmige Exzision des freien Randes und sichelförmige Exzision aus Haut und Knorpel der Vorderseite der Helixrinne nach Lexer, Wiederherstellungschirurgie.

nommen wird; und zwar bildet man entweder einen vor dem Tragus absteigenden Lappen mit dem Stiel über dem Tragus oder einen vor dem Ohre aufsteigenden Lappen mit seinem Stiel unter dem Tragus.

Ein festgewachsenes Ohrläppchen gilt im Volke als Degenerationszeichen; seine Lösung wird daher häufig verlangt. Diese wird leicht dadurch erreicht, daß man das Ohrläppchen an seiner Anheftungsstelle keilförmig auslöst und den entstehenden medialen Rand möglichst an der Hinterseite des Ohrläppchens näht.

Eine häßliche Ausziehung des Ohrläppchens entsteht, wie schon oben beschrieben, bisweilen nach einer operativen Beseitigung von Wangen- und Halsfalten durch Hautspannung. Nach Noel wird diese Entstellung durch die eben beschriebene Lösung des Ohrläppchens beseitigt.

Ein abnorm großes Ohrläppchen wird durch die einfache Exzision an seinem hinteren Rande, wie Abb. 45 zeigt, und feine Naht der Wunde beseitigt (Joseph).

Eine Reihe von Entstellungen wird durch Abnormitäten der Ohrmuschel bedingt, deren Beseitigung vom Arzte häufig verlangt wird. Abnorme Größe der Ohrmuschel kann in verschiedener Weise behoben werden. Dieffenbach macht eine Keilexzision aus dem oberen Drittel der Ohrmuschel, wobei die Basis des Keiles am freien Rande der Ohrmuschel gelegen ist und die Spitze des Keiles bis dicht in die Nähe des Ursprunges des Helix reicht. Der Defekt wird durch Naht geschlossen. Für hochgradige Fälle reicht diese einfache Methode jedoch nicht aus. Daher legt Trendelenburg zwei keilförmige Ex-

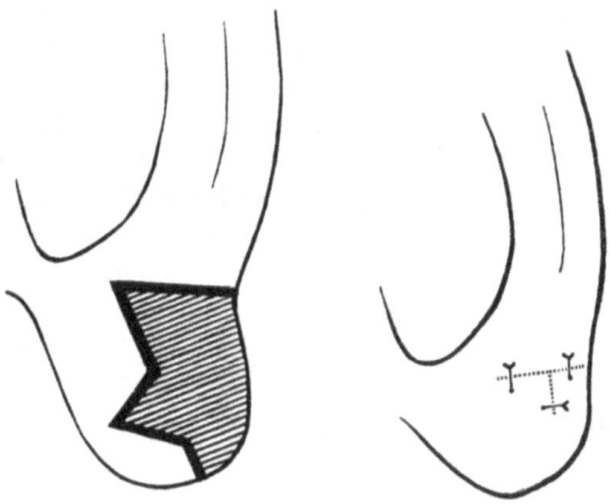

Abb. 45. Verkürzung zu langer Ohrläppchen nach Joseph, Nasenplastik.

zisionen an, eine senkrechte am oberen Rande der Ohrmuschel und eine zweite quere in der Mitte des freien Randes der Ohrmuschel. Da durch die Naht dieser Exzisionen jedoch sehr störende Narben an der Vorderseite der Ohrmuschel entstehen, ist das auf Abb. 44 dargestellte Vorgehen von Lexer mehr zu empfehlen, durch das eine gleichmäßige Verkleinerung der Ohrmuschel bei völliger Unauffälligkeit der Narben erzielt wird. Lexer macht nur eine kleine Keilexzision aus dem Rande der Ohrmuschel, außerdem aber eine sichelförmige Exzision von Haut und Knorpel an der Vorderseite der Helixrinne. Die Haut der Hinterseite der Ohrmuschel wird sorgfältig geschont, sie muß aber an den Knorpelrändern etwas unterminiert werden, damit sich die Haut der verkleinerten Ohrmuschel faltenlos anlegen kann. Dann wird der Defekt an der Vorderseite vernäht, wobei die Narben an sehr günstiger Stelle zu liegen kommen.

Abnorme Kleinheit der Ohrmuschel kann nach Lexer verbessert werden, indem man den freien Rand der Ohrmuschel anfrischt und mit dem hinteren Wundrand einer hinter dem Ohre angelegten bogenförmigen Inzision vernäht. Bei der Lösung des Ohres nach etwa 14 Tagen bestehen nun zwei Möglichkeiten: wenn hinter dem Ohre wenig Haut zur Verfügung steht, löst man die Ohrmuschel einfach hinten durch einen Schnitt ab, wobei ein so breiter Rand an der Ohrmuschel stehen bleibt wie die Vergrößerung betragen soll; der an der Hinterseite wunde Ohrmuschelrand muß dann mittels Thiersch-Läppchen gedeckt werden. Steht hinter dem Ohre reichlich Haut zur Verfügung, so wird weit hinten abgetrennt und der verpflanzte Lappen zur Bedeckung der Hinterseite gefaltet und hinten angenäht.

Abstehende Ohren sind ein weitverbreitetes und sehr unliebsam empfundenes Leiden, weil sich ständige Witzeleien der Mitmenschen mit dieser Entstellung beschäftigen. Das operative Anlegen der Ohrmuscheln wird daher recht häufig vom Arzte verlangt, zumal alle konservativen Behandlungsversuche mit komprimierenden Apparaten, Bandagen usw. keinen Erfolg haben, weil die Elastizität des Knorpels die Ohrmuschel stets wieder zum Abstehen bringt. Aus dem gleichen Grunde sind auch alle Versuche, die Ohrmuschel lediglich durch Exzision eines mehr oder weniger großen Hautstückes hinter dem Ohre zum Anliegen zu bringen, zwecklos. Nur die Exzision eines kleinen Stückes aus dem Ohrknorpel selbst verspricht einen dauernden Erfolg (Ely, Joseph, Eitner, Schlander). Die Methode von Eitner sei kurz beschrieben: Man lege die beiden Ohren in der gewünschten Weise an den Schädel an und markiere sich die äußersten Berührungspunkte zwischen Schädel und Ohrmuschel, wobei auf symmetrisches Anlegen beider Ohren ganz besonderer Wert zu legen ist. Dann führt man nach örtlicher Anästhesierung unter starkem Vorziehen der Ohrmuschel nach vorn beginnend an der Marke auf der Ohrmuschel horizontal nach hinten über die Umschlagsfalte hinweg bis zur hinteren Markierung am Schädel einen Schnitt durch die Haut; von diesem Schnitte aus wird die Haut allseitig bis zu der angezeichneten Markierung abgehoben und exzidiert (Abb. 46); dann wird das Perichondrium der Ohrmuschel unter sorgfältiger Schonung der ernährenden Gefäße durch einen Querschnitt durchtrennt und nach oben und unten unterminiert. Darauf werden die Ränder des Perichondrium mit feinen Häkchen auseinandergehalten (Abb. 47) und ein senkrecht stehendes ovales Stück des Ohrkorpels exzidiert; hierbei muß sorgfältig darauf geachtet werden, daß die Haut der Vorderfläche der Ohrmuschel nicht verletzt wird. Diese muß jedoch an den Rändern des Knorpelschnittes nach allen Seiten weit abgehoben werden, damit bei dem Anlegen der Ohrmuschel hier später keine störenden Hautfalten entstehen. Der Ausschnitt aus dem Knorpel muß nach oben und unten soweit verlängert werden, daß die Ohrmuschel keine Neigung mehr hat, sich aufzurichten. Dann wird der Schlitz im Perichondrium vernäht und die Naht der Hautränder angeschlossen. Etwas anders geht Lüthi vor, der eine elliptische Exzision von Haut und Knorpel aus der Hinterseite der Ohrmuschel parallel ihrem Rande ausführt; dann wird hinter dem Ohre eine etwa 3 cm lange Inzision angelegt und die Haut zwischen den beiden Schnitten unterminiert. Unter dieser Hautbrücke wird nun ein Faszienstreifen

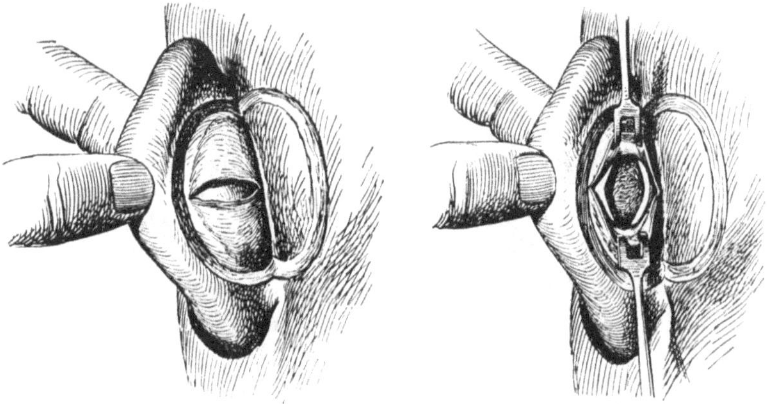

Abb. 46 und 47. Operation abstehender Ohren nach Eitner zit. n. Schlander. Die Ohrmuschel wird in gewünschter Weise angelegt, die Berührungsfläche markiert und in diesem Bezirke die äußere Haut weggeschnitten.
Abb. 46. Horizontale Inzision des Perichondriums. Abb. 47. Senkrechte spindelförmige Exzision aus dem Ohrknorpel. Dann Naht von Perichondrium und Haut.

durchzogen, dessen vorderes Ende bei der Nahtvereinigung des Knorpeldefektes der Ohrmuschel gleichzeitig mitgefaßt und dadurch an der Ohrmuschel befestigt wird. Darauf wird die Hautwunde an der Ohrmuschel vernäht; von dem Schnitt hinter dem Ohre aus wird durch zwei kleine senkrechte parallele Schnitte durch das Schädelperiost eine schmale Periostbrücke geschaffen, unter der das hintere Ende des Faszienstreifens hindurchgezogen und soweit angezogen wird, daß die Ohrmuschel in gewünschter Weise anliegt; in dieser Spannung wird der Faszienstreifen an der Periostbrücke mit einigen Nähten fixiert. Diese Methode von Lüthi hat den großen Vorteil, daß die Stellung des Ohres mittels des Faszienstreifens gut dosierbar ist und daher völlige Symmetrie beider Ohren garantiert ist. — Unmittelbar nach der Operation wird für 24 Stunden ein leichter Kompressionsverband angewickelt, um eine Hämatombildung zu verhüten; anschließend soll der Patient noch für ca. 14 Tage einen schmalen Streifen um den Kopf tragen, der die Anheilung des Ohres in der gewünschten Stellung verbürgen soll.

Klappohr. Das Klappohr ist dadurch gekennzeichnet, daß bei nicht ausgebildetem Anthelix der obere Teil der Ohrmuschel nach vorn und unten sinkt. Eckstein beseitigt diese Deformität, indem er zunächst in örtlicher Betäubung durch Fingerdruck einen Anthelix andeutet und dann an dieser Stelle an der Ohrmuschelhinterwand ein ellipsenförmiges Haut- und Perichondriumstück von $^1/_2$ mal 2 cm Größe exzidiert (Abb. 48). In der Längsrichtung dieser Ellipse wird nun der Ohr-

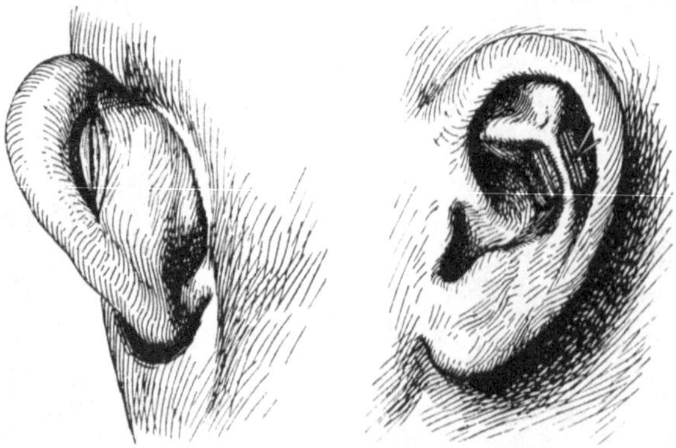

Abb. 48 und 49. Operation des Klappohres nach Eckstein (zit. n. Schlander).
Abb. 48. An der Hinterseite der Ohrmuschel elliptische Hautexzision und senkrechte Inzision des Ohrknorpels.
Abb. 49. Die Ränder des Knorpelschnittes werden vorn durch Matratzennähte als Anthelix aufgestellt.

knorpel bis auf die vordere Hautbedeckung der Ohrmuschel gespalten und durch Aufstellen der beiden Knorpelränder nach vorn ein neuer Anthelix geschaffen, der durch Matratzennähte an der Vorderseite der Ohrmuschel erhalten wird (Abb. 49); um einen schädlichen Druck auf die zarte Haut der Ohrmuschel zu vermeiden, werden diese Matrazennähte über kleinen Gazebäuschchen geknüpft. Die Methode ergibt gute Dauererfolge, da die Elastizität des Knorpels aufgehoben und damit die Wachstumsrichtung der Ohrmuschel geändert wird. Weitere Methoden sind von Leidler, Hofer, Goldstein, Alexander und Stetter angegeben worden (zit. n. Schlander).

Othämatom. Besonders bei Boxern kommt es infolge dauernder Verletzungen der Ohrmuschel im Laufe der Zeit zu einer sehr schmerzhaften Verunstaltung der Ohrmuschel, dem sog. Othämatom. Es handelt sich um eine überschießende Entwicklung fibrös-knorpeliger Massen (Passot), in der Hauptsache jedoch um einen Lympherguß zwischen die Schichten des Ohrknorpels (Anschütz, Pels-Leusden). Bevor man eine Behandlung einleitet, soll man erst die Beendigung der Laufbahn als Boxer abwarten, da neue Verletzungen der Ohrmuschel sofort zu einem Rezidiv führen würden. Pels-Leusden empfiehlt als Behandlung, die dünne Haut an der Rückseite der Ohrmuschel vorsichtig abzupräparieren, die hintere Knorpelschicht in dem befallenen Teil wegzuschneiden und die Haut ohne Naht auf die äußere stehenbleibende Knorpelschicht aufzulegen. Ein Druckverband führt dann in etwa einer Woche zur Heilung.

6. Mund.

Die Entstellungen des Mundes können auf Mißbildungen der Lippen, ferner der Zähne und des Zahnfleisches und schließlich der Zunge beruhen. Die schwerwiegendsten Mißbildungen der Lippen stellen die verschiedenen angeborenen Spaltbildungen dar, wie Hasenscharte und mediane, schräge sowie quere Gesichtsspalte. Die Klinik und Behandlung der Spaltbildungen hat jedoch schon von altersher seinen Platz in der Allgemeinchirurgie gefunden, so daß diese Leiden an dieser Stelle übergangen werden können.

Uns sollen hier lediglich die kosmetischen Entstellungen beschäftigen. Zu nennen ist hier zunächst die abnorm große Lippe oder Makrocheilie. Dieses Leiden wird nach Lexer in einfachster Weise behoben, indem man in der Mitte der Lippe einen durchgehenden Keil ausschneidet und den entstehenden Defekt mit feinen Nähten verschließt. Durch diese Operation wird gleichzeitig eine abnorm breite Mundöffnung ohne eigentlichen Riesenwuchs der Lippen verkleinert. Joseph geht zur Verschmälerung der abnorm breiten Mundspalte so vor, daß er aus der Unterlippe eine mediane, aus der Oberlippe eine beiderseitige Streifenresektion aus der Haut dicht neben dem Philtrum vornimmt.

Abnorm enge Mundöffnung. Eine abnorm kleine Mundöffnung kommt selten angeboren, häufiger erworben durch Narbenentwicklung nach Verletzung oder Verbrennung vor. Die Vergrößerung des Mundes wird nach Dieffenbach erzielt, indem man an den Mundwinkeln einen Keil aus Haut und Unterhautgewebe ausschneidet (Abb. 51), dessen Basis von dem Lippenrotrand des Mundwinkels gebildet wird und dessen Spitze senkrecht unter der Pupille liegt. Die Wangenschleimhaut wird von dieser Keilexzision nicht mitbetroffen, sondern die Schleimhaut wird lediglich transversal gespalten, damit sie nach außen herausgenäht werden und so als Ersatz des Lippenrots gelten kann. Damit sich der Übergang vom alten Lippenrot zum neuen

Schleimhaut-Lippenrot ohne Zackenbildung vollzieht, muß an dem früheren Mundwinkel mit der Schere eine kleine Keilexzision vorgenommen werden (S. Abb. 51 b).

Schiefstand der Mundwinkel. Soweit der Schiefstand des Mundes durch eine Fazialislähmung begründet ist, wurde die Behandlung bereits bei der Besprechung der Fazialislähmung erörtert. Außerdem kommt ein Schiefstand der Mundspalte selten angeboren, häufiger erworben infolge Narbenzug nach Verletzungen oder Verbrennungen vor. Die Geraderichtung des Mundes erfolgt nach Lexer durch Verlagerung des herabhängenden Mundwinkels nach oben. Zu diesem Zwecke wird, wie Abb. 50 zeigt, am Mundwinkel eine N-förmige Inzision angelegt und durch Lappenaustausch eine Hebung des Mundwinkels erreicht.

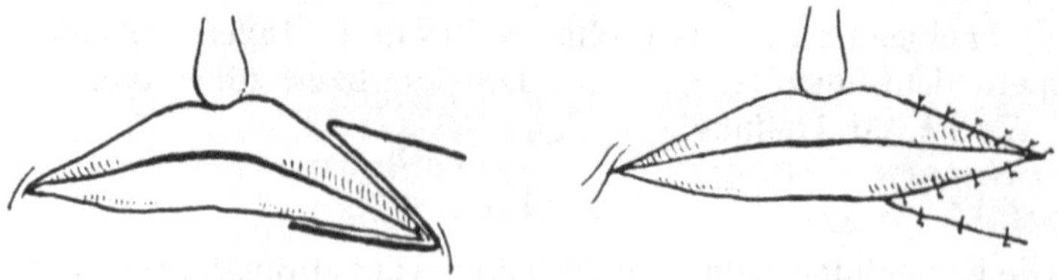

Abb. 50. Schiefstand der Mundspalte. Mundwinkelverlagerung durch N-förmgie Inzision am Mundwinkel und Lappenaustausch nach Lexer, Wiederherstellungschirurgie.

Hängelippe. Ein Herabhängen der wulstigen und hypertrophischen Unterlippe kommt bei straffem Tonus des M. orbicularis oris recht häufig vor, erfordert jedoch nur in den hochgradigeren Fällen eine operative Behandlung. Diese besteht nach Joseph in einer senkrechten durchgehenden Keilexzision aus der Unterlippe, wobei die Basis des Keiles an der Außenseite der Lippe und seine Spitze nach dem Munde hin gelegen ist. Durch die Naht des Defektes ergibt sich eine Straffung und Hebung der hängenden Lippe.

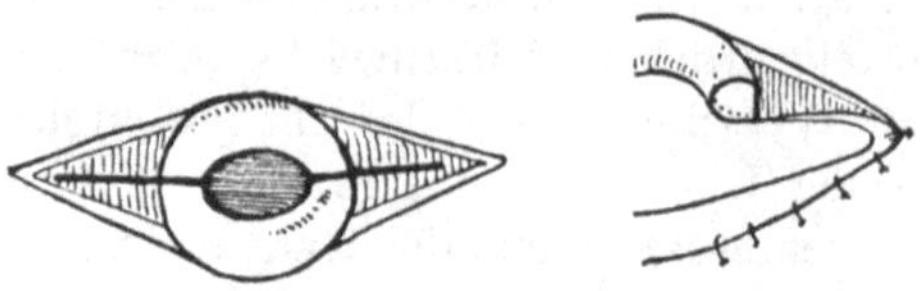

Abb. 51. Verengte Mundöffnung. Erweiterung der Mundspalte durch Keilresektion der Haut am Mundwinkel, transversale Inzision und Herausnähen der Schleimhaut. Aus Lexer, Wiederherstellungschirurgie.

Doppellippe. Durch Zurückgleiten des M. orbicularis und vor allen Dingen durch eine Hypertrophie der Schleimdrüsenschicht der

Lippenschleimhaut kommt es zu einer Ausstülpung sowohl der Oberlippe, als auch, und ganz besonders stark, der Unterlippe, so daß ein dicker Schleimhautwulst in der Nähe der Schleimhautumschlagsfalte gleichsam eine zweite Lippe bildet. Da Zähne und Zahnfleisch völlig unbedeckt sind, entsteht ein sehr häßlicher Anblick und außerdem ist die Sprache sehr erschwert; ferner besteht sehr lästiger Speichelfluß aus dem Munde. Die Entstellung wird nach Passot beseitigt, indem man eine horizontale spindelige Resektion der zweiten Lippe vornimmt; die Schleimhaut wird bis 1 cm an die Umschlagsfalte heran mobilisiert, die hypertrophische Schleimdrüsenschicht reseziert; und bei der Nahtvereinigung der Schleimhautränder mit Catgutnähten die Hinterwand des M. orbicularis mitgefaßt und auf diese Weise etwas gerafft.

Zu schmale Lippen. Wenn die Lippen in störender Weise verschmälert sind, soll man sich nicht dazu verleiten lassen, das Leiden durch Paraffineinspritzungen beheben zu wollen, da später häßliche Paraffingranulome entstehen. Gegebenenfalls soll man lieber versuchen, von einem Schnitt im Munde aus, durch freie Fettransplantation der Lippe eine vollere Form zu geben (Passot).

Anomalien der Zähne und des Zahnfleisches. Die Stellungsfehler und sonstigen Anomalien der Zähne gehören in zahnärztliche Behandlung und werden an dieser Stelle daher übergangen. Die Veränderungen des Zahnfleisches bedürfen im allgemeinen keiner chirurgischen Behandlung. Hingewiesen sei nur kurz auf die recht seltene Elephantiasis der Gingiva, eine diffuse Zahnfleischfibromatose auf Grund einer abnormen Reaktionsfähigkeit des subgingivalen Bindegewebes auf unbekannte, aber wahrscheinlich mit den Zähnen zusammenhängende Reize (Läwen). Die Behandlung kann nur darin bestehen, das gewulstete Zahnfleisch mitsamt den Zähnen des befallenen Bezirkes radikal zu entfernen; Zwecks schnellerer Granulationsbildung werden die Alveolarränder mit einer Luerschen Zange abgetragen und später der Defekt mit einer zahnärztlichen Prothese gedeckt (Läwen).

Zum Schluß sind noch die Entstellungen zu nennen, die durch Anomalien der Zunge begründet sind. Zungengeschwülste werden durch Keilexzision entfernt. Auch die Riesenzunge oder Makroglossie wird durch Keilexzission beseitigt. Angewachsene Zunge. Diese beruht auf einer abnormen Kürze des frenulum linguae; eine operative Behandlung durch Durchschneidung des Frenulum ist nur angezeigt, wenn der Finger des Arztes nicht unter die Zunge gelangen kann und wenn die Zunge nicht über die Schneidezähne herausgestreckt werden kann.

Lispeln. Die verschiedenen Formen des Sigmatismus beruhen auf einer falschen Einstellung der Zungenmuskulatur beim Sprechenlernen oder die Zunge hat sich beim Zahnwechsel längere Zeit in eine Zahnlücke gedrängt und an diese Stellung gewöhnt. Diese Arten von Sigmatismus, und das sind die häufigsten, sind sämtlich funktioneller Art und können daher durch Übungsbehandlung beseitigt werden (Fröschels). In ganz seltenen Fällen kann aber der Sigmatismus organisch bedingt sein: die Zunge ist zu lang und kann daher beim Einstellen zum Sprechen der Zischlaute wegen der dann noch hinzutretenden Verlängerung nicht kürzer gehalten werden. Auch die Mehrzahl dieser Fälle wird durch Übungsbehandlung zu einer befriedigenden Aussprache gelangen. Wenn jedoch keine Besserung mit konservativer Behandlung erzielt werden kann, kann die Vornahme einer Operation angezeigt sein. Dann wird nach örtlicher Betäubung die Zunge an zwei Haltefäden vorgezogen und ein 1 cm breiter Bogen mit querem Schnitt entfernt. Franke sah nach dieser Operation binnen zwei Wochen in einem Falle völlig normale Sprache auftreten.

Zungenleukoplakie. Die Zungenleukoplakie stellt nach den Untersuchungen von Jenckel und Hinselmann ein präkanzeröses Stadium dar, das daher trotz langsamen Wachstumes und langdauernder Harmlosigkeit radikal entfernt zu werden verdient.

Offen gehaltener Mund mit dauernder Mundatmung deutet auf eine Verstopfung der Nasenhöhle hin und sollte zu Untersuchungen in dieser Richtung Veranlassung geben.

Sehr störend kann übler Mundgeruch für die Umgebung des Befallenen sein. Die Ursache des Mundgeruches sind in den meisten Fällen kariöse Zähne oder zerfallene Mandelpfröpfe; weiterhin wird dieses Symptom bei Stomatitis aphthosa, bei Luikern und beim Vorliegen von Magen- und Stoffwechselstörungen gefunden. Die Beseitigung der Störung fällt mit der Heilung des Grundleidens zusammen.

7. Unterkiefer.

Die angeborenen und erworbenen Defekte des Unterkiefers, die besonders im Kriege und unmittelbar nach der Kriegszeit eine große Bedeutung gehabt haben, gehören der Allgemeinchirurgie oder der Wiederherstellungschirurgie an und können hier daher unberücksichtigt bleiben. Kosmetisches Interesse besitzen folgende Entstellungen:

Prognathie, die als anthropologische Prognathie vorkommt; hierbei sind Ober- und Unterkiefer in gleicher Weise bei normaler Okklusion des Gebisses vorgeschoben; diese Form bedarf orthodontischer Behandlung. Wichtiger für den Chirurgen ist die knöcherne Makrognathia inferior, bei der der sehr lästige offene Biß vorhanden ist. Die Mißbildung entsteht 1. familiär kongenital oder 2. erworben (arthrogen, postinfektiös, durch Wachstumsexzesse wie Akromegalie, nach Frakturen, Zahnmangel oder sonstwie odontogen) (Henschen und Schwarz). Die Behandlung geschieht am vorteilhaftesten durch eine horizontale Osteotomie des aufsteigenden Unterkieferastes unterhalb des Incisura semilunaris und oberhalb des Foramen mandibulare zwecks Schonung der Gefäße und Nerven (Lane, Babcock); Lindemann und Bruhn haben an der gleichen Stelle eine Schrägosteotomie ausgeführt. Der günstigste Zugangsweg zum aufsteigenden Unterkieferast ist sowohl aus kosmetischen Gründen wie wegen der Vermeidung jeglicher Nebenverletzung (Fazialislähmung) das von Bockenheimer angegebene und kürzlich von Axhausen warm empfohlene retroaurikuläre Vorgehen. Der Operationsweg ist folgender: man umschneidet von außen die äußere Gehörgangsöffnung in Höhe des Tragus und des innersten Teiles der Ohrmuschel (der Schnitt darf wegen der Gefahr einer späteren Stenosenbildung nicht durch die Wand des Gehörganges selbst gelegt werden); dann zieht man das Ohr nach vorn und legt in der Umschlagsfalte hinter dem Ohre einen langen Schnitt an, bis man in der Mitte an die Durchtrennungsstelle des Knorpels kommt; unter Vertiefung des Schnittes nach oben und unten knochenwärts folgt die Isolierung des knorpeligen Gehörganges oben, vorn und unten bis in die Tiefe. Weiterhin hält man sich an den Jochbogen, der im oberen Winkel der Wunde zutage tritt; am Jochbogen entlang werden nach vorn teils scharf, teils stumpf die Weichteile bis zum tuberculum articulare abgelöst, wobei stets ein größeres Blutgefäß unterbunden werden muß. Vom Jochbogen aus kann man dann nach unten die Parotis vom aufsteigenden Unterkieferast abschieben, wobei man sich an den hinteren Rand des Kieferastes hält, von dem aus man das Periost der äußeren Unterkieferfläche mit einem Elevatorium leicht abschieben kann; mit einer feinen Stichsäge kann darauf die Durchsägung des Unterkiefers an der gewünschten Stelle und in der erforderlichen Richtung vorgenommen werden, wobei nur darauf zu achten ist, daß man nicht versehentlich die Mundhöhle eröffnet. Nach Ausführung der Osteotomie läßt sich der Unterkiefer soweit zurückbringen, daß das Gebiß volle Okklusion bekommt. In dieser Stellung muß unter Mitwirkung eines Zahnarztes der Unterkiefer mittels Schienen und Gummizügen nach dem Oberkiefer fixiert werden, damit eine Verheilung der Osteotomie in der optimalen Stellung erreicht wird.

Geringgradigere Fälle von knöcherner Prognathie ohne offenen Biß werden in einfachster Weise dadurch behoben, daß die vorstehende Kante des Unterkiefers am Kinn von einem unter dem

Kinn geführten bogenförmigen Schnitt aus mit einem feinen Meißel abgetragen wird.

Weichteilprognathie. Eine Prognathie kann lediglich durch Hyperplasie des Unterhautfettgewebes am Kinn bedingt sein. In diesen günstigen Fällen genügt es, von einem horizontalen Schnitt unter dem Unterkieferrand aus das überschüssige Unterhautfettgewebe zu entfernen, wodurch ein Zurücktreten des Kinnes erzielt wird (Joseph).

Mikrognathie. Das sogenannte Vogelgesicht wirkt durch das scharfe Zurücktreten des Kinnes äußerst störend. Ein Vorsetzen des Kinnes kann auf verschiedene Weise erreicht werden: durch subkutane Einpflanzung von Fettgewebe vor dem Kinn (Lexer), von Knochen (Esau) oder von einer schalenförmigen, mit zahlreichen Löchern versehenen Elfenbeinplatte (damit das Bindegewebe einwachsen und der Schale Halt geben kann) (Joseph).

Vorstehende Unterkieferwinkel können ein Gesicht übermäßig plump erscheinen lassen und daher unschön wirken. Die Beseitigung dieser Entstellung ist leicht zu bewerkstelligen. Von einem kleinen Schnitt unter und hinter dem Kieferwinkel wird das Periost von dem vorstehenden Unterkieferwinkel abgehoben und die exostosenähnlichen Vorsprünge mit dem Meißel oder der Stichsäge abgetragen (Joseph).

8. Hals.

Am Übergang vom Gesichte zum Hals findet sich eine sehr häufige Entstellung, das Doppelkinn, das auf einer beträchtlichen Fettgewebsentwicklung unter dem eigentlichen Kinn beruht und bei starker Beugung des Kopfes besonders deutlich wie ein zweites Kinn in Erscheinung tritt. Fernoperationen, etwa durch Spannung der Haut von der Schläfengegend oder von der Haargrenze hinter dem Ohre aus hat bei fettem Doppelkinn nicht den geringsten Erfolg. Als Behandlung bleibt nichts übrig als die Exzision der überschüssigen Fettmassen. Eine Zeitlang hat man zu diesem Zweck versucht von einem vertikalen Schnitt über dem Doppelkinn aus die Haut zu mobilisieren und das darunterliegende Fett zu exstirpieren. Der Anfangserfolg dieser Operation ist glänzend, die Narbe kaum zu sehen. Aber durch den elastischen Zug der Haut wird die Narbe sehr bald breit gezogen und zu einem breiten Keloid umgewandelt. Man soll daher die vertikale Schnittrichtung lieber nicht wählen (Passot); besser ist es, den Schnitt in die hintere horizontale Falte des Doppelkinnes zu legen, von hier aus die Hautränder zu mobilisieren und das überschüssige Fett in einer großen Platte bis zur Muskulatur zu entfernen. Bei der Naht ist es empfehlenswert, zunächst eine Reihe von subkutanen Catgutnähten anzulegen, die die Unterlage in der Zungenbeingegend mit fassen, damit ein möglichst gut abgesetzter Winkel zwischen Unterkinngegend und Hals zustande kommt. Dann folgt eine möglichst exakte und feine Hautnaht. Zur Verhütung eines Hämatoms und zur Erzielung einer glatten Anheilung der Haut hat es sich uns sehr bewährt, einen Schwammgummi in den Verband mit-einzuwickeln.

Die Behandlung der Faltenbildungen an den vorderen und seitlichen Halspartien ist bereits oben bei der Operation der Gesichtsfalten besprochen worden (s. Abschnitt 2).

Eine wulstige Nackenfalte findet sich sehr häufig bei korpulenten Leuten, die auf überschüssiger Fettgewebsanhäufung im Genick beruht. Es wird hier ein Querschnitt in eine der queren Hautfalten innerhalb der Haargrenzen gelegt, von hier aus werden die Hautränder weitgehend mobilisiert und das überschüssige Fettgewebe in einem großen Stück entfernt. Nach der Naht der Wunde empfiehlt sich auch hier, einen komprimierenden Verband mittels Schwammgummi anzulegen.

Fisteln und Zysten. Die medianen Halsfisteln und -zysten nehmen ihren Ursprung vom ductus thyreoglossus; nur ihre radikale Entfernung, meist durch das Zungenbein hindurch bis zum Zungengrunde verspricht dauernde Heilung. Die lateralen Halsfisteln und -zysten sind Überbleibsel vom ductus thymo-pharyngeus (Nylander); ihre operative Entfernung macht häufig recht große Schwierigkeiten, da sie mit den großen Halsgefäßen häufig in engem Zusammenhang stehen und da die Fisteln bis zu ihrer Mündung in den Rachen, meist mitten auf der Gaumentonsille, verfolgt werden müssen, wenn man kei Rezidiv erleben will.

Schiefhals. Ein häufiges Leiden bei Kindern ist der muskuläre Schiefhals, der durch Durchschneidung des schuldigen Kopfnickers behandelt zu werden pflegt. Üblich ist meist der Schnitt über dem unteren Ansatz des Muskels dicht über dem Schlüsselbein nach v. Bergmann; da dieser Schnitt jedoch eine sichtbare Narbe hinterläßt, die besonders bei kleinen Mädchen störend wirkt, haben Tillaux, Lange, Hohmann die Durchschneidung des Kopfnickers an seinem oberen Ende durchgeführt, wo die Narbe am hinteren Rande des Muskels dicht an der Haargrenze, besonders beim weiblichen Geschlecht durch die Haartracht, unsichtbar gehalten werden kann. Lexer sah zwar nach dieser Operation störenden Zug der Narbe an der Haut, die hier nur wenig verschieblich ist; aber durch einfache Exzision der Narbe wurde diese Störung leicht beseitigt, so daß die Durchschneidung des Kopfnickers am oberen Ende als Methode der Wahl empfohlen werden kann. Nach der Operation muß der Kopf des Kindes in überkompensierter Stellung für ca. 6 Wochen durch einen Gipsverband festgestellt werden.

Verkürzung des Halses. Eine entstellende Verkürzung des Halses kann auf einem sog. Klippel-Feilschen Syndrom beruhen, das aus einer Verminderung der Zahl und einer Verschmelzung der Halswirbel mit Spaltbildungen der Halswirbelsäule zusammengesetzt ist. Besserungen wurden nach Extensionsbehandlung oder Resektion der Halswirbelbögen gesehen. Man überlasse jedoch die Behandlung besser dem Fachorthopäden. Eine scheinbare Verkürzung des Halses findet sich bei dem doppelseitigen Schulterblatthochstand (Sprengelsche Deformität), auf die im nächsten Abschnitt noch näher eingegangen wird (Heidecker). Auf die weiteren Deformitäten des Halses soll hier nicht weiter eingegangen werden, da diese Leiden in das Gebiet der Orthopädie gehören.

Anhangsweise kann daran erinnert werden, das gerade im Bereich des Halses bei der Ausführung von Operationen aller Art die Berücksichtigung kosmetischer Gesichtspunkte dazu dienen soll, die Entstehung von entstellenden Narben zu vermeiden. Zu diesem Zwecke wird für Kropfoperation der Kochersche Kragenschnitt angewendet. Bei der Wundnaht im Anschluß an die eigentliche Operation ist darauf zu achten, daß außer den tiefen Halsmuskeln auch das Platysma eine besondere Nahtreihe erfordert, um das normale Halsrelief wieder herzustellen. Ferner soll bei der Hautnaht vom oberen Wundrand wenig, vom unteren Wundrand viel gefaßt werden, um den unteren Wundrand möglichst zu heben; denn bei gewöhnlicher Naht hat der obere Wundrand die Neigung, wulstig über den unteren herüberzuhängen. — Tuberkulöse Halsdrüsen sollen nicht breit inzidiert werden, da häßliche Narben die Folge sind. Empfehlenswerter ist die Röntgenbestrahlung und, falls Abszedierung eingetreten ist, die mehrfache Punktion und evtl. Einspritzung von Jodoformglyzerin. — Auch bei der Tracheotomie dürfte es in vielen Fällen für einen geschickten Operateur möglich sein, von einem kleinen Querschnitt über der Trachea aus zum Ziele zu gelangen und so eine spätere unauffällige Narbe zu erreichen.

9. Obere Extremität.

Zur Vermeidung der besonders beim weiblichen Geschlecht häufig störenden Impfnarben am Oberarm ist es ratsam, die Impfung nicht mehr wie bisher durch Einschnitte, sondern künftig durch intrakutane Injektion vorzunehmen.

Die Defekte und Deformitäten, sowie die durch sie und durch Nervenlähmungen bedingten Funktionsstörungen der oberen Extremität gehören zum größten Teile in das Gebiet der Orthopädie und der Wiederherstellungschirurgie; auf diese Leiden soll daher hier nicht näher eingegangen werden. Uns sollen in der Hauptsache vom kosmetischen Standpunkte die Entstellungen beschäftigen.

Schulterblatthochstand kommt angeboren als Sprengelsche Deformität oder erworben nach Verletzungen vor. Das Leiden besteht in einer Drehung des Schulterblatts in der Sagittalachse, in Annäherung des Margo vertebralis an die Wirbelsäule mit gleichzeitigem türflügelartigem Abstehen des unteren Schulterblattwinkels, in Verstärkung der konkaven Krümmung und in dem besonders auffallenden Vorspringen des oberen Randes in der Oberschlüsselbeingrube mit Vorwölbung der Trapeziuskulisse (Heidecker); der Kopf wird meist schief gehalten. Bei doppelseitigem Schulterblatthochstand entsteht eine scheinbare Verkürzung des Halses. Die Unterscheidung von der Serratuslähmung macht häufig Schwierigkeiten (Walter). Die Behandlung geschieht entweder konservativ mit orthopädisch-gymnastischen Übungen oder chirurgisch, durch künstliche Herbeiführung eines Descensus des Schulterblatts: Schnitt auf der Gräte des Schulterblatts, Abmeißelung des oberen Teils der Scapula entlang der Gräte, so daß der nach vorn gekrümmte supraspinöse Teil in normale Stellung aufgerichtet werden kann (Walter).

Lipomatosis der Oberarme. An den obersten Teilen der Oberarme kommt eine übermäßige Entwicklung von Fettgewebe vor, die teils einen unförmlichen Umfang der Extremität bedingt, teils in Form schlaffer Falten herunterhängt. Die Behandlung besteht in Exzision der überschüssigen Fettmassen; der Hautschnitt zu dieser Operation wird nach Möglichkeit an die Innenseite der Oberarme verlegt, da hier die Narben am wenigsten auffallen. Noel empfiehlt, um Verziehungen der Wundränder zu vermeiden, immer schrittweise etwa 10 cm weit vorzugehen, erst zu nähen und dann erst weiterzuschneiden.

Die Elephantiasis hat am Arm häufig mechanische Ursachen, z. B. durch Venenkompression nach Ablatio mammae usw.; außerdem kommt eine Verstopfung der abführenden Lymphwege durch chronisch entzündliche Vorgänge in Frage, z. B. wiederholte Erysipele. Wenn konservative Behandlung mit Hochlagern der Extremität, Heißluft und Ableitungsmassage nicht zur Besserung führt, so kommt, falls eine mechanische Ursache feststellbar ist, die operative Beseitigung dieses Hindernisses in Frage; wenn kein mechanisches Hindernis zu finden ist, kommt in Kombination mit Gewebsexzisionen die Einlegung einer subkutanen Seidenfadendrainage nach Handley in Frage, um eine Neubildung von Abflußbahnen anzuregen. Zu diesem Zwecke führt man von mehreren kleinen Inzisionen am betroffenen Oberarm eine Reihe von

Seidenfäden subkutan mittels einer Oersonde bis in die Supraklavikulargrube hinauf. Die Wirkung der Seidenfadendrainage macht sich im Anfang sehr günstig geltend, läßt aber im Laufe der Zeit beträchtlich nach.

Als ein Leiden ähnlicher Art beschreibt Jausly das harte traumatische Ödem des Handrückens, das bei bestehender nervöser Disposition nach Verletzungen auftritt und dem Handrücken die Form eines prallen elastischen Tumors und die Konsistenz eines aufgepumpten Fahrradreifens verleiht. Der Verlauf gestaltet sich überaus chronisch. Konservative Behandlung ist ohne jeden Erfolg. Die operative Therapie besteht in Exzisionen und Sympathektomie; Harttung sah den einzigen bisher erreichten Erfolg nach Gewebsexzision und subkutaner Seidenfadendrainage durch den Unterarm.

Plumpe Handgelenke werden von Noel verschmälert, indem bei Männern, die Manschetten tragen, fast zirkuläre Gewebsstreifen abgetragen werden, nur an der Beugeseite wird eine zwei querfingerbreite Hautbrücke stehen gelassen. Bei Frauen werden an der Beugeseite schräg gestellte, elliptische Gewebsexzisionen vorgenommen. Es dürfen keinesfalls beide Hände gleichzeitig operiert werden.

Phlebektasien, Krampfadern der Arme, stellen, besonders häufig bei jugendlichen Männern, eine diffuse Gefäßanomalie dar. Die Behandlung besteht am besten in mehrfacher Umstechung und Resektion besonders umfangreicher Venenkonvolute (Sonntag).

An den Händen findet sich eine Reihe von erwähnenswerten Entstellungen. Genannt sei zunächst die Polydaktylie; meist handelt es sich um einen überzähligen Daumen oder 5. Finger. Die Behandlung besteht in der Amputation des am wenigsten entwickelten und am wenigsten brauchbaren Fingers.

Die Syndaktylie stellt ein häufiges, erbliches Leiden dar; bei knöcherner Syndaktylie ist die Trennung der Finger resp. Zehen kaum in brauchbarer Weise durchzuführen. Bei nur häutiger Syndaktylie ist dagegen die operative Behandlung durchaus erfolgversprechend. Die verschiedenen Methoden, Durchquetschung der häutigen Verbindung mit einer Quetsche, Durchschneidung der Hautbrücke und Versorgung der Interdigitalfalte mit einem Zellerschen Läppchen und eine Reihe anderer plastischer Methoden sind aus der allgemeinen Chirurgie allgemein bekannt. Fast alle Methoden haben den Nachteil, daß die erforderlichen Nähte wegen der Knappheit der verfügbaren Haut unter einer beträchtlichen Spannung stehen und daher leicht durchschneiden, so daß eine ungünstige Narbenbildung die Folge ist. Uns hat sich daher besser bewährt, den einen Finger auf Kosten des anderen so reichlich mit Haut zu umkleiden, daß die Nähte nicht die geringste Spannung aufweisen, und dann den verhältnismäßig großen Defekt des zweiten Fingers mit einer Epidermistransplantation nach Gohrbrandt (s. Allgem. Teil, Transplantationen) zu versehen. Auf diese Weise erhält man an beiden Fingern mit großer Sicherheit des Erfolges ein kosmetisch und funktionell gutes Resultat.

Melkerknoten. Eine wenig beachtete Gewerbekrankheit bei Melkern und anderen Leuten, die viel mit Tieren umzugehen haben, bilden die Melkerknoten, die durch Eindringen von Tierhaaren in Schrunden der Hände, besonders an den empfindlichen Interdigitalfalten, entstehen und zu hartnäckigen Eiterungen, Granulom- und Fistelbildungen führen. Nur eine sorgfältige Radikaloperation führt zur Heilung des Leidens (Becker, Lehmann, Kittinger u. a.). Eilers beobachtete sogar einen Hohlhandkrebs auf Grund eines 30 Jahre bestehenden Melkergranuloms.

Frischer Verlust der Fingerkuppe kann dadurch ersetzt werden, daß man nach Nicoladoni von der 2. Zehe die Zehenkuppe samt Nagel und Matrix frei verpflanzt; für den Daumen muß die Verpflanzung von der Kuppe der großen Zehe entnommen werden. Ebenso wird nach narbiger Verunstaltung der Fingerspitzen verfahren, indem man die Narben sorgfältig auschneidet und den Defekt durch freie Transplantation einer Zehenkuppe ersetzt. Falls größere Hautteile an der Fingerspitze fehlen, kann man auch einen Hautlappen gestielt vom Bauche verpflanzen und den fehlenden Nagel dadurch imitieren, daß man an der entsprechenden Stelle einige Längsstriche mit der Diathermieschlinge zieht; dadurch entstehen vertiefte Dauernarben, die einen Nagel vortäuschen (Lexer).

10. Brust.

Die Deformationen des knöchernen Thorax bedingen im allgemeinen keine Entstellungen. Zu nennen wäre hier höchstens die Trichterbrust, die jedoch selten unangenehm in Erscheinung tritt oder Störungen verursacht. Eine operative Behandlung ist daher nur sehr selten notwendig, z. B. bei Verlagerung des Herzens und sonstigen Beschwerden. In solchen Fällen kommt die Resektion des unteren Brustbeinabschnittes einschließlich der Rippenknorpel in Frage (Lexer).

Große kosmetische Bedeutung besitzen dagegen die Deformitäten der Brustweichteile, insbesondere der Mamma. Vor allem für die Ausbildung und charakteristische Form des weiblichen Körpers ist die Gestaltung der Brust ausschlaggebend. Im Laufe des Lebens macht die weibliche Brust eine fortlaufende Reihe von Formänderungen durch: beim Kinde findet sich eine flache Brust mit flacher Brustwarze. In der Pubertät entwickelt sich allmählich die Brust von der Knospenbrust zur breitbasig aufsitzenden, prallen, von der Umgebung gut abgesetzten Scheibenbrust. Das Schönheitsideal wird erreicht, wenn die Mamille in Höhe der 4. Rippe, tiefstens in Höhe der 5. Rippe sich befindet, und zwar am Kreuzungspunkt des unteren Randes des M.-pectoralis und der Mittellinie zwischen Brustbeinachse und vorderer Axillarlinie (Glaesmer und Amersbach). Bei der reifen Frau geht die flache Scheibenbrust allmählich in die Halbkugelbrust über, die nun schon die Neigung hat, sich mit der Mamille voran ein wenig zu senken. Besonders nach Anschwellungen der Brust bei Schwangerschaft und Geburt und späterer Rückbildung der Größe der Brust verstärkt sich die Neigung zu Erschlaffung und Senkung, die ihre deutlichste Ausprägung bei der senilen Involution der Mamma erhält.

Über die Anatomie der Mamma soll folgendes angeführt werden. Die Mamma besteht aus dem eigentlichen Drüsenkörper, der von einem verschieden dicken Fettgewebspolster umgeben ist; darüber befindet sich die Haut, wenig abhebbar, durch zahlreiche Bindegewebssepten mit dem Fett- und Drüsengewebe verbunden. Die Blutversorgung bezieht die Mamma aus drei Stromgebieten: 1. von lateral oben kommt die Art. thoracalis lat. aus der Art. axillaris; 2. aus der Tiefe von medial her treten 2—3 Äste der Art. mammaria int. aus der Art. subclavia in die Mamma ein, während 3. lateral aus der Tiefe die rami perforantes aus der Art. intercostalis 3—7 herantreten. Für die Ernährung der Mamille und der zentralen Teile der Brustdrüse sind namentlich die unter 2 und 3 genannten Gefäße wichtig. Die subkutanen Venen der Mamma ziehen sämtlich zur Vena axillaris und die Lymphgefäße ziehen ebenfalls in der Richtung nach der Achselhöhle zu. Die Fixation der Mamma am Thorax geschieht außer durch die schon genannten zur Haut ziehenden Bindegewebssepten in der Hauptsache durch ein sehr feines Faszienblatt, das Lig. suspensorium mammae Giraldès, das von der Gegend der Schlüsselbeine vor dem M. pectoralis herabzieht und sich in zwei Blätter teilt, die die Mamma an ihrer Vorderseite und Rückseite überziehen und tragen. Von mehreren Seiten wird allerdings die Existenz des vorderen Blattes der Faszie bestritten (Testut, Spalteholz, Corning). Nach hinten wird die Mamma sehr wenig fixiert durch das retromammäre Bindegewebe, das lose zwischen der Brustdrüse und der Pektoralisfaszie liegt.

Nach diesen Vorbemerkungen sei noch darauf hingewiesen, daß es auch an der Mamma für jeden Arzt Pflicht sein sollte, bei erforderlichen Eingriffen, die Erzeugung von entstellenden Narben oder Deformitäten zu vermeiden. Die Entfernung von Geschwülsten und die Inzision von Abszessen oder Phlegmonen ist meist von der submammären Falte aus möglich; oder man kommt mit einem halbkreisförmigen Schnitt am Rande des Warzenhofes aus; hier am Übergang von pigmentierten Warzenhof zur normalen Haut fällt eine Narbe später nur sehr wenig auf. Mit Sorgfalt sind jedenfalls Narben am glattflächigen Teil oberhalb der Mamillen zu vermeiden; außerdem neigt der obere Teil der Brust, wie bereits oben angeführt wurde, in beträchtlicher Weise zur Bildung von Narbenkeloiden.

An allgemeinen Gesichtspunkten für Brustoperationen verdient noch hervorgehoben zu werden, daß man es vermeiden soll, in der prämenstruellen Phase zu operieren, in der sich die Milchdrüsenschläuche in Wucherung befinden; ferner soll stets das Ende der Laktationsperiode abgewartet werden; wegen der Gefahr einer Nachblutung soll von drei Tage vor bis drei Tage nach der Menstruation nicht operiert werden. Ferner soll bei jeder Brustoperation darauf gesehen werden, daß die Mamillen nicht der Nekrose verfallen können, sondern funktionsfähig erhalten bleiben und daß die Stillfähigkeit auf jeden Fall erhalten bleibt.

Als erste Entstellung nennen wir die Hypoplasie der Mamma. Diese tritt in der Regel während der Pubertätszeit allmählich störend in Erscheinung. Wenn beide Mammae unentwickelt sind, besteht als Behandlung die Möglichkeit, von einem Schnitt in der submammären Falte aus die Brust retromammär zu unterminieren und mit frei transplantierten Fettlappen zu unterpolstern; hierbei empfiehlt es sich, nicht zu große Lappen auf einmal zu verpflanzen, sondern lieber in mehreren Sitzungen kleinere Lappen (Passot). Anders geht Glaesmer vor; entsprechend der Beobachtung, daß eine hypoplastische Brust größer erscheint, wenn sie höher angesetzt und wenn ihr Basisumfang verkleinert wird, findet eine Verwandlung der Scheibenbrust in eine mehr konische Form statt, indem seitlich und oberhalb der Mamille eine Hautexzision ausgeführt wird. Die Mamille wird unter leichter Aufwärtsdrehung höher eingenäht und der restliche Defekt zu einer wagerechten lateral von der Mamille auslaufenden Wundlinie vereinigt.

Auch bei Verkleinerung der Mamma nach Tumorexzision und nach Drüsenentfernung, und wenn eingezogene Narben nach Mastitis bestehen, empfiehlt es sich, das fehlende Gewebe durch frei transplantiertes Fettgewebe zu ersetzen. Hyperämisierende Mittel wie Diathermie, Höhensonne und später feuchte Verbände erleichtern die Einheilung (Lexer).

Falls nur die eine Brust von der Hypoplasie betroffen ist, also eine Asymmetrie der Brust besteht, ist die Entstellung besonders auffallend; sie tritt ebenfalls in der Pubertätszeit in Erscheinung. Meist

ist die rechte Seite von der Hypoplasie betroffen (Biesenberger). Für die Behandlung der Asymmetrie bestehen zwei Möglichkeiten: wenn die eine Brust hypoplastisch ist, so soll diese durch freie Fetteinpflanzung der größeren angeglichen werden; beruht jedoch Asymmetrie auf einer Hyperplasie der einen Brust, so soll die größere Brust nach einem der unten beschriebenen Verfahren verkleinert werden, so daß sie der Größe der kleineren, normalen Brust entspricht.

Hängebrust. Die häufigste Abweichung vom Schönheitsideal der weiblichen Brust stellt die Senkung oder Hängebrust dar; Biesenberger unterscheidet außer der eben erwähnten Asymmetrie noch drei weitere Formen dieses Leidens: 1. die schlaffe Hängebrust, die sich vor allem bei Asthenikern gleichzeitig mit anderen Ptosen oder Hernien findet und hauptsächlich auf angeborener Bindegewebsschwäche beruht. Bei dieser Form zeigt die Haut einen schlaffen Turgor und ein deutlich durchscheinendes Venennetz; der Warzenhof ist meist vergrößert und infolge der Senkung nach unten gerichtet. Zur Behandlung dieser Deformität reichen in vielen Fällen konservative Hilfsmittel aus: ein guter Büstenhalter dient dazu die Brust zu stützen und die Senkung zu verbergen. Eine Mastkur kann mit dazu beitragen, der Brust eine vollere Form zu geben. Tripier sah guten Erfolg von Behandlung mit faradischem Strom. Hochgradige Fälle bedürfen der operativen Korrektur, und zwar genügen für diese Fälle in der Regel kleinere Eingriffe, die sich auf Exzisionen der gedehnten Haut der oberen Brusthälfte beschränken oder eine Verlagerung der Brust nach oben zu Hilfe nehmen. Auf alle Operationsmethoden, die hier in Frage kommen können, ausführlich einzugehen, erscheint unmöglich; wir wollen uns daher darauf beschränken, von den einzelnen Möglichkeiten besonders eindrucksvolle und praktisch erscheinende Typen anzuführen. Die verschiedenen Methoden, die Brustdrüse einfach hochzunähen (Mastopexie), indem sie am M. pectoralis oder an einer Rippe befestigt wird, sind sämtlich verlassen worden, da oberhalb der Mamille eine häßliche Wulstung der überdehnten Haut auftritt. Kosmetisch besser ist daher bei reiner Hängebrust eine Operation, die den Hautüberschuß am oberen Quadranten der Mamma entfernt. Dieses Ziel verfolgt die von Noel 1928 angegebene und auf Abb. 52 dargestellte Hautplastik.

Wie Abb. 52 a zeigt, wird an der Stelle, wo später die Mamille ihren Platz finden soll, eine halbmondförmige Hautexzision in örtlicher Betäubung vorgenommen. Zum Längenausgleich der beiden Wundränder werden aus dem oberen Rand kleine dreieckige Exzisionen vorgenommen, die, für sich vernäht, eine Verkürzung des oberen Wundrandes bedingen, so daß eine faltenlose Naht der Wunde erzielt werden kann. Nach etwa 4 Wochen wird der kleine Eingriff, wie Abb. 52 b zeigt, in der Weise wiederholt, daß in örtlicher Betäubung wieder eine halbmondförmige Hautexzision vorgenommen wird, bei der die Narbe der früheren Operation mit in Fortfall kommt. Je nach dem Grade der Hängebrust muß dieses Vorgehen womöglich nach 4 Wochen nochmals wiederholt werden, bis die Mamille bis zu dem gewünschten Punkt gehoben und die Operationsnarbe am Rande des Warzenhofes angelangt ist, wo sie denkbar wenig auffällt.

Der Vorteil dieser Methode besteht in der Harmlosigkeit der kleinen Eingriffe und der Möglichkeit der Anwendung örtlicher Betäubung, die bei den anderen größeren Operationsverfahren nicht angebracht ist. Als Nachteil gilt die Notwendigkeit mehrmaliger Operation und die be-

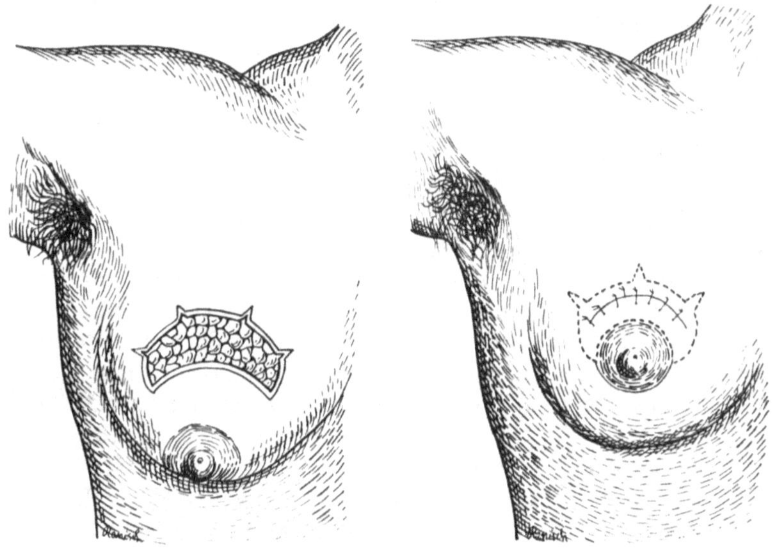

a b

Abb. 52 a. Hebung der schlaffen Hängebrust nach Noel durch halbmondförmige Hautexzisionen: b) nach 4 Wochen nochmalige Exzision der Haut einschließlich der alten Narbe, so daß die Mamille an den gewünschten Ort gehoben wird und die Narbe an den oberen Umfang des Warzenhofes zu liegen kommt. Aus Biesenberger (Deformitäten und plastische Operationen der weiblichen Brust).

schränkte Anwendungsmöglichkeit auf die leichteren Fälle. Eine andere Methode der Hautplastik hat Lotsch 1923 angegeben.

Die Mamille wird zirkulär umschnitten und vom tiefsten Punkt dieses Zirkelschnitts ein senkrechter Schnitt bis zur Submammärfalte nach unten geführt. Von diesen Schnitten aus wird die Haut nach allen Seiten teils scharf, aber überwiegend stumpf bis zum Ansatz der Brust zurückpräpariert. Dann wird die Brustdrüse möglichst weit nach oben gedrängt und durch Zusammenfalten der Haut am unteren Quadranten in dieser Stellung festgehalten; durch Aneinanderhalten der beiderseitigen Hautlefzen wird festgestellt, in welcher Ausdehnung diese überschüssige Haut reseziert werden kann. Nach der erforderlichen Hautresektion werden die Wundränder im unteren Bereiche zu einer senkrecht nach unten ziehenden Narbe vereinigt. Darauf wird über der Mamille an der gewünschten Stelle ein elliptisches Knopfloch aus der Haut geschnitten, in das die Mamille eingenäht wird. Das Knopfloch darf nicht rund geschnitten werden, da es sich dann beim Stehen länglich ziehen würde; sondern mit Rücksicht auf den schräg nach unten außen gerichteten Gewebszug muß das Knopfloch schräg-oval ausgeschnitten werden, mit der kürzeren Achse in der Zugrichtung.

Die zweite und häufigste Form der Hängebrust bildet nach Biesenbergers Einteilung die fettreiche Hängebrust. Diese kommt durch Senkung der durch Zunahme des subkutanen Fettgewebspolsters vergrößerten und schwerer gewordenen Brust zustande. Am häufigsten tritt diese übermäßige Fettgewebsentwicklung in der Pubertät ein oder im Anschluß an Schwangerschaft und Stillperiode. Die Folge der Vergrößerung der Brust sind infolge des vermehrten Gewichtes vor allem körperliche Beschwerden, wie ziehende Schmerzen in den Schultern, auch infolge des vermehrten Druckes der Büstenhalter, Druckgefühl auf der Brust mit Behinderung der Atmung, Ausbildung einer Kyphose, allgemeine schnelle Ermüdbarkeit und Schwerfälligkeit; ferner Kongestionen infolge venöser Stauung mit Spannungsgefühl und neuralgischen Schmerzen und schließlich die sehr lästigen intertriginösen Ekzeme. Dazu kommen psychische Depressionszustände und Minderwertigkeitsgefühle, die Behinderung bei beruflicher und sportlicher Betätigung und in dem Mitmachen der jeweiligen Kleidermoden und nicht als Geringstes schließlich auch verminderte Heiratsaussichten. Alle diese Gesichtspunkte können bei genügender Würdigung in entsprechenden Fällen die Vornahme einer operativen Verkleinerung und Formbesserung der Brust gerechtfertigt erscheinen lassen. Über das operative Vorgehen bei der fettreichen Hängebrust sei folgendes gesagt: einfache Mastopexie oder Hautplastiken führen zu keinem befriedigenden Dauererfolg. Die Resektionen aus der Brustdrüse ohne Verlagerung der Mamille sind ebenfalls überholt und zwar durch die Resektionsmethoden mit Verlagerung der Mamille, auf die daher allein näher eingegangen werden soll. Auch hier können nicht alle der sehr zahlreichen Operationsmethoden Berücksichtigung finden, eine Beschränkung auf einige wenige Beipsiele ist erforderlich. Genannt sei zunächst die von Axhausen 1926 angegebene Methode (s. Abb. 53):

Die Mamille wird zirkulär umschnitten und darüber ein flach bogenförmiger Querschnitt durch die Haut angelegt (s. Abb. 53 a); die Haut wird von hier aus nach allen Seiten teils scharf, aber meist stumpf von der Brustdrüse abgeschoben; dann wird in der submammären Falte ein nach unten konvexer Bogenschnitt geführt (Abb. 53 b) und die Haut zwischen diesem Bogenschnitt und der Mamille entfernt. Dann wird mit einer gebogenen Schere das Fettpolster der Mamma durch flache tangentiale Schnitte abgetragen und dadurch eine Verkleinerung der Mamma herbeigeführt. Unterbindung der etwa blutenden Gefäße. Jetzt wird die Brustdrüse weit nach oben geschoben, die Haut nach unten straff gespannt und die Wunde in der submammären Falte durch Naht vereinigt (Abb. 53 c). Zum Schluß wird am Orte der Mamille eine schräg-ovale Ausschneidung der Haut vorgenommen und die Mamille mit feinen Knopfnähten eingenäht.

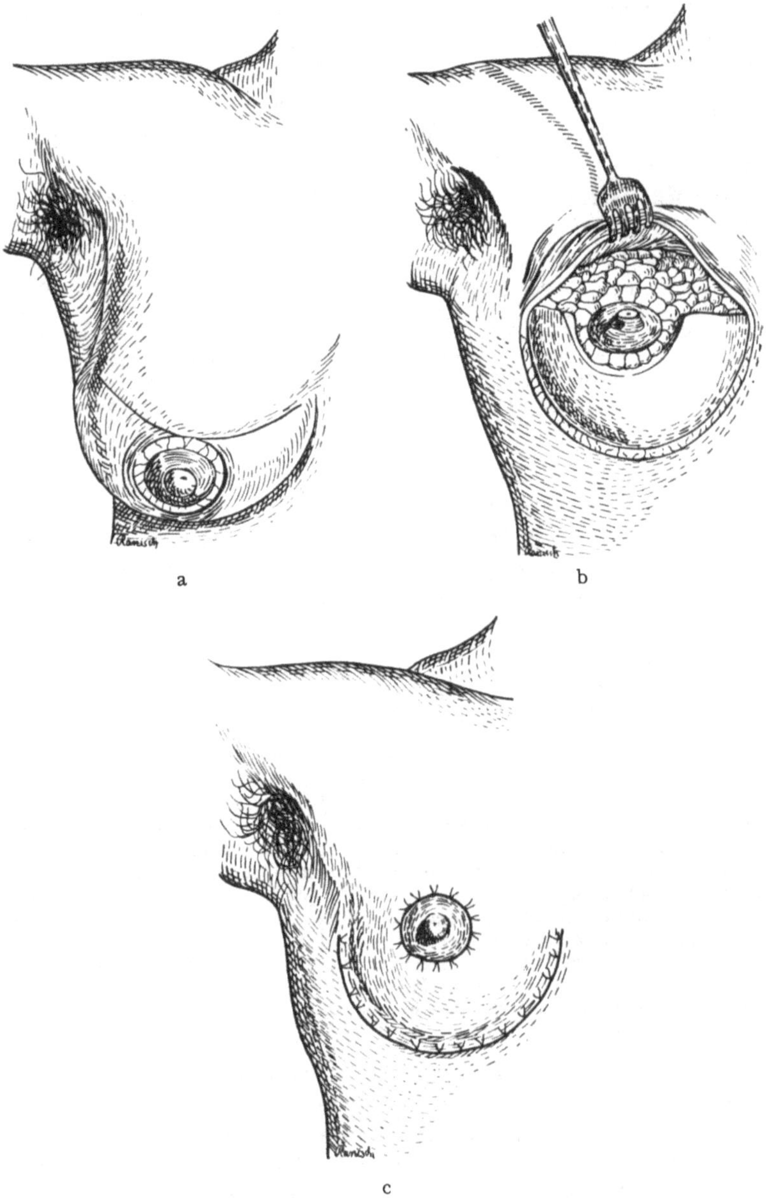

Abb. 53. Operation der fettreichen Hängebrust nach Axhausen durch Resektion der Haut unterhalb der Mamille und tangentiale Abtragung des Fettpolsters der Mamma. Einpflanzung der Mamille in ein Knopfloch. Aus Biesenberger (Deformitäten und plastische Operationen der weiblichen Brust).

Die erzielte Form der Brust ist in der Regel gut, die Narben rund um die Mamille und in der Submammärfalte sind nicht störend. Die Methode hat den Nachteil, daß sie der Brust keinen dauernden festen Halt gibt, so daß ein späteres Herabsinken nicht ausgeschlossen ist. Als weitere Methode sei die Operation von Lexer-Kraske 1923 angeführt (Abb. 54):

Der spätere gewünschte Ort der Mamille wird markiert, die Mamille umschnitten und von den Seitenpunkten dieses Schnittes nach oben bis zu dem neuen Ort der Mamille ein Hautstreifen herausgeschnitten; dann wird von denselben Seitenpunkten des Zirkelschnittes aus nach unten leicht divergierend je ein Hautschnitt nach unten bis zur Submammärfalte geführt und unten die Enden dieser beiden Schnitte entlang der Falte durch einen horizontalen Schnitt vereinigt (Abb. 54 a); die umschnittene Haut wird entfernt, die Hautränder nach allen Seiten weit von der Brustdrüse abgelöst und die Mamille unter Heraufschieben der Brustdrüse am gewünschten Ort eingenäht. Dann wird aus dem Fett und Drüsengewebe des unteren Quadraten eine keilförmige Resektion vorgenommen (Abb. 54 b) und schließlich die Naht von Drüsenkörper, Fett und Haut ausgeführt, wie Abb. 54 c anzeigt.

Das erreichte Resultat ist gut; die übrigbleibenden Narben rund um den Warzenhof, senkrecht herunter und in der Submammärfalte sind wenig störend; da die Brustdrüse aber keinen festen Halt am Thorax bekommt, ist ein späteres Herabsinken nicht ausgeschlossen. — Ferner sei noch das von Biesenberger 1928 angegebene Verfahren kurz erwähnt:

Die Areola wird zirkulär umschnitten und nach unten ein senkrechter Schnitt bis zur submammären Falte geführt; dann wird die Brustdrüse aus der bedeckenden Haut ausgehülst und zwar nach lateral und unten ausgiebiger als nach medial; dann wird mit einem S-förmig gekrümmten Schnitt dicht nach außen von der Brustwarze die laterale Hälfte der Brustdrüse abgetragen, der untere, die Mamille tragende Teil, des restierenden Drüsenkörpers wird nach lateral oben heraufgedreht und durch einige Nähte mit dem oben stehengebliebenen Teil der Brustdrüse vernäht und auf der Pektoralisfaszie fixiert; dadurch wird eine schöne Halbkugelform der Brustdrüse hergestellt, auf deren Höhe etwas nach außen gerichtet sich die Brustwarze befindet; dann wird die Haut nach unten gestreift, mittels Kugelzangen in senkrechter Linie soweit zusammengerafft, daß sie dem Drüsenkörper dicht anliegt, die überschüssige Haut wird abgeschnitten und eine Nahtreihe von der eingenähten Areola aus bis zur Submammärfalte senkrecht nach unten angelegt; dann wird die Haut an der Submammärfalte in horizontaler Richtung zusammengefaßt, die überschüssige Haut entfernt und eine horizontale Hautnaht im Verlauf der submammären Falte ausgeführt.

Die erzielten Resultate dieser Methode sollen sehr gut sein; infolge der Fixation der Brustdrüse auf der Pektoralisfaszie ist ein späteres Herabsinken der Brust nicht zu befürchten; die übrigbleibenden Narben rund um die Mamille, senkrecht herunter und in der Submammärfalte wirken nicht störend. — Anschließend sei noch die von Gohrbandt geübte Methode der Mammaplastik beschrieben, die uns aus eigener Anschauung am besten bekannt ist und von der wir in vielen Fällen sehr günstige Resultate erlebt haben (s. Abb. 55 a, b, c). Das wesentliche der Gohrbandt schen Methode ist, daß die Resektion aus dem

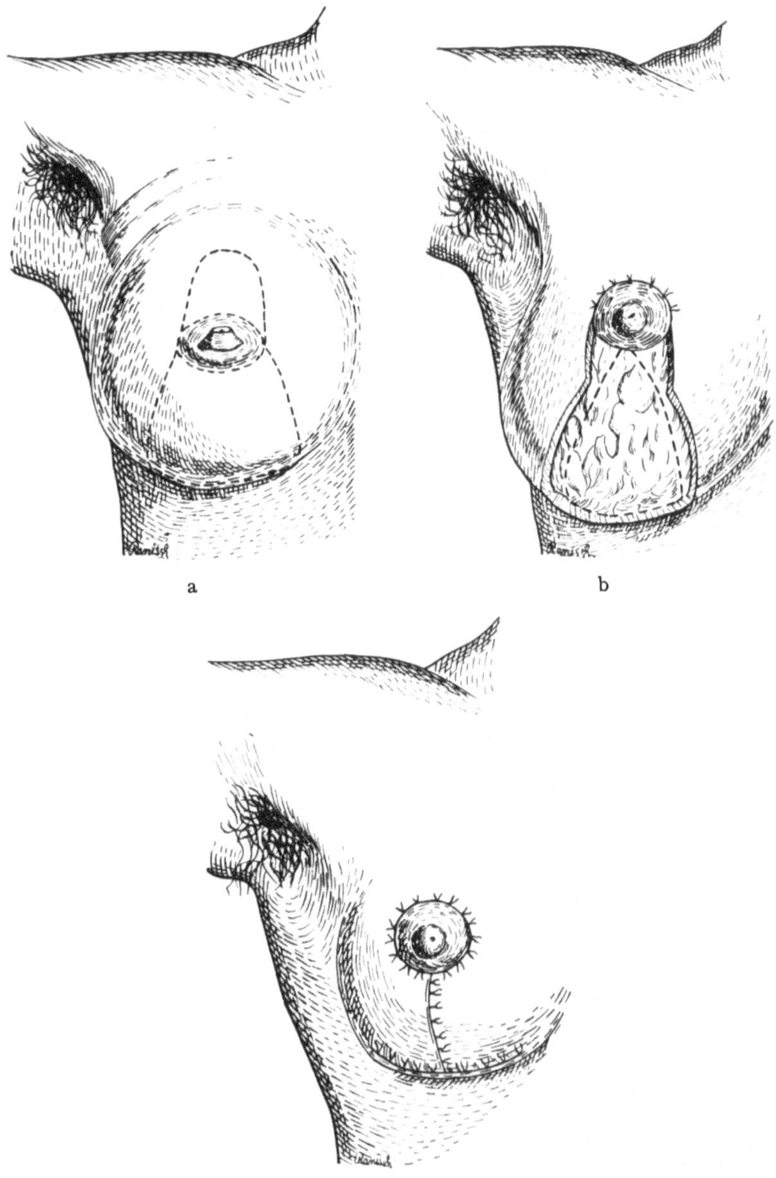

Abb. 54. Operation der Hängebrust nach Lexer-Kraske. a) Umschneidung der Mamille und Hautresektion, wie die punktierte Linie anzeigt: b) Einnähung der Mamille im oberen Wundwinkel, keilförmige Resektion aus Fett und Drüsenkörper im unteren Quadranten und c) Nahtvereinigung. Aus Biesenberger (Deformitäten und plastische Operationen der weiblichen Brust).

Fett- und Brustdrüsenkörper an dem Teile vorgenommen wird, der hauptsächlich durch die Senkung der Hängebrust von der Überdehnung betroffen ist, nämlich der oberen Hälfte, und ferner daß der verbleibende Rest der Brustdrüse fest auf der Pektoralisfaszie fixiert wird, so daß ein späteres Herabsinken der operierten Brust verhindert wird. Die Operation gestaltet sich folgendermaßen:

In Pernoktonbasisnarkose, die mit Äther vertieft und weitergeführt wird, spannt der Assistent durch flaches Auflegen beider Hände auf die Brust die Areola

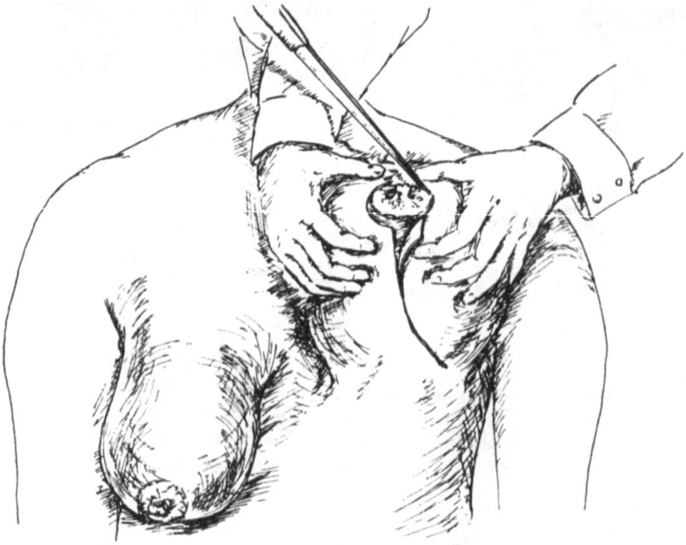

a

Abb. 55. Mammaplastik nach Gohrbandt. a) Zirkuläre Umschneidung des Warzenhofes und Entspannungsschnitt nach schräg unten außen; b) nach Aushülsung der Brustdrüse wird deren obere Hälfte reseziert und der Rest fest auf der Pektoralisfaszie fixiert; c) Entfernung der überschüssigen Haut und Anlegung der Hautnaht schräg nach unten außen: zuletzt Einnähung der Mamille am oberen Ende der Wunde.

gleichmäßig nach allen Seiten, so daß der Operateur möglichst mit einem Zuge den Warzenhof umschneiden kann; weiterhin wird die Mamille möglichst wenig berührt, vor allen Dingen eine Abhebung von ihrer Unterlage strengstens vermieden; durch weitere Schnitte immer dicht am äußeren Hautrand wird der äußere Hautrand von der Brustdrüse abpräpariert und dann schräg nach unten außen ein Entspannungsschnitt durch die Haut bis an die submammäre Falte geführt (Abb. 55 a). Jetzt läßt sich die Haut stumpf nach allen Seiten bis zum Ansatz der Brustdrüse zurückstreifen. Nach Zurückstreifen der Haut und Deckung durch eine Gazelage wird dann die Brustdrüse durch Anheben an ihrem oberen und unteren Pol in eine deutlich unterscheidbare untere und obere Hälfte geteilt (Abb. 55 b), von denen die letztere durch einen queren, dicht oberhalb der Brustwarze einsetzenden, und schräg in die Tiefe kopfwärts fortgeführten Schnitt abgelöst wird, bis in der Tiefe die Pektoralisfaszie erscheint; dann wird mit einer großen Schere entsprechend dem oberen Ansatz der Brustdrüse die mobilisierte obere Brust-

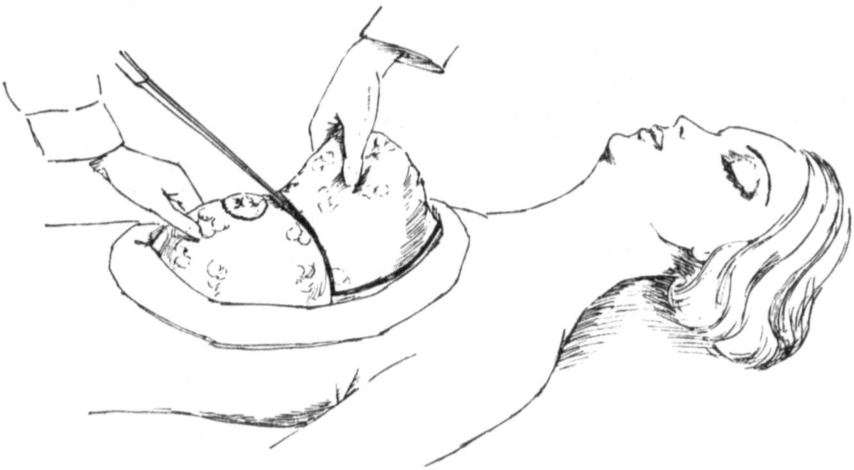

b

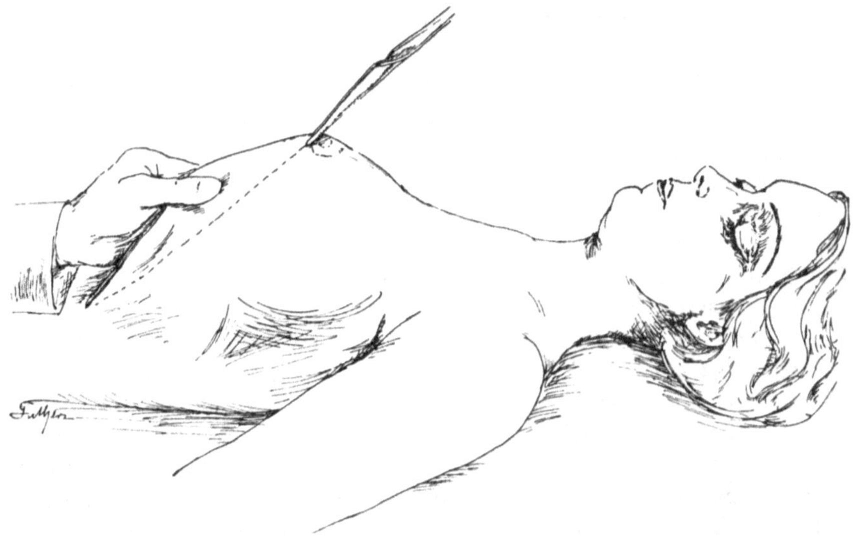

c

drüsenhälfte völlig abgetrennt (Abb. 55 b), wobei man nur darauf zu achten hat, daß man bei dieser Abtragung kein Knopfloch in die obere Hautbedeckung schneidet. Nach sorgfältiger Blutstillung, bei der man jedoch die Zahl der Unterbindungen auf das möglichste Mindestmaß beschränkt, wird die restierende Brustdrüse mit großen Catgutnähten fest auf der Pektoralisfaszie befestigt. Sollte die untere Brustdrüsenhälfte jetzt zu umfangreich erscheinen, so kann sie leicht durch tangentiale Abtragung überflüssiger Fettgewebspartien verkleinert werden. Jetzt folgt die Entfernung der überschüssigen Haut und die plastische Anlegung der Hautbedeckung über der neugeformten Brustdrüse (Abb. 55 c). Zu diesem Zwecke wird die Haut nach unten über die Brust herübergestreift und der Punkt, wo die Brustwarze durch die Haut durchscheint, mit einer Klemme markiert. Durch Aneinanderlegen der beiderseitigen Hautlefzen mit den Fingern oder durch Zusammenfassen mittels Klemmen wird das Maß der entbehrlichen Haut festgestellt und abgetragen, wie das auf Abb. 55 c durch die punktierte Linie angezeigt ist. Dann folgt zunächst die Hautnaht im Bereiche der von der Mamille schräg nach abwärts außen ziehenden Wunde, in deren untersten Winkel sicherheitshalber zwei Drains, je eines nach medial und eines nach lateral, eingelegt werden. Den Beschluß der Operation bildet am oberen Ende der Wunde die Ausschneidung eines schräg-ovalen Hautloches, in das die Mamille eingenäht wird.

Die andere Brust wird in derselben Sitzung operiert. Die Gesamtdauer der Operation beträgt bei einiger Übung etwa $1^1/_4$ bis $1^1/_2$ Stunden. — Zur Verbesserung des kosmetischen Resultates wird in der Regel nach 6—8 Wochen in örtlicher Betäubung eine spindelförmige Exzision der schräg nach unten verlaufenden Narbe und ihre feine Naht angeschlossen. Bei dieser Gelegenheit können auch kleine Störungen der Symmetrie durch keilförmige Exzision aus dem Fettgewebe oder Drüsenkörper ausgeglichen werden. Nach der eigentlichen Operation wird ein leicht komprimierender Verband in Gestalt eines Suspensorium mammae angelegt; die Drains werden nach 24—48 Stunden entfernt. In den nächsten Wochen nach der Operation sollen die Kranken einen gut passenden Büstenhalter tragen.

Die 3. Gruppe der Hängebrust bildet nach Biesenbergers Einteilung die echte Hypertrophie der Brustdrüse selbst, die zwar recht selten zur Beobachtung kommt; aber dafür erreicht die Volumenszunahme in diesen Fällen häufig einen ganz enormen Umfang. Zur Behebung dieses Leidens reichen in der Mehrzahl der Fälle die eben beschriebenen Resektionsmethoden aus. Nur bei ganz exzessiver Größe müssen andere Operationsverfahren in Gebrauch kommen. In früherer Zeit hat man sich zur Amputation der vergrößerten Brust gezwungen gesehen. Wegen des kosmetisch ungünstigen Effektes der Brustamputation hat Lexer empfohlen, von oben nach unten divergierend eine Resektion der Mamma vorzunehmen, wobei auf die Erhaltung der Mamillen zwar verzichtet werden muß, dafür aber eine gut geformte Brust erzielt wird. Torek amputiert die vergrößerte Brust und macht eine freie Zurückverpflanzung der Mamillen, hat aber bei diesem Vorgehen anscheinend bisher keine Nachahmer gefunden (Biesenberger).

Mammaplastik nach Amputation. Für die Behandlung maligner Geschwülste der Mamma gilt die Grundforderung, den Tumor radikal zu entfernen ohne Rücksicht auf den entstehenden Defekt, dessen Deckung eine Sorge zweiten Ranges darstellt. Auch das kosmetische Resultat kommt erst in zweiter Linie. Bisweilen wird, besonders bei jüngeren Frauen, aus psychischen Gründen ein plastischer Ersatz der durch die Amputation der Mamma verlorengegangenen

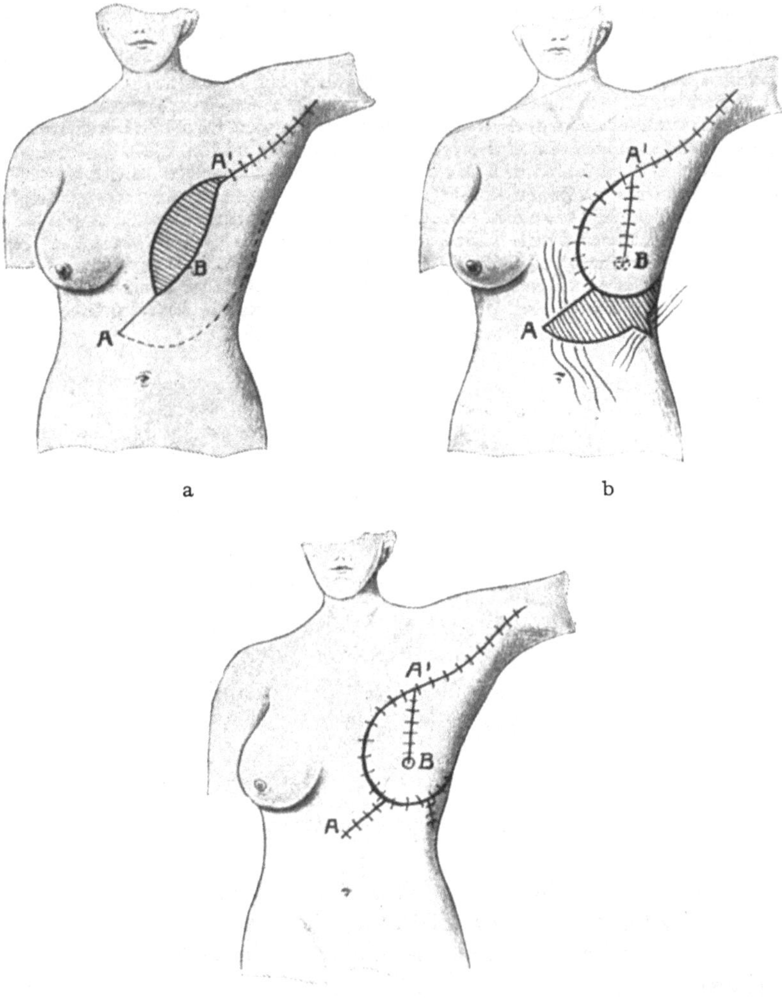

Abb. 56 a, b, c. Plastischer Ersatz der amputierten Mamma nach Kleinschmidt. Abb. aus Joseph (Nasenplastik).

Form notwendig; ältere Frauen behelfen sich in ausreichender Weise durch eine aufblasbare Gummiprothese, die sehr gut den Erfordernissen des Einzelfalles angepaßt werden kann. Bei jüngeren Frauen kommt ein operativer Eingriff in Frage, wie er auf Abb. 56 nach Kleinschmidt dargestellt ist.

Nach der typischen radikalen Amputatio mammae wird die Wunde im oberen axillaren Anteil durch Naht geschlossen, soweit genügend Haut vorhanden ist.

Die Plastik beginnt mit einem Schnitt in der hinteren Axillarlinie handbreit unter der Axilla; der Schnitt verläuft von dort nach abwärts ungefähr parallel dem operativen Wundrand und von diesem etwa 10—12 cm entfernt (Abb. 56 a), geht allmählich bogenförmig auf die Bauchhaut über bis etwas über die Mittellinie hinweg und wendet dann scharf nach oben innen um, wo er an der unteren Spitze des Operationsdefektes endet. Der umschnittene Lappen wird zunächst nur in der unteren Hälfte einschließlich Fettgewebe mobilisiert und um die innere Kante umgebogen (Abb. 56 b), so daß der untere Winkel des Lappens in den oberen des Operationsdefektes zu liegen kommt. Die innere Kante des herumgeschlagenen Lappens wird in sich vernäht. Der entstandene Hautdefekt wird nach Mobilisierung der Bauchhaut durch Naht verschlossen; Schwierigkeiten macht der Nahtverschluß des Defektes im oberen Abschnitt, da der äußere Wundrand für eine Vereinigung mit dem inneren zu lang ist. Man verkürzt daher den äußeren Wundrand, indem man ein Burow'sches Dreieck aus dem Rande ausschneidet und die seitliche Wunde in sich vernäht (Abb. 56 b).

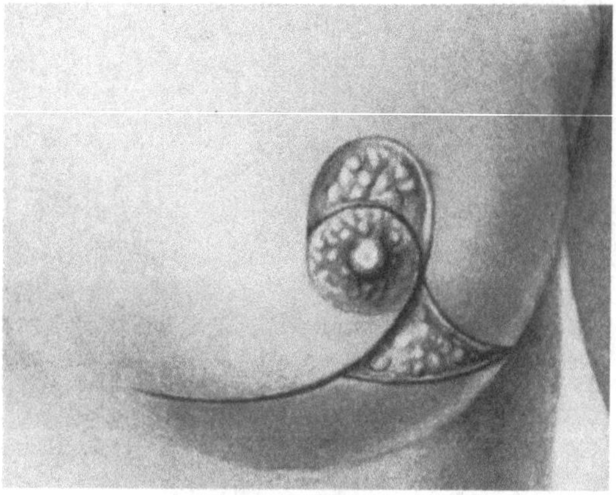

Abb. 57. Operation der Gynäkomastie nach Kurtzahn.

Ersatz der fehlenden Mamille. Bei dem plastischen Ersatz der amputierten Brust ahmt Kleinschmidt den fehlenden Warzenhof nach, indem er in der Größe des anderen Warzenhofes einen kreisförmigen Schnitt anlegt und diesen per granulationem heilen läßt; auf die plastische Herstellung einer Brustwarze wird kein Wert gelegt. Man kann jedoch, wie Abb. 60 zeigt, verhältnismäßig leicht eine neue Brustwarze schaffen, wenn hierdurch die Vollkommenheit des plastischen Ersatzes der Brust, besonders in psychischer Hinsicht gesteigert werden soll. Besonders in solchen Fällen, bei denen nach Ausführung einer Hängebrustoperation das Mißgeschick einer Nekrose der Mamille passiert ist, wird ihr plastischer Ersatz großen Wert haben. Man legt, wie Abb. 60 a erkennen läßt, vier rechtwinklige Schnitte so an, daß ein kreuzförmiger, nach vier Seiten gestielter Hautlappen entsteht, der unterminiert und angehoben werden kann. Zwischen mittlerem und äußerem Drittel der Stiele wird nun eine fortlaufende Naht angelegt und so lose geknüpft, daß zwar ein aufgestelltes warzenartiges Gebilde bestehen bleibt, daß aber nach Möglichkeit keine Abschnürung und Nekrose entstehen kann. Da nun die neue Warze im oberen Teil

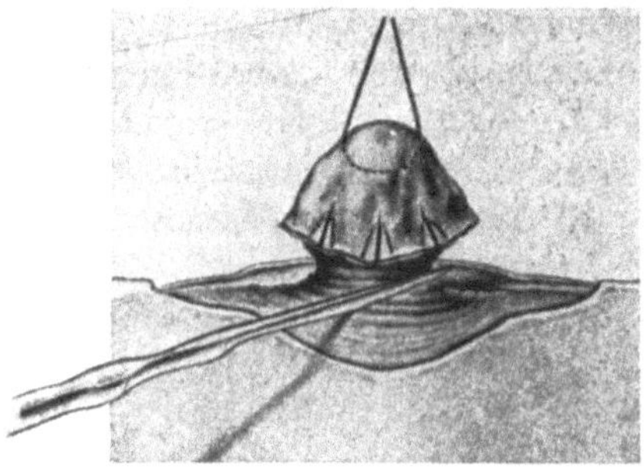

Abb. 58. Operation der Hohlwarze nach Sellheim.

noch in Form eines Pilzes breit auseinandergeht, werden zwischen mittlerem und oberem Drittel noch kleine Knopfnähte angelegt. Nach völliger Heilung der Wunden kann der Warzenhof noch nach Kleinschmidt durch zirkuläre Umschneidung und sekundäre Heilung um-

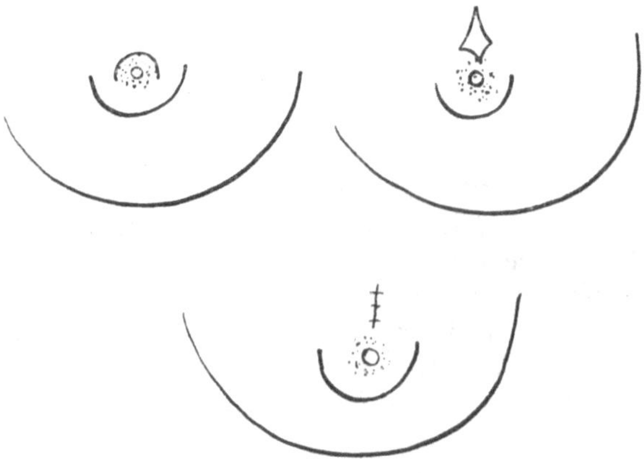

Abb. 59. Operation der Hohlwarze nach Schepelmann.

grenzt werden. Die Pigmentierung kann entsprechend dem Farbton der anderen Seite durch Tätowierung erzeugt werden.

Hohlwarze. Bei der echten Form der Hohlwarze besteht nach Sellheim eigentlich gar keine Warze, sondern der Zustand besteht wie bei der Geburt weiter fort. Bei der unechten Form der Hohlwarze, die für gewöhnlich angetroffen wird, handelt es sich eigentlich um eine Schlupfwarze, indem die normal ausgebildete Warze hinter den verengten zirkulären Warzenhofmuskel zurückgeschlüpft ist. Zur Behandlung haben daher Kehrer und Basch die Myotomie dieses Muskels vorgeschlagen. Sellheim empfiehlt die Hohlwarze mittels einer kleinen plastischen Operation zu beseitigen: die Brustwarze wird in einem Umkreis von etwa 2 cm umschnitten und mittels eines Seidenfadens vorgezogen. Am Wundrand der Warze werden nun, wie Abb. 58 zeigt, kleine Dreiecke aus der Haut exzidiert und jeder Defekt für sich vernäht, so daß eine Aufstellung der Brustwarze erreicht wird. Zum

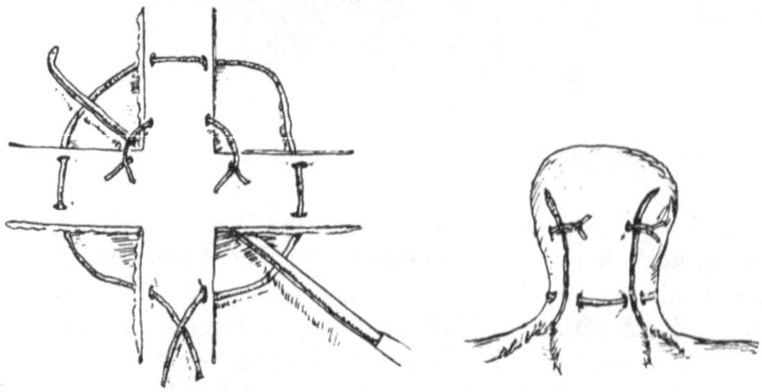

a b

Abb. 60. Plastischer Ersatz der fehlenden Brustwarze durch Aufstellung eines kreuzförmigen Hautlappens.

Schluß wird der äußere Wundrand zu einer längs verlaufenden Narbe vereinigt und gleichzeitig an den Wundrand der Warze angenäht. Schepelmann behandelt die Hohlwarze folgendermaßen: 1 cm oberhalb der Brustwarze wird ein überhalbkreisförmiger Schnitt geführt (s. Abb. 59); durch Anheben der Brustwarze wird der Schnitt zu einer geraden, längsgestellten Wunde verzogen und in dieser Stellung vernäht. In genau der gleichen Weise wird 2 cm unterhalb der Brustwarze ein größerer Halbkreisschnitt geführt, in derselben Weise verzogen und vernäht.

Gynäkomastie. Bei Männern entsteht in der Pubertätszeit in auffälliger und störender Weise eine Vergrößerung der Brustdrüse, die sog. Weiberbrust oder Gynäkomastie; die Ursache des Leidens ist in einer konstitutionellen endokrinen Störung (Sexueller Infantilismus) zu suchen oder beim Auftreten im späteren Leben in einer exogenen Störung in der Wechselwirkung der endokrinen Drüsen. So soll nach Kondoleon nach der Prostatektomie durch ausfallende Sekretion der

Prostata oder gestörte Hodenfunktion eine Vergrößerung der Brustdrüse für einige Monate auftreten und später wieder spontan verschwinden. Ferner entsteht nach Tattoni bei Leberzirrhose ein Toxin in der Leber, das zu einer Hodenatrophie und anschließend durch endokrine Wirkung zu einer Hypertrophie der männlichen Brustdrüse führt. — Bei jungen Männern ist zunächst eine internistische Behandlung zu versuchen. In der Regel werden die Kranken jedoch den radikaleren operativen Eingriff vorziehen. Zu diesem Zwecke kann man von einem Schnitt in der Submammärfalte aus die Brust unterminieren und die tiefere Hälfte der Brustdrüse parallel der Thoraxwand resezieren. Anders geht Kurtzahn vor, der durch einige bogenförmige Schnitte (Abb. 57) zwei Hautexzisionen vornimmt, wobei die Brustwarze an einem medialen Hautstiel hängen bleibt; dieser Hautstiel muß von genügend Unterhautgewebe unterpolstert sein, damit die Mamille ernährt bleibt. Nach Exstirpation des Drüsenkörpers wird die Mamille nach oben gedreht und in den oberen Wundrand eingenäht. Die Drehung der Mamille erfolgt auf der rechten Seite im Sinne des Uhrzeigers und auf der linken Seite entgegengesetzt (wie auf Abb. 57).

Hyperthelie. Als Hyperthelie bezeichnet man das Auftreten von überzähligen Brustwarzen, die in der Regel an der Vorderseite des Rumpfes im Zuge der sog. Milchleiste beobachtet werden. Die überzähligen Brustwarzen sitzen meist einige Zentimeter unter und medial von den richtigen Mamillen, und zwar häufiger links als rechts, am seltensten beiderseits. Das Leiden ist meist wenig auffällig; machen sich die überzähligen Brustwarzen störend bemerkbar, so können sie in örtlicher Betäubung durch Exzision leicht entfernt werden.

11. Bauch.

Die Mehrzahl der Entstellungen des Bauches stellt einen Folgezustand nach überstandener Schwangerschaft dar. Erwähnt wurden bereits die Striae gravidarum (s. S. 35).

Ferner kommt als Folge der überstandenen Schwangerschaft eine Überdehnung der ganzen Bauchdecke vor, die sich nicht wieder völlig zurückbildet und zur Entstehung eines schlaffen Hängebauches führt, wobei häufig gleichzeitig ein Auseinanderweichen der geraden Bauchmuskeln (Rektusdiastase) zustandekommt. Die einfachen Formen von schlaffem Hängebauch werden am einfachsten mit einer Bindenwickelung oder einer gut sitzenden Leibbandage behandelt; hierdurch wird mit einem Schlage die Entstellung beseitigt und gleichzeitig die Hauptklage der Patienten über dauernde ziehende Kreuzschmerzen.

Schwieriger gestalten sich die Verhältnisse, wenn sich zu der Erschlaffung der Bauchdecken noch ein besonderer Fettansatz hinzugesellt, so daß ein fettreicher Hängebauch zustande kommt. Die leichteren Fälle dieser Art kann man ebenfalls auf konservativem Wege mittels einer Leibbandage versorgen. Für die hochgradigeren Fälle kommt eine operative Behandlung in Betracht. Vorbedingung der Operation ist jedoch eine sehr sorgfältige Vorbereitung des Patienten, vor allen Dingen muß das fast stets vorhandene intertriginöse Ekzem

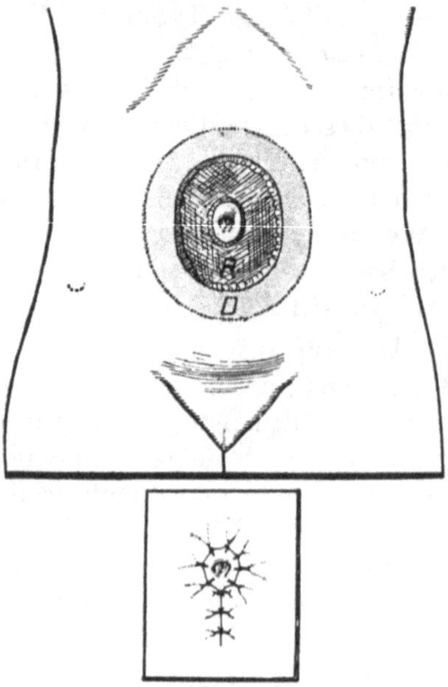

Abb. 61. Operation des Kugelbauches nach Passot (Chirurgie esthétique pure). Ringförmige Exzision von Haut und Fettgewebe rings um den Nabel, Unterminierung der äußeren Wundränder und Nahtvereinigung nach der Mitte.

völlig zur Abheilung gebracht werden. Denn bei der Operation des Hängebauches entsteht eine sehr große Wundfläche des Fettgewebes, die gegen Wundinfektionen eine sehr geringe Resistenz besitzt. Daher ist auch bei der Operation größte Vorsicht und sorgfältige Schonung der Gewebe besonderes Erfordernis. Schepelmann operiert den Hängebauch, indem er den Schnitt in der suprasymphären Falte nach Art des Pfannenstielschen Faszienquerschnitts beginnt und den Schnitt nach beiden Seiten aufwärts bis in die Lendengegend verlängert (Abb. 62). Zunächst werden nur Haut und Fett durchtrennt und der Hautfettlappen von der Faszie abgetrennt und nach oben geschlagen; dann wird die Faszie entsprechend dem Hautschnitt durchtrennt und die Faszienränder etwas mobilisiert. Die Musculi recti werden in der Mitte durch mehrere Knopfnähte vereinigt; erforderlichenfalls werden die Recti verkürzt, indem man sie faltet und in dieser verkürzten Stellung vernäht. Es folgt die Doppelung der Faszie, indem der untere Rand mit Matratzennähten hoch unter den oberen genäht wird, während der obere Rand nach unten über den unteren heruntergenäht wird. Jetzt wird die Haut-Fettschürze heruntergeschlagen und genau abgemessen, wieviel von dem überschüssigen Gewebe entfernt werden kann, um eine der Faszie glatt anliegende Fett- und Hautschicht zu erhalten. Nach

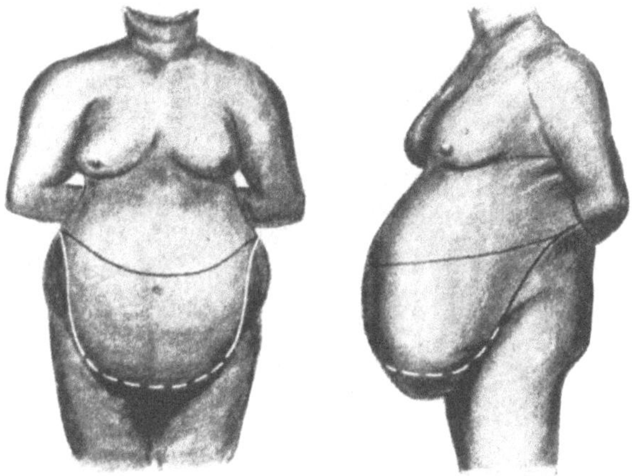

Abb. 62. Operation des fettreichen Hängebauches nach Schepelmann.

der Einführung von zwei Drains in die beiden Wundwinkel zur Ableitung entstehender Wundsekrete wird die Wunde mit Knopfnähten geschlossen. An dieser Stelle ist noch eine prinzipielle Bemerkung am Platze. In seiner ursprünglichen Mitteilung hatte Schepelmann angegeben, daß der Nabel bei dieser Operation mit in Fortfall käme; später hat er bereits selbst mitgeteilt, daß er den Nabel aus kosmetischen Gründen erhalten wissen will. Es ist nun wichtig zu betonen, daß bei allen Bauchoperationen der Nabel nicht nur aus kosmetischen Erfordernissen unbedingt erhalten werden muß, sondern auch aus statischen Gründen. Der Nabel bildet nämlich eine wichtige Unterteilung der Bauchdecken, so daß die Fettschicht der Bauchdecken nicht in einer einzigen zusammenhängenden Masse am Thorax hängt, sondern noch zwischendurch am Nabel einen Fixationspunkt an der Faszie hat. Durch die Erhaltung des Nabels wird einem erneuten Herabsinken der

Bauchdecken und einer nochmaligen Ausbildung eines Hängebauches entgegengearbeitet. Auch Flesch-Thebesius und Weinsheimer tragen diesem Gesichtspunkt Rechnung, indem sie bei ihrer Operation des Hängebauches den Nabel dreieckig umschneiden (Abb. 63) und erhalten, im übrigen dann entsprechend dem Verfahren von Schepelmann vorgehen.

Kugelbauch. Wenn sich größere Fettmassen ohne Senkung der Bauchdecken in der Gegend um den Nabel entwickeln, so spricht man von einem Kugelbauch. Als Behandlung empfiehlt sich das auf Abb. 61

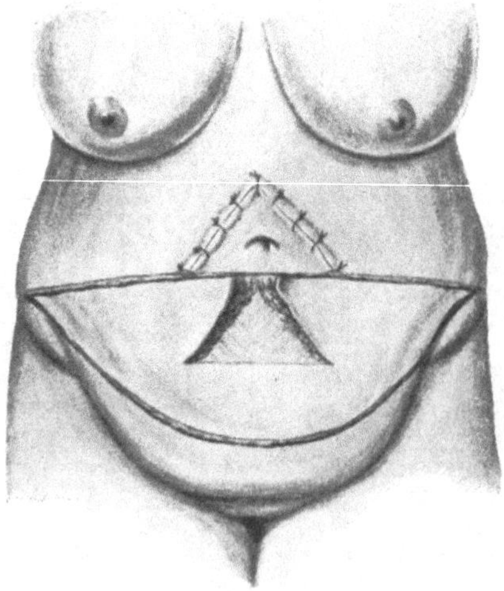

Abb. 63. Operation des Hängebauches nach Flesch-Thebesius und Weinsheimer mit dreieckiger Umschneidung des Nabels.

dargestellte Vorgehen von Passot. Der Nabel wird in kleinem Kreis umschnitten. Dann wird abgemessen, eine wie breite Haut- und Fettgewebspartie entfernt werden soll; in der ermittelten Ausdehnung wird eine zweite kreisförmige Umschneidung des Nabels vorgenommen; Haut und Fettgewebe zwischen den beiden Zirkelschnitten werden bis auf die Faszie entfernt und die äußeren Wundränder ein Stück weit unterminiert. Dann wird der Nabel in den oberen Wundwinkel unter leichter Faltung der Haut eingenäht und unter dem Nabel die Wundränder in der Mittellinie vereinigt (Abb. 61).

Nabelplastik. Wir haben bei einigen fettleibigen Frauen im Anschluß an eine Nabelbruchoperation, bei der der Nabel mitentfernt worden war, eine schwere Form von Hängebauch beobachtet; wir halten es daher nicht nur aus kosmetischen, sondern auch aus den oben erwähnten statischen Gründen für ratsam, bei der Hängebauchoperation oder auch allein ohne diese wieder plastisch einen neuen Nabel zu schaffen. Das Vorgehen ist folgendes: Man wählt in der Mittellinie in der Höhe der Spina iliaca den Platz für den neuen Nabel aus und markiert sich um diesen Punkt entsprechend der Dicke des vorhandenen Fettpolsters einen Kreis. Dann macht man aus der Haut vier rhombische Exzisionen in der Weise, daß die größte Breite der Rauten auf dem Kreise liegt, während die Längsachse nach dem Mittelpunkt gerichtet ist (Abb. 64 a). Anschließend wird im Bereiche des Kreises die Haut

a b

Abb. 64. Plastischer Ersatz des Nabels durch Herunternähen der Haut auf die Faszie.

flach unterminiert und andererseits genau in der Größe des markierten Kreises alles Fettgewebe bis auf die Faszie entfernt. Jetzt wird die in der Luft freischwebende Hautplatte gegen die Faszie heruntergedrückt und an den vier Innenpunkten der Rauten an die Faszie genäht (Abb. 64 b); es folgt die Wundnaht der Rauten in Richtung der kleineren Achse und schließlich werden noch die Ränder der Nabelgrube durch einige kleine Matratzennähte schärfer aufgestellt. (Abb. 64.) Nach der Operation wird die Anheilung der Haut auf der Faszie durch Eindrücken eines Wattebausches in die Nabelgrube begünstigt.

12. Rücken.

Die sehr stark entstellenden Verbiegungen der Wirbelsäule wie Kyphose, Lordose und Skoliose gehören in das Gebiet der Orthopädie und können daher hier übergangen werden.

Als kosmetisches Leiden kommen höchstens abnorme Fettanhäufungen in der Gegend der Hüften und der oberen Glutäalregion in Frage. Die Behandlung besteht in halbmondförmiger Resektion von Haut und Fettgewebe parallel und etwa 2 Querfinger unterhalb der Crista iliaca und Vernähung des Defektes (Gohrbandt).

13. Genitalien.

Die Entstellungen der Genitalien werden seit jeher, da sie in der Regel funktionelle Beschwerden verursachen, auf operativem Wege behandelt. Es erübrigt sich daher hier, auf die aus der Allgemeinchirurgie her gut bekannten Operationsmethoden näher einzugehen. Es seien nur kurz erwähnt beim männlichen Geschlecht die Phimose und die Hypospadie sowie die Epispadie. Für die Behandlung der Schindung des Penis sei darauf hingewiesen, daß es sich nicht empfiehlt, den Defekt mittels eines Lappens aus der Bauchhaut zu decken, da diese Lappen viel zu starr und dick ausfallen und später bei der Erektion Schmerzen verursachen. Besser ist es, den wunden Penis mit einem Epidermislappen nach Thiersch oder mit dem dickeren Lappen nach Gohrbandt zu umkleiden. Die Elephantiasis des Skrotum und des Penis entsteht häufig infolge mechanischer Behinderung des Lymphabflusses, z. B. nach Ausräumung der Leistendrüsen. Die Behandlung besteht in hydrotherapeutischen Maßnahmen, ferner multiplen Stichelungen, die jedoch keinen nennenswerten Dauererfolg haben, und ausgedehnten Exzisionen der Haut und des betroffenen Unterhautgewebes.

Beim weiblichen Geschlecht sind Entstellungen der äußeren Genitalien noch weniger hervortretend als beim Manne. Zu nennen ist die Hymenalatresie, die durch breite Spaltung der die Scheide verschließenden Platte geheilt wird. Ferner kommt völliges Fehlen der Scheide vor, das am einfachsten behandelt wird, indem eine ovale Hautöffnung zwischen After und Harnröhrenmündung ausgeschnitten wird; dann wird stumpf ein zweifingerbreiter Kanal in die Tiefe gebohrt, der mit einer Prothese, auf der ein mit der Wundfläche nach außen gerichteter Thierschscher Epidermislappen befestigt ist, offengehalten wird. Auf diese Weise erhält man eine gut mit Haut ausgekleidete Scheide. Kirschner und Wagner berichten über einen Erfolg mit dieser Methode und Müller beobachtet seit vier Jahren einen Erfolg bei einer Frau, die inzwischen glücklich verheiratet ist.

Die Elephantiasis vulvae wird ebenfalls mit ausgedehnten Exzisionen von befallenem Gewebe behandelt. In geeigneten Fällen könnte vielleicht auch die Seidenfadendrainage nach Handley versucht werden.

14. Untere Extremität.

Eine große Rolle für das Aussehen und die Erscheinung eines Menschen spielt nun noch, besonders beim weiblichen Geschlecht, die Form der unteren Extremitäten. Ein Teil der Entstellungen der Beine beruht nun auf Anomalien des Skeletts, deren Behandlung in das Gebiet der Orthopädie gehört und die daher nur kurz erwähnt zu werden brauchen. Auf die übrigen Entstellungen soll etwas näher eingegangen werden.

Die abnorme Fettansammlung an den Hüften wurde bereits im Kapitel über den Rücken angeführt und als Behandlung die halbmondförmige Fettgewebsresektion parallel und dicht unterhalb der Crista iliaca genannt. An den Oberschenkeln findet sich besondere Fettgewebsanhäufung einerseits an der Außenseite über den großen Rollhügeln, die durch Fettresektion von einem Längsschnitt an der Außenseite etwas nach hinten von dem großen Rollhügel aus beseitigt werden kann, andererseits bilden sich an der Innenseite über den Adduktoren häufig große schlaffe und fettreiche Hautfalten, die von einem Längsschnitt an der Innenseite des Oberschenkels durch Resektion von Haut und Fettgewebe beseitigt werden können.

Wohl die schwerwiegendsten Entstellungen der unteren Extremität entstehen durch die Knochenverkrümmungen im Sinne des genu valgum und genu varum. Das Leiden entsteht nach Böhm 1. symptomatisch z. B. als Folgezustand nach schlecht geheilten Knochenbrüchen, 2. idiopathisch und 3. am häufigsten durch eine Rhachitis. Diese letztere Gruppe der rhachitischen Knochenverkrümmungen ist von besonderer kosmetischer Bedeutung und bedarf daher eingehenderer Besprechung bes. bezüglich ihrer Behandlung. Die Art der erforderlichen Behandlung ist in weitgehendem Maße abhängig von dem Alter, in dem der Patient in Behandlung genommen wird. Bei ganz kleinen Kindern mit geringen Deformitäten und noch florider Rhachitis genügt meist schon die Einleitung einer antirhachitischen Behandlung und außer Vermeidung zu reichlicher Belastung der unteren Extremitäten die Verabfolgung einer Nachtschiene. Wenn schon stärkere Deformitäten bestehen, ist der Versuch angezeigt, die verkrümmten Knochen gerade zu richten und bis zu völliger Erhärtung in einem Gipsverbande in guter Stellung ruhig zu stellen. Wenn die Knochen noch genügend weich sind, kann die Geraderichtung ohne weiteres mit der Hand oder notfalls mittels des Schultzeschen Osteoklasten vorgenommen werden. Sind die Knochen jedoch schon zu hart, um sich biegen zu lassen, so besteht bei Kindern bis zu etwa 3 Jahren die Möglichkeit, die Knochen nach dem Vorgehen von Rabl künstlich zu erweichen und dann gerade zu biegen, sie in guter Stellung einzugipsen und zu erhärten. Das Rablsche Verfahren zur künstlichen Knochenerweichung besteht gleichsam in einer Verstärkung der schon vorhandenen oder abgelaufenen Rhachitis durch Säuerung der Gewebe.

Die Kinder werden zu diesem Zwecke vitaminarm ernährt, stärkerer Lichtwirkung entzogen, ruhig im Bett gehalten und bekommen zwecks Gewebssäuerung 0,2 g Salmiak pro kg Körpergewicht und Tag; außerdem wird die betroffene Extremität für 20 Stunden täglich mittels Staubinde gestaut. Da das Salmiak sehr schlecht schmeckt und daher von den Kindern schlecht genommen würde, empfiehlt sich die Verwendung des folgenden Rezeptes: Rp. Ammon. chlorat. 20,0 Sacchari albi 300,0, Aqu. dest. ad Volumen 500,0. Von dieser Lösung werden 50 ccm auf je 10 kg Körpergewicht pro Tag in zwei gleichen Portionen morgens und abends die Hälfte verabfolgt. Alle Antirhachitica müssen selbstverständlich während der Erweichungsbehandlung vermieden werden. Nach etwa 14 Tagen beginnen die Knochen zu erweichen, so daß die Knochen mit Druck der Hand oder mittels des Schultze'schen Osteoklasten geradegebogen und sogar etwas überkorrigiert werden können. In dieser Stellung wird die reponierte Extremität in einen gutsitzenden Gipsverband gelagert. Es folgt nunmehr die Erhärtungsbehandlung: hierfür erhalten die Kinder alle erdenklichen Antirhachitica wie Obst, reichliche Besonnung, vitaminreiche Kost und außerdem jeden Morgen einen Eßlöffel Phosphorlebertran (Phosphori 0,005, Ol. jecor. aselli ad 300,0) sowie mittags eine Messerspitze Calc. phosphor, in das Essen. Nach etwa 16 Tagen wird der Gipsverband schalenförmig aufgeschnitten, nach ca. 5—8 Wochen je nach dem Fortschritt der Erhärtung der Knochen nur noch für die Nacht angelegt.

Unter 34 Fällen hat Rabl mit dieser Methode in 25 Fällen ein sehr gutes Resultat erreicht. Watermann hat mit dem Rablschen Verfahren ebenfalls gute Erfolge erzielt; er dehnt die Altersgrenze sogar bis zum 4. Lebensjahr aus. Ferner hat er bei einem 13jährigen Jungen mit osteomyelitischen Beinverkrümmungen, der wegen bestehender Fisteln nicht operativ korrigiert werden konnte, mit dem Rablschen Verfahren eine gute Erweichung der Knochen und dadurch ermöglichte Geraderichtung der Verkrümmung erzielt. Kommen die Kranken erst in späteren Lebensjahren, aber noch während des Wachstumsalters, also bis etwa zum 18. Lebensjahr mit der Beinverkrümmung in ärztliche Behandlung, so kommt noch die von Reschke angegebene Geraderichtung durch einseitige Reizung des Wachstumsknorpels in Betracht. Zu diesem Zwecke werden z. B. bei der Behandlung des X-Beines einige Elfenbeinstifte in der Nähe des Epiphysenknorpels auf der Außenseite in Femur und Tibia eingetrieben. Auf diese Weise hat Reschke bei acht Fällen sechsmal ein gutes Resultat erzielt. Wenn die Kranken in erwachsenem Alter in Behandlung kommen, so ist nur von einer operativen Behandlung eine Besserung der Beinverkrümmung zu erwarten. Beim Genu Valgum wird eine keilförmige Osteotomie dicht oberhalb des Condylus medialis femoris ausgeführt und, da beim genu valgum der Oberschenkel stets leicht innenrotiert steht, im Gipsverband eine leichte Korrektur dieser Stellung durch Außenrotation vorgenommen (Lexer). Das Genu varum wird durch keilförmige Osteotomie aus der Tibia unterhalb der Kondylen und etwas höhere Osteotomie der Fibula behandelt. Jedoch ist hervorzuheben, daß das Genu varum viel seltener operiert zu werden braucht als das X-Bein, da häufig spontane Heilung eintritt. Auch muß betont werden, daß die Heilung der Osteotomie der Tibia oft unter verzögerter Kallusbildung leidet. Ferner soll beachtet werden, daß nach Engel nicht alle Fälle von O-Bein zur operativen Behandlung geeignet sind. »Besteht stärkeres X-Bein als Kompensation der Unterschenkelkrümmung, so verstärkt die Unterschenkelgradrichtung das X-Bein so, daß das Bein im Ganzen betrachtet später schlechter aussieht als vorher« (Engel). Aus diesem Grunde ist es wichtig, sich vor der Operation durch Röntgenbilder, am besten durch Vergleichsbilder von beiden Seiten, einen genauen Überblick über die vorliegende Knochenverkrümmung zu verschaffen. Für Fälle mit sehr ausgedehnten Verkrümmungen sei auf die von Lexer angegebene Methode hingewiesen, die verkrümmten Knochenteile subperiostal zu resezieren; unter Extension bildet sich bei Jugendlichen binnen 8—10 Wochen, bei Erwachsenen langsamer aus dem leeren Periostschlauch ein vollkommenes und gut geformtes Regenerat; bei starker Extension ist sogar auf diese Weise eine Verlängerung der Extremität möglich. Schmidt untersuchte 11 Fälle nach und fand stets, außer guter Stellung und Funktion, eine normal dicke Kompakta und eine gut ausgebildete Markhöhle.

Genu recurvatum kommt idiopathisch und erworben z. B. nach schlechter Lagerung bei Frakturbehandlung vor. Geringe Grade verursachen keine Störung der Funktion; einer Verschlimmerung, die zu einem Schlotterknie führen kann, wird in einfacher Weise dadurch vorgebeugt, daß man am betroffenen Bein den Absatz des Stiefels um etwa 1 cm erhöhen läßt. Ausgeprägtere Fälle erfordern operative Behandlung, da das Leiden nach Lexer auf einer nach vorn abfallenden Tibiaepiphyse beruht, wird die Tibiametaphyse von vorn eingemeißelt und der Rest des Knochens durch Kniebeugen eingebrochen; dadurch entsteht vorn ein klaffender Knochenspalt, der durch Einschieben von kleinen Knochenstückchen offengehalten wird. Weitere Methoden s. Erlacher.

Die Beinvarizen haben im dermatologischen Teil dieses Buches eine eingehende Besprechung erfahren. Von chirurgischer Seite soll hinzugefügt werden, daß wir ebenfalls der Injektionsbehandlung nach Linser und zwar mit Varicophtin den Vorzug vor allen anderen Methoden geben. Nur wenn die Varizen schon zum Teil verödet sind, sodaß die genaue intravenöse Injektion auf Schwierigkeiten stoßen könnte, nehmen wir, um Gewebsnekrosen auf alle Fälle zu vermeiden, zur Injektion von Varikokalorose unsere Zuflucht. Falls wir uns zu einer

Operation der Varizen entschließen, so geben wir den perkutanen multiplen Umstechungen nach Kocher den Vorzug. Nur ganz umschriebene und besonders stark vorspringende Krampfaderkonvolute werden im ganzen exstirpiert, im Notfalle sogar unter teilweiser Mitnahme sehr dicht anliegender Haut.

Reine Lipomatose im Bereiche der Unterschenkel ist kein sehr häufiger Befund, meist findet sie sich in Verbindung mit gesteigerter Lymphstauung, die weiter unten besprochen werden soll. Bei Fettsucht der Wade wird hinten genau in der Mittellinie ein Längsschnitt angelegt, so daß später die Narbe gerade unter die Strumpfnaht zu liegen kommt. Von diesem Schnitt aus werden die Wundränder sehr vorsichtig unterminiert und die erforderliche Menge Fettgewebe exstirpiert, erst dann wird in allervorsichtigster Weise ev. eine sparsame spindelförmige Kürzung der Haut vorgenommen, denn eine spannende Naht führt in dem schlecht ernährten Fettgewebe leicht zu Nekrosen, u. U. sogar zu einer Gangrän des ganzen Fußes (cf. den bekannten Fall in Paris). Bei allen Operationen am Unterschenkel ist strengste Erhaltung der Symmetrie beider Beine höchstes Gebot. Fettansammlung am Fußgelenk wird nach Noel von kleinen Inzisionen zu beiden Seiten der Knöchel aus entfernt.

Elephantiasis. Außer den schon oben erwähnten Lokalisationen an Zahnfleisch, oberen Extremitäten und Genitalien spielt die Elephantiasis ihre Hauptrolle an der unteren Extremität, wo sie zu besonders auffälligen und lästigen Entstellungen zu führen pflegt. Man unterscheidet vier Formen des Leidens (Kuntzen): 1. die tropische infektiöse Form, durch filaria sanguinis Bancrofti erzeugt, spielt in Europa keine Rolle, 2. die sekundäre Form, die sich besonders bei alten Leuten mit venöser Stauung findet, 3. die mechanische Form infolge Lymphstauung nach radikaler Ausräumung regionärer Lymphdrüsen und 4. die chirurgisch wichtigste genuine Form, deren Ursachen nicht bekannt sind. Es handelt sich bei diesem Leiden einerseits um variköse Lymphgefäßerweiterungen, andererseits um Umwandlung von Fett in Bindegewebe unter Bildung zahlreicher Sklerosierungsherde, besonders an der Außenfläche der Faszien; das Gewebe wird dadurch starr, derb, es lassen sich keine Falten abheben; Fingereindruck bleibt in dem Gewebe nicht stehen, es handelt sich also nicht um eigentliches Oedem durch frei im Gewebe befindliche Flüssigkeit, sondern die Flüssigkeit ist als Quellwasser an das Bindegewebe gebunden. Die Blutgefäße des befallenen Bezirkes bilden starre, klaffende Röhren, von sklerosiertem Bindegewebe umgeben; daher ist die Blutung bei der Operation häufig recht erheblich. Später treten oft rezidivierende Erysipele auf, die den Zustand noch beträchtlich verschlimmern. Die

Behandlung steht dem Leiden verhältnismäßig machtlos gegenüber. Die verschiedensten Wege hat die Therapie beschritten, ohne jedoch mit einiger Sicherheit und Regelmäßigkeit einen brauchbaren Dauererfolg zu erzielen. Die konservative Behandlung erreicht in der Regel nur vorübergehenden Erfolg durch Hochlagern, elastische Einwickelungen und Wärmeanwendung; nach dem Aussetzen der Behandlung und vor allem sofort nach dem Aufstehen treten gewöhnlich die alten Erscheinungen und Beschwerden wieder auf. Allerdings kommen auch hier vereinzelte Dauererfolge vor; so berichtete Schmidt kürzlich über einen Dauererfolg seit vier Jahren, den er mit der von Schmerz 1918 angegebenen Senfmehlbehandlung erzielt hat; das Senfmehl wirkt leukotaktisch und hyperämisierend, infolge seiner Flüchtigkeit dringt es in die Tiefe und soll dort als Allylverbindung das Bindegewebe durch Überführung von Kollagen in Leim auflockern. Die Behandlung besteht in 1. täglicher Senfmehlbreipackung, beginnend mit fünf Minuten und steigend bis zu $2^1/_2$ Stunden, 2. in Serien von Fibrolysininjektionen und 3. in dem Tragen einer Stoffmanschette aus Drell, die an der Vorderseite des Unterschenkels fest geschnürt werden kann. — Im allgemeinen dient aber die konservative Behandlung nur als Vorbereitung für die Operation. Als wesentlichste operative Verfahren seien kurz genannt: zur Verbindung der oberflächlichen mit den tieferen Strömungsgebieten dient die Ausschneidung größerer Faszienfenster (Kondoleon), die Faszienfensterung und das Ansäumen der Muskeln an die Ränder der Faszien (Payr), die Faszienfensterung und Verpflanzung gestielter Faszienlappen in die Muskulatur und in die eröffnete Knochenmarkhöhle (Lanz) und schließlich die kapilläre Seidenfadendrainage (Handley), indem von der Knöchelgegend aus bis zur Properitonealgegend von kleinen Einschnitten aus Seidenfäden in das subkutane Gewebe versenkt werden. Der Anfangserfolg dieser verschiedenen Methoden pflegt recht gut zu sein, allerdings läßt die Wirkung im Laufe der Zeit wieder beträchtlich nach, so daß die Dauererfolge bescheiden sind.

Ersatz der fehlenden Wade. Eine beträchtliche und sehr lästig empfundene Entstellung wird ferner durch die nach Poliomyelitis und anderen Lähmungen auftretende Atrophie der Wadenmuskulatur bedingt. Das Leiden läßt sich am einfachsten durch eine Prothese verdecken, indem aus Walkleder oder Zelluloid eine dünne Hülse nach den Maßen der gesunden Wade gearbeitet wird, die unter dem Strumpf in unsichtbarer Weise angebracht und durch einen Schnürverschluß an der Vorderseite geschlossen werden kann (Gaugele).

Knöcherne Knöchelverdickung wird nach Engel beseitigt, indem ein Schnitt angelegt wird, der den Malleolus externus hinten und unten umkreist. Von hier aus wird nach Abhebung des Periosts eine flache Knochenschale von dem Malleolus mittels Meißels abgetragen, der Knochen mit der Feile geglättet und für die Peronealsehnen ein neuer vertiefter Sulcus geschaffen. Der Erfolg der Operation ist anfangs durch ein langanhaltendes Oedem der Knöchelgegend beeinträchtigt, bessert sich jedoch im Laufe der folgenden 4—5 Monate.

Weitere Deformitäten im Bereiche der Füße, wie die verschiedenen Formen der Platt-, Knick-, Hohl-, Klump-, Spreiz- usw. Füße gehören so ausschließlich in das Gebiet der Orthopädie, daß hier auf diese Leiden und ihre sehr vielseitigen Behandlungsmöglichkeiten nicht weiter eingegangen sei. Über die ideale Größe des Fußes sei nur gesagt, daß die Breite der Ballengegend ein Drittel der Länge des Fußes betragen soll, während die Länge des Fußes ein Siebentel der Körpergröße messen soll.

Auf die überaus zahlreichen Operationsmethoden des Hallux valgus einzugehen, würde hier zu weit führen. Es sei nur gesagt, daß wir der Operation nach Hüter (Abtragung der Exostose, Resektion des Köpfchens des 1. Metatarsale, Bedeckung der Knochenwundfläche mit dem Schleimbeutel) wegen der durchaus befriedigenden Resultate den Vorzug vor allen komplizierteren Methoden geben. Man muß sich bei der Resektion des Metatarsalköpfchens nur hüten, den plantarwärts gerichteten Vorsprung des Köpfchens, der den medialen Stützpunkt des Fußgewölbes bildet, mit wegzunehmen, da sonst Störungen bei der Belastung des operierten Fußes unausbleiblich sind.

Die Hammerzehe wird beseitigt entweder durch Exartikulation der betreffenden Zehe im Grundgelenk oder durch Resektion des Köpfchens des Grundgliedes der Zehe (Hohmann). Letzterer Operation gebe man besonders bei der zweiten Zehe den Vorzug, da eine Exartikulation der zweiten Zehe die Entstehung eines Hallux valgus begünstigt (Engel).

Eine Verlängerung der 2. oder 3. Zehe kann sehr lästig fallen, da sich die zu langen Zehen im Schuh krumm stellen und unter dauernden Druckerscheinungen leiden. Man verkürzt nach Engel eine solche Zehe, indem man von einem seitlichen Schnitt aus die ganze Mittelphalanx oder Teile derselben entfernt.

Die Behandlung der Polydaktylie und Syndaktylie der Zehen entspricht genau dem für die Finger angegebenen Vorgehen.

Der eingewachsene Nagel und die übrigen Entstellungen der Nägel sowie die Verhornungsanomalien der Füße sind bereits im dermatologischen Abschnitt ausführlich besprochen worden.

Schriftennachweis.

Es sind nur die in vorstehender Darstellung zitierten wesentlichen neueren Arbeiten aufgeführt.

1. Anschütz, Othämatom, Zbl. Chir. 1929, 1018.
2. Axenfeld und Brons, Augen, s. M. Joseph, Handbuch der Kosmetik.
3. Axhausen, Kiefer, Chirurg 1931, 713.
4. Barfurth, Schwangerschaftsstreifen, Zbl. Gyn. 1911, 1705.
5. Becker, Melkerhände, Chirurg 1930, H. 15.
6. Biesenberger, Deformitäten und kosmetische Operationen der weiblichen Brust, Wien, W. Maudrich, 1931.
7. Birkenfeld, Nahtmaterial, Fortschr. Ther. 1930, 743.
8. Blume und Scholz, Fazialislähmung, Dtsch. med. Wschr. 1929 Nr. 7.
9. Böhm, Genu valgum, Chirurg 1931, 718.
10. Brunner, Fazialislähmung, Arch. klin. Chir. 140, 172.
11. Büdinger, Lidplastik, Wien. klin. Wschr. 1902, 648.
12. Dahmann, Sattelnase, Ztschr. Laryngol. 20.
13. Dobrotworski, Gesichtshyperhidrosis, Zbl. Chir. 1927, 1881.
14. Dörffel, Nasenprothese, Med. Welt 1931, 1172.
15. Driak, Naticephalie, Fortschr. Röntgenstr. 36 H. 5.
16. Ebermayer, Arzt und Patient in der Rechtsprechung, Mosse, Berlin 1924.
17. Eilers, Melkergranulom, Dtsch. med. Wschr. 1930, 1463.
18. Engel, Kosmetische Orthopädie, Verhdl. Dtsch. orthop. Ges. 23. Kongreß S. 191.
19. Erlacher, Technik des orthopädischen Eingriffs, Wien, Springer 1928.
20. Fischer, Atherom, Arch. klin. Chir. 150, H. 3.
21. Flesch-Thebesius und Weinsheimer, Hängebauch, Chirurg 1931, 841
22. Flick, Epidermislappen, Dtsch. Zschr. Chir. 222, 302.
23. Franke, Lispeln, Dtsch. med. Wschr. 1924, 237.
24. Fröschels, Lispeln, Dtsch. med. Wschr. 1924, 375.
25. Fuchs, Augenlid, Wien. klin. Wschr. 1896, 109.
26. Gaugele, Künstliche Wade, Zbl. Chir. 1929, 2061.
27. Gebele, Lokalanästhesie, Zbl. Chir. 1931, 2655.
28. Glaesmer, Die Formfehler und die plastischen Operationen der weiblichen Brust, Enke, Stuttgart 1930.
29. Glaesmer und Amersbach, Die weibliche Brust, Enke, Stuttgart 1929.
30. Gohrbandt, Nahtchirurgie in Kirschner-Nordmann, die Chirurgie Bd. 1
31. Gumpert, Kosmetik und Psychotherapie, Med. Welt 1931, 1250.
32. Gumpert, Die gesamte Kosmetik, Thieme, Leipzig 1931.
33. Hach, Progenie, Inaug.-Diss. München 1929.
34. Halle, Adrenalinschaden, Zschr. Laryngol. 19, 445.
35. Heidecker, Schulterblatthochstand, Zbl. Chir. 1928, 1568.
36. Henschen und Schwarz, Progenie, Chirurg 1929, 56.
37. Heymann, Angiome, Med. Welt 1931, 991.
38. Hoenig, Zahnfisteln, Zbl. Chir. 1931, 2447.
39. Jausly, Oedem des Handrückens, Zbl. Chir. 1930, 1699.
40. Jenckel und Hinselmann, Zungenleukoplakie, Zbl. Chir. 1931, Nr. 29.
41. J. Joseph, Hängewange, Dtsch. med. Wschr. 1928, 567.
42. J. Joseph, Nasenplastik und sonstige Gesichtsplastik, Leipzig, Kabitzsch.
43. M. Joseph, Handbuch der Kosmetik, Leipzig, Veit & Co., 1912.
44. Kirschner-Schubert, Allgemeine und spezielle chirurgische Operationslehre, Bd. 1. Berlin, Springer 1927.
45. Kirschner und Wagner, Künstliche Scheide, Dtsch. Zschr. Chir. 225, 242.
46. Kittinger, Melkerknoten, Zbl. Chir. 1930, 2980.
47. Klapp, Plastiken, Chirurg 1931, 353.
48. Kleinschmidt, Mammaplastik, Chirurgische Operationslehre, Berlin, Springer 1927.

49. Klocke, Gesichtsprothesen, Med. Klin. 1916, 566.
50. Kondoleon, Brustdrüsenvergrößerung, Zbl. Chir. 1931, 1821.
51. Krecke, Sinus pericranii, Dtsch. Zschr. Chir. 215, 318.
52. Krohn, Paraffinome der Mamma, Zbl. Chir. 1930, 2980.
53. Kromayer, Gesichtsfalten, Dtsch. med. Wschr. 1929, 912.
54. Kuntzen, Elephantiasis., Chirurg. 1930, 667.
55. Kurtzahn, Kosmetik, Dtsch. med. Wschr. 1930, 1897.
56. Kurtzahn, Nase, Bruns Beitr. 144, 50.
57. Kurtzahn, Nasenspitze, Dtsch. Zschr. Chir. 209, 401.
58. Kurtzahn, Gynäkomastie, Dtsch. Zschr. Chir. 209, 403.
59. Lautenschläger, Schiefnase, Chirurg 1929, 260.
60. Läwen, Elephantiasis der Gingiva, Wien. med. Wschr. 1929, Nr. 19.
61. Lehmann, Melkerknoten, Ztbl. Chir. 1930, 1529.
62. Lexer, Die gesamte Wiederherstellungschirurgie, Leipzig, J. A. Barth 1931.
63. Linberg, Sattelnase, Zbl. Chir. 1930, 2458.
64. Linser, Varizeninjektion, Chirurg 1930, 689.
65. Lüthi, Abstehende Ohren, Zbl. Chir. 1930, 801.
66. Mátyás, Keloidbehandlung, Zbl. Chir. 1930, 3039.
67. Melchior, Biologie der Plastik, Zbl. Chir. 1929, 1699.
68. Melchior, Nasenspitze, Zbl. Chir. 1931, 417.
69. Meller, Augenärztliche Eingriffe, Verlag Safar, Wien 1918.
70. Moncorps, Kosmetische Operationen, Zbl. Haut- und Geschlechtskrankh. 28, 1.
71. Moser, Perkainvergiftung, Zbl. Chir. 1931, 1703.
72. Müller, Künstliche Scheide, Zbl. Chir. 1931, 1460.
73. Neugebauer, Fazialisnaht, Zbl. Chir. 1931, 1845.
74. Noel, Chirurgie esthétique, Paris 1926.
75. Nylander, Halsfisteln, Dtsch. Zschr. Chir. 215, 139.
76. Passot, Chirurgie esthétique pure, Paris, Doin & Cie., 1931.
77. Pels-Leusden, Othämatom, Zbl. Chir. 1929, 1018.
78. de Quervain, Technik, Zbl. Chir. 1929, 1218.
79. Rabl, Knochenverkrümmung, Ztbl. Chir. 1924, 131 und Jahrb. Kinderhk. 116, 63. 1927.
80. Reschke, X-Bein, Bruns Beitr. 145, 163.
81. Réthi, Operative Enthaarung, Chirurg 1929, 695.
82. Rosenthal, Fazialislähmung, Dtsch. Zschr. Chir. 223, 261.
83. Schepelmann, Eingezogene Brustwarze, Dtsch. med. Wschr. 1924, 1378.
84. Schepelmann, Bauchdeckenplastik, Bruns Beitr. 111, 373 und Ztbl. Gyn. 1924, 2289.
85. Schlander, Abstehende Ohren, Chirurg 1930, 699.
86. Schmidt, Elephantiasis, Med. Welt 1931, 1213.
87. Schmidt, Verband, Münch. med. Wschr. 1927, 583.
88. Schmidt, Knochenverkrümmungen, Zbl. Chir. 1928, 824.
89. Schoemaker, Naht, Chirurg 1929, 1012.
90. Seifert, Ohrfistel, Dtsch. Zschr. Chir. 209, 118 und Zbl. Chir. 1928, 944.
91. Sellheim, Hohlwarze, Ztbl. Gyn. 1917, 305.
92. Sieber, Gymnastik in der Schwangerschaft, Stuttgart, Dieck & Co. 1928.
93. Sonntag, Armvarizen, Arch. klin. Chirur. 153, 802.
94. Tattoni, Brustdrüsenhypertrophie, Zbl. Chir. 1928, 373.
95. Walcher, Beeinflussung der Kopfform, Zbl. Gyn. 1905, Nr. 7 und Münch. med. Wschr. 1911, 134.
96. Walter, Schulterblatthochstand, Chirurg 1930, 747.
97. Watermann, Knochenverkrümmung, Zbl. Chir. 1929, 2828.

Anhang.

Kosmetik und Rechtslage.

Von Dr. A. Joseph-Berlin.

Zum Schluß halten wir es für angebracht, eine kurze Darstellung der Beziehungen zwischen Kosmetik und Rechtsprechung zu geben. Was zunächst die juristische Begriffsbestimmung erheblicher dauernder Entstellungen betrifft, so gelten als solche nach einem Urteil des Reichsgerichts (1. 2. 1882) »Verunstaltungen von solcher Ungewöhnlichkeit und Erheblichkeit, daß sie, auch wenn sie sich nur an einzelnen Körperteilen befinden, die äußere Gesamterscheinung des Menschen wesentlich verschlechtern. Das Verbergen des Defektes reicht nur dann aus, um das Begriffsmerkmal der Entstellung zu beseitigen, wenn sich diese an einem Körperteil befindet, der regelmäßig den Blicken anderer Personen entzogen oder derart bedeckt zu sein pflegt, daß die Entstellung nur unter besonderen Umständen erkennbar sein würde »(RG. 1. 10. 1886). Die Gewerbeordnung für das Deutsche Reich besagt im § 57 bezüglich der sog. Reiselegitimation, des Wandergewerbescheines, des Druckschriftenhandelsscheines: »...ist zu versagen 1., wenn der Nachsuchende mit einer abschreckenden oder ansteckenden Krankheit behaftet oder in einer abschreckenden Weise entstellt ist.« Das Krüppelfürsorgegesetz kommt im allgemeinen füı Entstellungskranke nicht in Betracht.

Für das *Operationsrecht* gelten die juristisch anerkannten Gepflogenheiten, mit der Einschränkung, daß bei kosmetischen Operationen kaum jemals eine besondere Dringlichkeit — Notstand (Nothilfe) — als vorliegend anzusehen ist. Da das Ansinnen zur Vornahme derartiger Eingriffe wohl regelmäßig vom Patienten ausgeht, ist der Tatbestand einer rechtswidrigen Körperverletzung infolge fehlender Einwilligung wohl nie gegeben. Es muß besonders davor gewarnt werden, an einem Minderjährigen ohne Einwilligung des gesetzlichen Vertreters eine kosmetische Operation auszuführen, da sonst unter Umständen eine strafrechtliche Verantwortung des Arztes nach §§ 223—29 StGB. in Frage kommt. Meist wird aber nur eine zivilrechtliche Haftung angenommen, wobei der § 249 BGB. maßgeblich ist (besondere Bestimmungen für die Haftpflicht der Ärzte bestehen nicht): »Wer zum Schadensersatz verpflichtet ist, muß den Zustand wiederherstellen, der bestehen würde, wenn der zum Ersatz verpflichtende Umstand nicht eingetreten wäre. Ist wegen Verletzung einer Person oder wegen Beschädigung einer Sache Schadensersatz zu leisten, so kann der Gläubiger statt der Herstellung den dazu erforderlichen Geldbetrag verlangen.« Dieser Anspruch setzt sich zusammen aus Kur- und Arzneikosten, einschließlich der Kosten für notwendige Apparate usw. und der Entschädigung für erlittene Schmerzen und für durch Verdienstausfall bzw. Minderung der Erwerbsfähigkeit entstandene Nachteile sowie für die nicht Vermögensschäden darstellenden Folgen (z. B. vereitelte Heiratsaussicht).

Angeführt sei hier ein Urteil des Dritten Zivilsenats vom 30. Juni 1911, worin ein Arzt zu Schadensersatz verurteilt wurde, der bei einem 17jährigen Mädchen ohne Wissen und Willen der Eltern eine Paraffininjektion in die (mangelhaft entwickelte) rechte Brust vorgenommen hatte, die von nachteiligen Folgen begleitet war. Die Anklage wegen fahrlässiger Körperverletzung wurde abgewiesen, da es sich um eine Operation gehandelt hatte, die zum Besten der Patientin, zur Behebung eines Körperschadens dienen sollte und daher eine rationell gebotene Behandlung darstellte. (Die Annahme, daß ein im Interesse des Kranken erfolgender ärztlicher Eingriff überhaupt keine Körperverletzung bzw. körperliche Mißhandlung darstelle, wird bekanntlich vielfach vertreten, aber vom RG ständig abgelehnt). Dagegen wurde der betreffende Arzt zu Schadenersatz. verurteilt.

Ein besonderes Kapitel bildet die *Aufklärungspflicht*, wobei es sich vor Ausführung kosmetischer Operationen dringend empfiehlt, den Patienten auf die Möglichkeit eines Mißerfolges oder von Nebenwirkungen aufmerksam zu machen. Dies ergibt sich auf kosmetischem Gebiet meist von selbst, da dem Eingriff eine eingehende Untersuchung und Beratung der im allgemeinen intelligenten Patienten vorauszugehen pflegt. In diesem Zusammenhang ist der von J. Joseph mitgeteilte Fall bemerkenswert: Einer Kassenpatientin war vom behandelnden Arzt angeraten worden, sich einen Auswuchs am linken Nasenflügel auf eigene Kosten operativ beseitigen zu lassen. Der Erfolg der Operation war nicht eingetreten, vielmehr war »eine als auffallend und entstellend zu bezeichnende Narbe zurückgeblieben«, deren Beseitigung nicht möglich erschien. Der Arzt wurde zur Schadensersatzpflicht verurteilt, da er insofern widerrechtlich gehandelt habe, als er die Patientin nicht darauf hingewiesen hatte, daß bei der Operation von außen her mit der Möglichkeit einer entstellenden Narbe oder einer sonstigen Entstellung gerechnet werden müßte.

Im Anschluß daran ist die Entscheidung eines französischen Gerichtes (Seine-Gerichtshof 1929) sehr bemerkenswert. Der Fall betraf eine Dame, die einen bekannten Pariser Chirurgen ersuchte, an ihren zu starken Beinen eine Korrektur vorzunehmen. Nach anfänglicher Weigerung gab der Arzt der Patientin, die mit Suizid drohte, nach und führte die Operation aus. Unglücklicherweise trat eine Gangrän auf, welche die Amputation eines Beines erforderlich machte. Das Gericht verurteilte den Chirurgen, ohne Anhörung von Sachverständigen, zu einem Schadenersatz von 200 000 Frs. Diesem Urteil wurde nicht etwa ein technischer Kunstfehler zugrunde gelegt, sondern allein die Tatsache der Operation an einem gesunden Bein wurde als schwerer Fehler bezeichnet, der die Verurteilung fordere. Der Revers, den die Patientin vorher unterzeichnet hatte, wurde als ungültig erklärt, da diese sich in dem fraglichen Zeitpunkt nicht im vollen Besitz ihrer Verstandeskräfte befunden habe.

Dieses Urteil widerspricht nicht nur dem normalen Rechtsempfinden, sondern ist auch geeignet, Unsicherheit über die rechtliche Zulässigkeit kosmetischer Operationen überhaupt zu erwecken, namentlich aber hinsichtlich der Indikationsstellung. Diese muß unter allen Umständen Sache ärztlicher Sachverständiger bleiben und gehört nicht vor ein ziviles Tribunal. Zumindest darf die Tatsache, daß nur eine ästhetische, keine eigentlich therapeutische Indikation vorliegt, nicht an sich die strafbare Verantwortlichkeit einer Operation bedingen. Anders liegt die Sache bei der technischen Ausführung, wobei ja die juristischen Normen festliegen und der kosmetische Operateur in demselben Verhältnis zur Justiz steht wie der allgemeine Chirurg.

Zu erwähnen ist noch die Möglichkeit einer eventuellen Narkoseschädigung. Die Verwendung der Allgemeinnarkose bei kosmetischen Operationen wird von manchen Autoren (Halle u. a.) abgelehnt, da das damit verbundene Risiko in keinem Verhältnis zu der Größe des Eingriffs stehe. Immerhin wird bei manchen Operationen, so bei Brustplastiken, Allgemeinnarkose erforderlich sein, besonders bei neurasthenischen Patienten, und es ist also notwendig, diese auf die möglichen Narkosegefahren hinzuweisen.

Was die Honorarbemessung angeht, so soll diese sich nach der Lebenshaltung des Patienten richten. Die Auffassung, daß die kosmetischen Operationen vielfach einen Luxus bedeuten, darf nicht zu übertriebenen Forderungen von ärztlicher Seite Anlaß geben. Da die betreffenden ärztlichen Leistungen teilweise aus dem Rahmen der Gebührenordnung herausfallen, ist von Fall zu Fall wohl eine besondere Vereinbarung zu treffen. Eine Schwierigkeit kann mitunter darin bestehen, daß z. B. die Ehefrau einen derartigen Eingriff ohne Wissen und Einwilligung des Ehegatten vornehmen läßt. Inwieweit in solchen Fällen der Ehemann vermöge der Unterhaltspflicht zur Tragung der Arzt- und ev. Klinikkosten verpflichtet ist, dürfte nicht leicht zu entscheiden sein.

Einzugehen ist noch auf die Frage der *Haftung bei Röntgenschädigungen*, worüber eine Reihe von Reichsgerichtsentscheidungen vorliegen. Selbst an sich nur leichte Schädigungen, wie Haarverlust, Atrophien und Teleangiektasien an sichtbaren Körperstellen können forensisch schon schwer ins Gewicht fallen, gerade wenn die Behandlung aus rein kosmetischen Gründen vorgenommen und die Erythemdosis überschritten wurde (H. E. Schmidt). Im Falle eines nachgewiesenen Verschuldens des Bestrahlenden (Arztes) haftet strafrechtlich nur die (juristische) Person des Bestrahlenden, für fahrlässige Körperverletzung zivilrechtlich auch der Apparatbesitzer (Arzt oder Krankenanstalt). Bei Verwendung von Gehilfen trifft den Arzt strafrechtliche Haftung nur bei eigenem Verschulden (mangelhafte Kontrolle, fehlende Aufzeichnungen über die Dosis usw.); zivilrechtlich wird er auch meist für den von der Assistenz ohne sein Verschulden zugefügten Schaden haftbar gemacht (Haftpflichtversicherung!).

Literatur:

Ebermayer, L.: Arzt und Patient in der Rechtsprechung, Berlin 1924 (Rud. Mosse).
Rojas, N.: Ref. Zrbl. f. Hautkrkh. 33, 445, 1930.
Theuveny, A.: L'Odontologie 67, 503, 1929.

Register.

Bücher für Studium und Praxis

in Auswahl. März 1932

Grundriß der Anatomie des Menschen. Für Studium und Praxis. Von Dr. JOHANNES MÖLLER, ehem. Prosektor am Vesalianum zu Basel, und Dr. PAUL MÜLLER, ehem. Assistenten am Anatomischen Institut zu Leipzig. 5. Aufl. Bearbeitet von Graf HALLER VON HALLERSTEIN, Prof. d. Anatomie an der Universität Berlin. Mit 92 zum Teil mehrfarbigen Figuren im Text und 2 Regionentafeln. XXI, 489 Seiten. 1931. Geb. RM. 8.50

»Dieser Grundriß der Anatomie, der schon durch sein fast 30 jähriges Erscheinen seine Brauchbarkeit und Notwendigkeit bewiesen hat, füllt noch immer eine wichtige Lücke aus. Er ermöglicht dem Arzt und Studenten mit Zuhilfenahme eines anatomischen Atlas die gesamte Anatomie in kurzer, prägnanter und doch vollständiger Form sich anzueignen oder ins Gedächtnis zurückzurufen. Er erspart dem Leser den Zeitaufwand wie für ein großes Werk und weist doch nicht die Lückenhaftigkeit des Compendiums auf. Das verbesserte Bildmaterial der neuen Auflage erleichtert sehr das Verständnis des geschriebenen Wortes.« Schles. Ärztezeitung.

Lehrbuch der speziellen pathologischen Anatomie für Studierende und Ärzte. Von Dr. EDUARD KAUFMANN, o. Prof. der allgemeinen Pathologie und pathologischen Anatomie an der Universität Göttingen, Geh. Medizinalrat. 9. und 10. völlig neubearbeitete und stark vermehrte Auflage. Zwei Bände.

Erster Band. Mit 506 Abbildungen im Text und auf 3 farbigen Tafeln, zuallermeist nach Originalzeichnungen des Verfassers. Groß-Oktav. V, 991 Seiten. 1931. RM. 55.—, geb. 60.—

Zweiter Band. Mit Sachregister und Literaturanhang. Erscheint 1932.

».... Kaufmanns Werk ist das ausführlichste und vollständigste neuzeitige Lehrbuch der speziellen pathologischen Anatomie, belebt durch allenthalben in die Darstellung eingeflochtene konkrete eigene Beobachtung des Verfassers sowie durch stetige Hinweise auf den innigen Zusammenhang zwischen pathologischer Anatomie und praktischer Medizin ....« Deutsche Medizinische Wochenschrift.

Anatomische Präparierübungen. Von Dr. HANS VIRCHOW, o. Professor an der Universität Berlin. Groß-Oktav.

1. Kurs: Vorbemerkung. Einleitung. Arm, Bein, Brust, Bauch, Zwerchfell, Rücken, Hals, Kopf. 66 Seiten. 1924. Geb. RM. 4.—

2. Kurs: Obere Rumpfhälfte, Auge, Situs cavi cranii, Gehirn, Thorax, Wirbelkanal und Rückenmark, untere Rumpfhälfte. 110 Seiten. 1924. Geb. RM. 5.50

»Wir werden alle Hans Virchow sehr dankbar sein, daß er uns diese ganz vorzüglichen Anleitungen gegeben hat, die auf jeder Seite seine vorbildliche und wundervoll exakte Arbeitsweise zeigen.« Zeitschrift für die gesamte Anatomie.

Die Therapie an den Bonner Universitätskliniken. Bearbeitet von den Leitern der Bonner Universitätskliniken und deren Mitarbeitern. Herausgegeben von Professor Dr. RUDOLF FINKELNBURG in Bonn. 4., völlig neubearb. Auflage. Groß-Oktav. VIII, 702 Seiten. 1931. RM. 18.50, geb. 20.—

»... Studierende und vor allem praktische Ärzte finden hier ein Werk, das übersichtlich, ohne jeden unnötigen Ballast und dem neuesten Stand der medizinischen Wissenschaft entsprechend, die Therapie erschöpfend behandelt. Zur raschen Orientierung und Auffrischung wüßte ich mir kein besseres Werk.« Die Medizinische Welt.

Lehrbuch der Massage. Von Sanitätsrat Dr. A. MÜLLER, München-Gladbach. 2., umgearbeitete und stark vermehrte Auflage. Groß-Oktav. Band I/II zusammen. RM. 45.—, geb. 50.—

Erster Band: Die funktionellen Erkrankungen des Bewegungsapparates und die Theorie der Massage. Mit 99 Abbildungen. XVI, 404 Seiten. 1926. RM. 20.—, geb. 22.50

Zweiter Band: Die Technik der Massage des Bewegungsapparates, der männlichen und weiblichen Beckenhöhle. Mit 349 Abbildungen. X, 588 Seiten. 1926. RM. 30.—, geb. 32.50

». . . . Das Buch bringt etwas ganz anderes, als man in den zahllosen sich immer wiederholenden Büchern über Massage findet. Es stellt eine Fundgrube von zahllosen guten Beobachtungen dar und hilft dem Arzt, das, was er auf der Universität nicht gelernt hat, die ärztliche Massage, nachzuholen.«

Münchener medizinische Wochenschrift.

Die Massage der oberen Luftwege. Von Sanitätsrat Dr. A. MÜLLER in München-Gladbach. Mit 21 Abbildungen nach Zeichnungen des Verfassers. Groß-Oktav. 60 Seiten. 1932. RM. 7.80, geb. 8.50

Der Verfasser hat seine Beobachtungen zu Grunde gelegt, die er zuerst während jahrelanger Selbstbehandlung bei sich gemacht und dann bei den einschlägigen Krankheitsformen regelmäßig bestätigt gefunden hat. Jeder einzelne Massagehandgriff wird durch Bild und Wort so genau wiedergegeben, daß die Massage der oberen Luftwege allein aus der Darstellung dieses Lehrbuches ohne persönlichen Unterricht erlernt werden kann.

Leitfaden der Kinderheilkunde für Studierende und Ärzte. Von Dr. WALTER BIRK, o ö. Professor der Kinderheilkunde an der Universität Tübingen.

Erster Teil: **Säuglingskrankheiten.** 7., umgearbeitete Auflage. Mit 29 Abbildungen im Text. Groß-Oktav. XII, 314 Seiten. 1928. RM. 12.—, geb. 13.50

Zweiter Teil: **Kinderkrankheiten.** 3., verbesserte Auflage. Mit 17 Abbildungen im Text und auf 6 Tafeln. Groß-Oktav. XIII, 384 Seiten. 1928. RM. 12.—, geb. 13.50

». . . . wie bei keinem anderen ähnlichen Werk findet sich der gesamte Stoff der praktischen Kinderheilkunde so übersichtlich, klar und alles überflüssigen Ballastes entkleidet dargestellt. In vielem findet nicht nur der Nichtspezialist, sondern auch der Fachmann mancherlei wertvolle Hinweise«. Münchener medizinische Wochenschrift.

Die Behandlung der Haut- und Geschlechtskrankheiten mit kurzer Diagnostik. Von Dr. ERICH HOFFMANN, o. ö. Professor und Direktor der Klinik und Poliklinik für Hautkrankheiten an der Universität Bonn. Mit 46 Abbildungen und mehreren Tabellen. 5., stark vermehrte Auflage. Oktav. VIII, 318 Seiten. 1930. RM. 13.—, geb. 14.50

Dieser Leitfaden hat sich in Studium und Praxis bewährt und durchgesetzt. Die neue Auflage wurde den neuen Verhältnissen entsprechend erweitert und umgearbeitet; die besondere Anlage dieses handlichen Buches entsprechend seinem Zweck als ständiger Begleiter des Studenten und Arztes wurde weiter ausgebaut. Die »Dermatologische Zeitschrift« urteilt: »Das Buch enthält alles, was man von einem Verfasser wie E. Hoffmann erwarten kann.«

Diagnose und Behandlung der Gonorrhöe beim Mann und bei der Frau. Von Dr. JULES JANET in Paris. Übersetzt und bearbeitet von Professor PAUL ASCH, Spezialarzt für Harn- und Geschlechtskrankheiten in Straßburg i. E. Groß-Oktav. XV, 332 Seiten. Mit 119 Abbildungen. 1931. RM. 16.50, geb. 18.—

Janet, ein Meister der Gonorrhöeärzte, hat in diesem Buch, das in der französischen Urausgabe in sämtlichen Ärztekreisen höchstes Aufsehen erregt hat und schon nach einem halben Jahr vergriffen war, zum ersten Male die außergewöhnlichen Erfahrungen seiner vierzigjährigen spezialärztlichen Tätigkeit in zusammenhängender Weise niedergelegt. Er stellt mit diesem Buch die ganze Gonorrhöefrage neu zur Diskussion. Der Straßburger Spezialist Dr. Asch hat das Buch nicht nur übersetzt, sondern auch bearbeitet.

Die moderne Therapie der Gonorrhöe beim Manne. Ein Leitfaden für Studierende und Ärzte. Von Professor Dr. PAUL ASCH in Straßburg i. Els. 3., umgearbeitete Auflage. Mit 26 Abbildungen im Text und 1 Tafel. 91 Seiten. Groß-Oktav. 1930. RM. 3.75, geb. 4.75

»Das Buch bringt im knappen Rahmen von zwölf kurzen Vorlesungen erstaunlich viel, namentlich auch für den Praktiker dankenswerte genaueste technische Angaben. Gerade diese selten sorgfältige Wiedergabe der Technizismen wird dem kleinen Leitfaden sicherlich unter den Praktikern Eingang verschaffen.«
Münchener medizinische Wochenschrift.

Klinisches Wörterbuch. Die Kunstausdrücke der Medizin. Von Dr. OTTO DORNBLÜTH. 19. und 20. Auflage in der Bearbeitung von Dr. EMIL BANNWARTH, neudurchgesehen und ergänzt von Dr. WILIBALD PSCHYREMBEL. Oktav. VIII, 463 Seiten. 1932. Geb. RM. 7.50

(Veits Sammlung wissenschaftlicher Wörterbücher, herausgegeben von C. W. Schmidt).

Für jeden, der sich mit medizinischen Fragen beschäftigt, ist der »Dornblüth« das unentbehrliche Handbuch. 14—15000 medizinische Fremdwörter und Kunstausdrücke mit kurzer Angabe der Ableitung und der Bedeutung sind in 925 Spalten enthalten.

Jahrbuch für Röntgenologen. Unter redaktioneller Leitung von O. RIGLER-HUFELAND, Darmstadt.

Erster Jahrgang. Groß-Oktav. V, 220 Seiten. 1930. RM. 12.—, geb. 13.50
Zweiter Jahrgang. Groß-Oktav. V, 274 Seiten. 1931. RM. 19.—, geb. 20.—

»Eine neue, gute Idee: eine kritisch gesichtete Übersicht über die periodische Literatur unter besonderer Berücksichtigung dessen, was der röntgenologisch tätige Arzt direkt in seiner täglichen Praxis verwenden kann.« Zeitschrift für Röntgenologen.

VERLAG WALTER DE GRUYTER & CO., BERLIN W 10, GENTHINER STR. 38
UND
A. MARCUS UND E. WEBER'S VERLAG, BERLIN W 10, GENTHINER STR. 38